高等院校数字化融媒体特色教材
动物科学类创新人才培养系列教材

畜牧微生物学
实验指导

Guidelines for Animal Microbiology Experiments

主编 王佳堃
副主编 洪奇华 茅慧玲

ZHEJIANG UNIVERSITY PRESS
浙江大学出版社
·杭州·

图书在版编目（CIP）数据

畜牧微生物学实验指导 / 王佳堃主编. -- 杭州：
浙江大学出版社，2025. 7. -- ISBN 978-7-308-26416-7

Ⅰ. S852.6-33

中国国家版本馆 CIP 数据核字第 2025TU2411 号

畜牧微生物学实验指导

主　　编　王佳堃

副主编　洪奇华　茅慧玲

策划编辑	阮海潮（1020497465@qq.com）
责任编辑	阮海潮
责任校对	王元新
封面设计	续设计
出版发行	浙江大学出版社
	（杭州市天目山路 148 号　邮政编码 310007）
	（网址：http://www.zjupress.com）
排　　版	杭州星云光电图文制作有限公司
印　　刷	杭州杭新印务有限公司
开　　本	787mm×1092mm　1/16
印　　张	12
字　　数	292 千
版 印 次	2025 年 7 月第 1 版　2025 年 7 月第 1 次印刷
书　　号	ISBN 978-7-308-26416-7
定　　价	49.00 元

《畜牧微生物学实验指导》
编 委 会

前　言

　　"畜牧微生物学"是动物科学专业的核心课程,是将微生物学的基本理论和技术综合应用到畜牧业生产中,促进畜牧经济发展的一门理论与实践相结合的课程。为了适应畜牧业新质生产力的发展需求,本实验指导设置了微生物纯培养技术、饲料和乳及乳制品中微生物毒素的测定、微生物饲料制备及发酵工艺优化、青贮饲料制备及质量评定、益生菌的筛选鉴定和消化道及饲料中微生物多样性分析共六章内容。除培养基的配制及灭菌、微生物的接种与分离纯化、微生物形态结构观察等微生物学基本实验技能外,本教材以期通过实验原理和实验操作步骤的详细阐述,让读者能够全面地掌握饲料及饲料加工、养殖及畜产品生产环节中涉及的常用微生物实验技术。

　　为便于读者对相关微生物实验方法和技术有更全面的认知,本教材在相应位置嵌入了二维码,引入视频资源对部分实验原理和实验操作进行讲解;每个技术下以实验原理归纳和实验操作流程图总结的方式,对常用的方法进行汇总,然后再以具体的实验来巩固各项操作技能。

　　本教材由浙江大学王佳堃任主编,浙江大学洪奇华和浙江农林大学茅慧玲任副主编。

　　在编写过程中,我们参考了国内外部分微生物学实验指导书,在此表示衷心的感谢。由于能力、经验和时间的限制,本教材难免存在缺点和错误,敬请同仁予以指正。

王佳堃

于浙江大学紫金港校区

数字资源二维码索引

目　录

实验须知

  微生物学实验是以微生物(包含病原微生物)、免疫血清等为对象进行的实验。微生物学实验不仅要求通过严谨、细心的实验获得准确结果,还需要防止实验室感染,防止事故发生,确保安全。在微生物学实验中除需要注意一般实验的共同事项外,必须特别坚守无菌观念,通过无菌操作防止病原微生物、条件致病性微生物的污染散布。

一、严格无菌操作,防止病原微生物的污染和散布

  1.切实掌握每个实验项目的原理,听从教师指导,遵守操作规程,严格按照生物安全操作规范进行操作。

  2.进入实验室必须穿实验服,不允许穿拖鞋。如果实验服不慎沾上具有传染性的材料,应脱下浸于消毒液中(如5％石炭酸等)过夜或经高压蒸汽灭菌后再进行洗涤。

  3.若有病原微生物样品被打翻,必须以吸满消毒液(如5％石炭酸等)的纸巾/布加以覆盖,过夜后才可移除纸巾/布,并依照微生物实验室的废弃物处理办法加以处理。

  4.沾有病原微生物的器皿及废弃培养物,应置于指定的地点,经消毒或高压蒸汽灭菌后再进行洗涤。实验用过的动物尸体、脏器、血液等材料应由专业人员集中回收并进行消毒处理。

  5.接种环、接种针用前用后必须置火焰中灼烧,切实灭菌。

  6.含有培养物的试管不可平放于桌面,以免液体流出。

  7.移液枪需规范使用,以免培养物流入/吸入枪体。

  8.实验过程中发生吸入细菌、划破皮肤等意外时,应及时报告教师,立即处理,必要时就医。

  9.菌种不得带出实验室。若需索取,应严格按规章制度办理。

  10.实验开始和结束时,必须清理并用消毒液擦拭或紫外灯照射台面。

  11.离开实验室前应用洗手液清洗双手。

二、规范使用仪器,确保实验仪器设备正常

  1.首次使用仪器时,需经实验技术人员的同意,经指导方能使用;使用时严格按照操作规程进行。

  2.实验涉及液相色谱操作时,所用试剂均为色谱纯;配制的溶液上机前需除气泡。

  3.使用生物安全柜需签到、签出,记录使用内容及使用剂量。

  4.仪器使用后需确保仪器清洁。

第一章　微生物纯培养技术

　　微生物培养是指利用人工配制的培养基(medium，culture medium)和人工培养条件，使某些微生物快速生长繁殖。这种在人为条件下培养和繁殖得到的微生物群体称为培养物(culture)。由一个细胞或一群相同的细胞经过培养繁殖而得到的微生物群体称为纯培养物(pure culture)。通常，纯培养物的稳定性更高，更适于菌种理化特性的研究，所以微生物纯培养技术是开展微生物实验必须掌握的基础技能之一。在此技术中需要掌握培养基的配制与灭菌、微生物接种与分离纯化、微生物形态结构观察、微生物的计数、微生物生理生化特征测定和微生物保藏。

第一节　培养基的配制与灭菌

一、目的与要求

　　1.了解培养基的配制原理。
　　2.了解培养基配制的常规程序。
　　3.学习和掌握几种培养基的配制方法。
　　4.掌握厌氧培养基的配制要领。
　　5.熟悉高压蒸汽灭菌的原理与操作。

二、原理

　　培养基是指按照微生物生长代谢需要，人工用多种营养物质调制而成的营养基质。人工配制培养基的目的在于给微生物提供良好的营养，使其在一定的培养条件下繁殖。微生物种类繁多，具有不同的营养类型，加之实验条件和研究目的的不同，培养基在组成原料上也各有差异。培养基种类繁多，根据其成分、物理状态和用途可将培养基分成多种类型。根据成分不同培养基划分为天然培养基(natural medium)和合成培养基(synthetic medium)，天然培养基也称为复合培养基(complex medium)。根据物理状态不同培养基划分为固体培养基(solid medium)、半固体培养基(semisolid medium)和液体培养基(liquid medium)。根据用途不同培养基划分为基础培养基(minimum medium)、加富培养基(enrichment medium)、鉴别培养基(differential medium)和选择培养基(selective medium)。

1. 营养物质的选择依据

总体而言,所有微生物生长繁殖均需要满足微生物生长发育的水分。此外,培养基应含碳源、氮源、微量元素及生长素等。自养型微生物能将简单的无机物合成自身需要的糖类、脂类、蛋白质、核酸、维生素等,因此自养型微生物的培养基完全可以(或应该)由简单的无机物组成。培养细菌、放线菌、酵母菌、霉菌、原生动物、藻类及病毒的培养基各不相同。在实验室中常用牛肉膏蛋白胨培养基(肉汤培养基)、Luria-Bertani 培养基(LB 培养基)培养细菌,用高氏Ⅰ号培养基培养放线菌,用麦芽汁培养基培养酵母菌,用查氏培养基培养霉菌。

2. 营养物质的浓度与配比

若培养基中营养物质浓度过低,则不能满足微生物正常生长所需,但若浓度过高则可能对微生物生长起抑制作用。此外,培养基中各营养物质之间的浓度配比也直接影响微生物的生长繁殖和(或)代谢产物的形成与积累,其中碳氮比的影响最大。

3. pH 值的控制

各类微生物生长繁殖或产生代谢产物的最适 pH 条件各不相同。一般而言,细菌与放线菌生长的最适 pH 为 7.0~7.5,酵母菌和霉菌生长的最适 pH 为 4.5~6.0。值得注意的是,随着微生物的生长繁殖,其不断分解和代谢营养物质,导致代谢产物在培养基中积累,从而引起培养基的 pH 发生变化,若不对培养基的 pH 进行控制,往往会导致微生物生长速度下降或代谢产物产量下降。为了维持培养基 pH 的相对恒定,通常在培养基中加入 pH 缓冲剂。常用的缓冲剂组合有磷酸盐缓冲液、乙酸盐缓冲液和黄原胶缓冲液等。培养基还应具有一定缓冲能力及一定的氧化还原电位和合适的渗透压。因此配制培养基时,要根据培养的目的,选择合适的营养物质,调整适宜的浓度,调节渗透压和 pH 值,控制氧化还原电位。

4. 固体培养基与液体培养基的差别

固体培养基是在液体培养基中添加凝固剂制成的。常用的凝固剂有琼脂(agar)、明胶(gelatin)和硅酸钠(sodium silicate),其中琼脂最为常用。琼脂是从海藻中提取的长链多糖,性质较稳定,一般微生物不能分解。琼脂在 98℃下熔化形成有一定黏性的液体,并在 42℃时重新凝固。固体培养基需要加入琼脂的量约为 1.5%~3.0%,半固体培养基需要加入约 0.2%~0.8%的琼脂。

5. 厌氧培养基与普通培养基的差别

厌氧微生物广泛分布在自然界,尤其是在畜禽的消化道中定植的主要是厌氧微生物,其作用也日益受到人们的重视。此类微生物只有在没有游离氧存在的条件下才能生长繁殖,因此厌氧微生物的培养基无论是液体培养基还是固体培养基均需在配制过程中除氧,并通过培养基中添加的指示剂指征培养基的无氧状态。利用氧气不易溶于水的性质,将培养基煮沸以达到快速除氧的目的,煮沸后的培养基需在通入 CO_2 或 N_2 等气体的环境下冷却。在通入气体的过程中,用铝箔包裹容器口部,让容器内部形成正压以防止大气中的氧气进入。冷却后,将 pH 值调整至所需范围,添加还原剂进一步去除氧气。最后,在厌氧手套箱(anaerobic glove box)中将培养基按需分装后进行高压灭菌。对于在高温下不稳定的物质,则可通过厌氧手套箱的传递舱除氧,在厌氧手套箱内用已除氧的无菌水配制成溶液,过滤除菌后加入已灭菌的厌氧培养基中。厌氧指示剂通常选用刃天青(resazurin,分子式是 $C_{12}H_6NNaO_4$)。刃天青是一种氧化还原指示剂,在缺氧环境下由粉红变为无色。

三、操作流程

培养基的配制流程见图1-1。

称重 ⟶ 溶解 ⟶ 调pH ⟶ 定容 ⟶ 分装 ⟶ 封口 ⟶ 灭菌 ⟶ 摆斜面、倒平板

图1-1 培养基的配制流程

1. 称重

根据培养基的配方,准确称取各原料至容器中。对于因量少而不易称量的原料,可先配制高浓度的溶液,根据换算后量取所需体积的溶液加入。

2. 溶解、调节 pH 和定容

称取所有的原料后(制备厌氧培养基过程中有微波炉除氧过程,对热不稳定的药品,如 $NaHCO_3$,需在培养基冷却后加入),向容器内加入少于总体积的水,搅拌或加热溶解,待冷却至室温后调节pH,待pH达到要求后再定容。对于无需调节pH的直接购买的培养基粉末,可在称取粉末后,加水至需配体积,无需完全溶解,高压蒸汽灭菌过程会使其充分溶解。

通常用1mol/L NaOH溶液和HCl溶液调节培养基的pH。pH调节遵循少量多次的原则。

3. 分装

培养基配好后,根据实验目的不同分装到不同容器中。分装至试管、亨盖特试管(Hungate tube)和巴尔奇型试管(Balch-type tube)(见图1-2),要求培养基不超过试管容量的1/4。巴尔奇型试管是螺纹口亨盖特试管的改良版,其特点是最大化试管壁与塞子之间的有效密封,保证气密性。这种试管的蓝色氯丁橡胶塞能够承受注射器的反复穿刺,而且铝盖封口也可以承受更高的管内压。若用于制备斜面培养基,每管不宜超过试管容量的1/5,做好的斜面不超过试管长度的1/2。若分装于三角烧瓶中,每瓶不宜超过总体积的1/2。若分装于血清瓶中,每瓶不宜超过总体积的2/3。

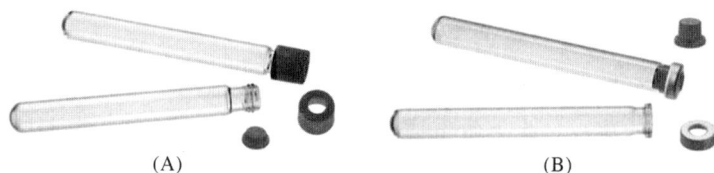

(A)   (B)

图1-2 亨盖特试管(A)和巴尔奇型试管(B)

4. 封口

培养基分装到不同容器后,根据管口或瓶口尺寸塞入不同大小的棉塞。由于棉塞容易附着灰尘和空气中的杂菌,三角烧瓶的封口目前以市售的组培专用无菌过滤透气膜为主(见图1-3)。亨盖特试管和巴尔奇型试管的封口以市售的胶塞为主。

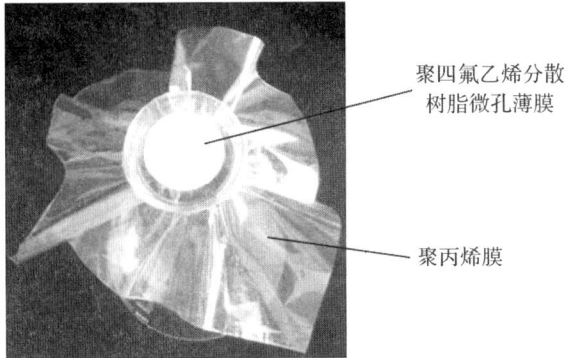

聚四氟乙烯分散
树脂微孔薄膜

聚丙烯膜

图 1-3　组培专用无菌过滤透气膜

5.灭菌

培养基在配制过程中会接触到容器、药品、称量纸或其他表面而被污染,因此分装完毕后应立即灭菌,原则是不能因灭菌处理破坏培养基中的营养物质。实验室一般采用高压蒸汽灭菌,即在 121℃ 条件下灭菌 15min～30min。在此条件下,包括芽孢在内的所有微生物都会被杀死。但对于在高温高压下不稳定的物质则需要通过过滤灭菌法过滤,再加入灭菌后的培养基组分中。如葡萄糖溶液可以

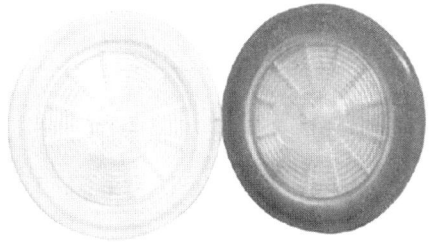

图 1-4　针式无菌过滤头

通过 $0.22\mu m$ 的针式无菌过滤头(见图 1-4)滤入灭菌后的培养基组分中。

培养基宜现配现用,较长时间存放可能会被污染或变质。若因实验需要提前配制的或没有用完的培养基应放在低温、低湿、阴暗、干净的地方保存。

实验一　Luria-Bertani 培养基的制备

一、实验目的

1.掌握培养基的配制原理。
2.通过 Luria-Bertani 培养基的配制,掌握培养基的制备方法。

二、实验原理

Luria-Bertani 培养基,简称 LB 培养基,由 Ciuseppe Bertani 于 1951 年在大肠杆菌溶原性研究中首次设计提出,是一种应用最广泛和最普通的细菌基础培养基之一。配方中的酵母提取物为微生物提供碳源、磷酸盐、生长因子、维生素等,蛋白胨主要提供氮源,NaCl 提供无机盐。根据配方中 NaCl 的含量,可以将 LB 培养基分为 LB Miller、LB Lennox 和 LB Luria,其中 NaCl 的含量分别为 1%、0.5% 和 0.05%。

三、实验材料

1. 实验试剂

胰蛋白胨、酵母提取物、NaCl、琼脂、1mol/L NaOH 溶液、1mol/L HCl 溶液。

2. 实验器材

天平、称量纸、药匙、烧杯、玻璃棒、量筒、三角烧瓶(试管)、pH 试纸、电炉、移液枪等。

四、实验操作

1. LB 培养基的配方

LB 培养基的配方见表 1-1。

表 1-1　LB 培养基的配方(pH=7.2~7.6)

试剂	重量/含量	试剂	重量/含量
胰蛋白胨	1.0g/1%	酵母提取物	0.5g/0.5%
NaCl	1.0g/1%	琼脂	1.5g~2.0g/1.5%~2.0%
蒸馏水	100mL		

2. 操作步骤

(1)按照表 1-1 的配方,准确称量胰蛋白胨、酵母提取物、NaCl 至烧杯中。

注意:胰蛋白胨和酵母提取物很易吸潮,在称取时动作要迅速。

(2)用量筒量取 100mL 蒸馏水倒入烧杯中,加热并搅拌至溶解。

(3)用 1mol/L HCl 溶液或 1mol/L NaOH 溶液调节 pH 至 7.2~7.6。

(4)将配好的培养基分装到三角烧瓶(试管)中。将称好的琼脂直接放入三角烧瓶(试管)中,盖好塞子或组培专用无菌过滤透气膜。

(5)将三角烧瓶(试管)放入高压蒸汽灭菌锅中,在 121℃条件下灭菌 30min。

高压蒸汽灭菌注意事项:检查锅内水量是否在指定的范围内;放入配好的培养基,注意不要装得太挤;灭菌后,锅内的液体缓慢冷却至 90℃以下方可打开锅盖,以防由于压力骤降引起液体喷溅。

实验二　牛肉膏蛋白胨培养基的制备

一、实验目的

1.掌握培养基的配制原理。

2.通过牛肉膏蛋白胨培养基的配制,掌握天然培养基的制备方法。

二、实验原理

牛肉膏蛋白胨培养基(beef extract peptone medium)是细菌学研究最常用的天然培养基,用于细菌的分离、培养和计数等。配方中的牛肉膏为微生物提供碳源、磷酸盐和维生素,蛋白胨主要提供氮源和维生素,NaCl 提供无机盐。配方中不加入琼脂时称为肉汤培养基。

三、实验材料

1. 实验试剂

牛肉膏、蛋白胨、NaCl、琼脂、1mol/L NaOH 溶液、1mol/L HCl 溶液。

2. 实验器材

天平、称量纸、药匙、烧杯、玻璃棒、量筒、三角烧瓶(试管)、pH 试纸、电炉、移液枪等。

四、实验操作

1. 牛肉膏蛋白胨培养基的配方

牛肉膏蛋白胨培养基的配方见表 1-2。

表 1-2　牛肉膏蛋白胨培养基的配方(pH＝7.2～7.6)

试剂	重量/含量	试剂	重量/含量
牛肉膏	0.5g/0.5%	蛋白胨	1g/1%
NaCl	0.5g/0.5%	琼脂	2g/2%
蒸馏水	100mL		

2. 操作步骤

(1)按照表 1-2 所示配方,准确称量牛肉膏、蛋白胨、NaCl 至烧杯中。

注意:牛肉膏黏性大,可用硫酸纸称取(硫酸纸和牛肉膏一起放入烧杯中,待加水溶解后将硫酸纸取出),或在小烧杯和表面皿中称重,用热水溶化后倒入烧杯中。

蛋白胨很易吸潮,在称取时动作要迅速。称药品时严防药品间污染,称取一种药品后将药匙洗净、擦干后再称取另一药品。

(2)用量筒量取 100mL 蒸馏水倒入烧杯中,加热并搅拌至溶解。

(3)用 1mol/L HCl 溶液或 1mol/L NaOH 溶液调节 pH 至 7.2～7.6。

(4)将配好的培养基分装到三角烧瓶(试管)中。将称好的琼脂直接放入三角烧瓶(试管)中,盖好塞子或组培专用无菌过滤透气膜。

(5)将三角烧瓶(试管)放入高压蒸汽灭菌锅中,在 121℃条件下灭菌 30min。

实验三 马铃薯葡萄糖培养基的制备

一、实验目的

1.掌握培养基的配制原理。

2.通过马铃薯葡萄糖培养基的配制,掌握半合成培养基的制备方法。

二、实验原理

马铃薯葡萄糖培养基(potato dextrose agar,PDA)是一种半合成培养基,是常用的真菌培养基。

三、实验材料

1.实验试剂

新鲜马铃薯、葡萄糖、琼脂、1mol/L NaOH 溶液、1mol/L HCl 溶液。

2.实验器材

天平、称量纸、药匙、小刀、砧板、烧杯、玻璃棒、量筒、纱布、pH 试纸、铝锅、电炉、移液枪等。

四、实验操作

1.马铃薯葡萄糖培养基的配方

马铃薯葡萄糖培养基的配方见表 1-3。

表 1-3 马铃薯葡萄糖培养基的配方(pH=7.0)

试剂	重量/含量	试剂	重量/含量
去皮马铃薯	200g/20%	葡萄糖	20g/2%
琼脂	15g~20g/1.5%~2.0%	蒸馏水	1000mL

2.操作步骤

(1)将新鲜马铃薯去皮,挖去芽眼,称取相应重量后切成 1cm 左右的小块,放入锅中,加水 1000mL,在电炉上加热至沸腾,维持 20min~30min(能被玻璃棒戳破即可),用 2 层纱布过滤,弃滤渣,取滤液。

(2)把滤液倒入锅中,加入葡萄糖和琼脂,继续加热搅匀,稍冷却后补足水分至 1000mL。制备 PDA 培养基时可加入氯霉素或土霉素等抑制细菌的生长,减少干扰。若不加琼脂,可用于真菌的液体培养。

(3)将配好的培养基分装后高压蒸汽灭菌(见第一节"培养基的配制与灭菌"中的灭菌部分)。

实验四　高氏Ⅰ号培养基的制备

一、实验目的

1. 掌握培养基的配制原理。
2. 通过高氏Ⅰ号培养基的配制,掌握合成培养基的制备方法。

二、实验原理

高氏Ⅰ号培养基是一种常用于培养和观察放线菌形态特征的合成培养基。如果加入适量的抗菌药物(如抗生素和酚等),则可用来分离各种放线菌。该培养基含有多种无机盐,配方以可溶性淀粉为碳源。

三、实验材料

1. 实验试剂

可溶性淀粉、KNO_3、NaCl、$K_2HPO_4 \cdot 3H_2O$、$MgSO_4 \cdot 7H_2O$、$FeSO_4 \cdot 7H_2O$、琼脂、1mol/L NaOH 溶液、1mol/L HCl 溶液。

2. 实验器材

天平、称量纸、药匙、烧杯、玻璃棒、量筒、pH 试纸、电炉、铝锅、移液枪等。

四、实验操作

1. 高氏Ⅰ号培养基的配方

高氏Ⅰ号培养基的配方见表 1-4。

表 1-4　高氏Ⅰ号培养基的配方(pH=7.2~7.4)

试剂	重量/含量	试剂	重量/含量
可溶性淀粉	20.0g/2%	KNO_3	1.0g/0.1%
NaCl	0.5g/0.05%	$K_2HPO_4 \cdot 3H_2O$	0.5g/0.05%
$MgSO_4 \cdot 7H_2O$	0.5g/0.05%	$FeSO_4 \cdot 7H_2O$	0.01g/0.001%
琼脂	15g~20g/1.5%~2.0%	蒸馏水	1000mL

2. 操作步骤

(1)量取 500mL 水置于铝锅中,用电炉加热至沸腾。

注意:配制培养基时不可用铜或铁锅加热溶化,以免离子进入培养基中,影响微生物生长。

(2)根据表 1-4 配方称取可溶性淀粉,放入小烧杯中,并用少量冷水将淀粉调成糊状,将其加至步骤(1)的沸水中继续加热,使淀粉完全溶化。然后再称取其他各成分依次溶化。对于微量的 $FeSO_4 \cdot 7H_2O$,可先配成 0.01g/mL 的储备液(1g 溶于 100mL 水中),取 1mL 0.01g/mL $FeSO_4 \cdot 7H_2O$ 加入上述溶化的培养基中。

(3)加入琼脂煮沸至完全溶化,补足 1000mL 水量,调节 pH 值至 7.2~7.4。

注意:一般用沸水浴或烧杯下面垫以石棉网煮沸溶化琼脂粉,溶化过程中需要不断搅拌,以防琼脂煳底烧焦。

(4)将配好的培养基分装后高压蒸汽灭菌(见第一节"培养基的配制与灭菌"中的灭菌部分)。

实验五　酪蛋白培养基的制备

一、实验目的

1.掌握培养基的配制原理。
2.学习芽孢杆菌常用培养基配制方法。
3.学习产蛋白酶菌株筛选培养基的配制方法。
4.通过酪蛋白培养基的配制,掌握培养基的一般制备方法。

二、实验原理

主要是通过观察微生物对酪蛋白培养基成分的分解作用来研究微生物的特性。具体来说,酪蛋白培养基中添加了酪素,如果菌株能产蛋白酶并分泌到胞外,则能将酪素降解,形成蛋白水解圈,从而达到鉴别菌株是否为产蛋白酶菌株的目的。这种培养基常用于产蛋白酶菌株的筛选。此外,酪蛋白琼脂培养基还用于蜡样芽孢杆菌的酪蛋白分解试验,通过观察细菌分解酪蛋白形成的透明圈来判断其分解能力。这些原理和应用展示了酪蛋白培养基在微生物学研究中的重要性和多样性。

三、实验材料

1. 实验试剂

琼脂、酪素、$MgSO_4 \cdot 7H_2O$、$ZnCl_2$、$Na_2HPO_4 \cdot 7H_2O$、NaCl、$CaCl_2$、$FeSO_4$、胰蛋白酶。

2. 实验器材

天平、称量纸、药匙、血清瓶、量筒、磁力搅拌器、磁力搅拌棒等。

四、实验操作

1. 酪蛋白培养基的配方

酪蛋白培养基的配方见表 1-5。

表 1-5 酪蛋白培养基的配方(pH＝7.0～7.2)

试剂	配方浓度(％)	母液浓度(％)	母液取量(mL/200mL)
酪素	0.4	4	20
$MgSO_4 \cdot 7H_2O$	0.05	5	2
$ZnCl_2$	0.0014	0.14	2
$Na_2HPO_4 \cdot 7H_2O$	0.107	10.7	2
NaCl	0.016	1.6	2
$CaCl_2$	0.0002	0.02	2
$FeSO_4$	0.0002	0.02	2
胰蛋白酶	0.005	0.5	2
琼脂	2.0	—	—
蒸馏水	—	—	166

2. 操作步骤

(1)制备母液:按照表 1-5 所示配方准确配制各成分母液,其中 4％酪素母液的制备方法为 4g 干酪素溶解于 30mL～35mL 的 NaOH 水溶液(0.1mol/L)中,水浴溶解 20min,待溶解完全后加入 60℃～70℃热水定容到 100mL。

(2)称量:准确量取各母液混合。

(3)灭菌:将配制好的培养基分装到适当的容器中,如三角烧瓶或试管,然后在 121℃下高压灭菌 20min。

(4)倒平板:待培养基冷却至 50℃左右时,将其倒入平板中。

实验六 酵母膏胨葡萄糖培养基的制备

一、实验目的

1.掌握培养基的配制原理。

2.通过酵母膏胨葡萄糖培养基的配制,掌握培养基的一般制备方法。

二、实验原理

酵母膏胨葡萄糖培养基(yeast extract peptone dextrose,YPD 或 YEPD)是主要用于酵母菌培养的培养基,含有酵母提取物、蛋白胨和葡萄糖。YPEG 中除了用 3％乙醇和 3％甘油代替葡萄糖作为碳源外,其他成分同 YPD;YPDZ 是在 YPD 的基础上加入 Zeocin 抗生素;YPDA 是在 YPD 的基础上加 0.003％腺嘌呤硫酸盐。

三、实验材料

1. 实验试剂

酵母膏、蛋白胨、葡萄糖、琼脂。

2. 实验器材

天平、称量纸、药匙、烧杯、玻璃棒、量筒等。

四、实验操作

1. 酵母膏胨葡萄糖培养基的配方

酵母膏胨葡萄糖培养基的配方见表 1-6。

表 1-6 酵母膏胨葡萄糖培养基的配方

试剂	重量/含量	试剂	重量/含量
蛋白胨	20.0g/2%	酵母膏	10.0g/1%
葡萄糖	20.0g/2%	琼脂	15g～20g/1.5%～2.0%
蒸馏水	1000mL		

2. 操作步骤

按照表 1-6 所示配方准确称取酵母膏、蛋白胨和琼脂，加入所需蒸馏水，115℃灭菌 15min。葡萄糖溶液单独配制，过滤除菌后加入已灭菌的培养基中。液体 YPD 培养基可常温保存；琼脂 YPD 平板在 4℃可保存几个月。加入 $100\mu g/mL$ Zeocin，成为 YPDZ 培养基，可以在 4℃条件下保存 1 周～2 周。

实验七 厌氧酵母膏胨葡萄糖培养基的制备

一、实验目的

1. 掌握厌氧培养基的配制原理。
2. 通过厌氧培养基的配制，掌握厌氧培养基的一般制备方法。

二、实验原理

厌氧微生物可接种于装有厌氧培养基的厌氧管或厌氧装置中进行培养。制备厌氧培养基是成功培养厌氧微生物的关键。厌氧培养基与有氧培养基的区别在于厌氧培养基配制过程中需进行除氧操作，并通过培养基中添加的指示剂指征培养基的无氧状态。煮沸是除氧的主要手段，煮沸后的培养基需要在通入 CO_2 或 N_2 等气体的环境下冷却。在通入气体的过程中，用铝箔包裹容器口部，让容器内部形成正压以防止大气中的氧气进入。冷却后，将 pH 值调整至所需范围，添加还原剂（半胱氨酸盐酸盐、$Na_2S \cdot 9H_2O$ 等）进一步去除氧气。最后，在厌氧手套箱中将培养基按需分装后进行高压灭菌。对于在高温下不稳定的物质，可通过厌氧操作箱的传递舱除氧，在厌氧操作箱内用已除氧的无菌水配制成溶液，过滤除菌后加入已灭菌的厌氧培养基中。

三、实验材料

1. 实验试剂

酵母膏、蛋白胨、葡萄糖、刃天青、半胱氨酸盐酸盐。

2. 实验器材

天平、称量纸、药匙、血清瓶、量筒、磁力搅拌器、磁力搅拌棒等。

四、实验操作

1. 厌氧酵母膏胨葡萄糖培养基的配方

厌氧酵母膏胨葡萄糖培养基的配方见表1-7。

表1-7　厌氧酵母膏胨葡萄糖培养基的配方

试剂	重量/含量	试剂	重量/含量
蛋白胨	20.0g/2%	酵母膏	10.0g/1%
葡萄糖	20.0g/2%	0.1%刃天青	1mL
蒸馏水	1000mL	半胱氨酸盐酸盐	0.5g

2. 操作步骤

按照表1-7所示配方准确称取酵母膏、蛋白胨和刃天青于瓶口和瓶盖有气密垫的1L血清瓶中(事先将磁力搅拌棒放入血清瓶中),向瓶中加入蒸馏水至500mL左右,瓶盖微拧后,将血清瓶置入微波炉中。将瓶内液体煮沸两次(注意观察瓶内液面变化,防止沸腾过程中液体溢出血清瓶),拧紧瓶盖,将血清瓶取出置于磁力搅拌器上。打开瓶盖,将CO_2或N_2通气管插至血清瓶底部,用铝箔纸密封瓶口,并起到固定通气管的作用。打开磁力搅拌器使瓶内液体充分搅拌出现漩涡(注意打开磁力搅拌器时要温柔,防止过快导致瓶内液体溢出)。向瓶内加入煮沸后的蒸馏水至1L位置(培养基冷却后体积会变小)。在磁力搅拌下冷却。冷却后的培养基调节pH值,加入半胱氨酸盐酸盐,高压蒸汽灭菌,灭菌过程中瓶盖处于拧紧状态。准确将葡萄糖粉末称取至50mL离心管中,通过厌氧手套箱的过渡舱除氧。除氧后在厌氧手套箱内加入提前准备好的厌氧蒸馏水(微波炉煮沸除氧),制备葡萄糖工作液,过滤(0.22μm的滤头)除菌后加入已灭菌的培养基中至终浓度为2%。

实验八　MRS培养基的制备

一、实验目的

1. 掌握MRS培养基的配制原理。

2. 了解MRS培养基可选择性培养乳酸菌的原理。

二、实验原理

MRS 培养基是一种常用的微生物培养基,广泛应用于酸性环境中的菌群研究。MRS 全称为 DeMan,Rogosa and Sharpe 培养基,由 DeMan 等于 1960 年根据 *Lactobacilli* 的特性设计而成。它可以选择性地培养乳酸菌,因此在乳酸菌的分离和鉴定中得到了广泛的应用。

MRS 是弱选择性培养基,支持乳酸菌的旺盛生长。MRS 培养基中蛋白胨提供氮源,牛肉浸粉和酵母提取物作为维生素来源,葡萄糖是可发酵的碳水化合物。培养基的微酸性环境,有利于乳酸菌的生长。乙酸钠和柠檬酸铵是选择剂,同时也是能量物质。乙酸钠对革兰氏阴性细菌和霉菌有抑制作用,但对乳酸菌无影响。硫酸镁和硫酸锰提供代谢必需的离子。司班-80 或吐温-80 是非离子型表面活性剂,辅助乳酸菌对营养物质的利用。

三、实验材料

1. 实验试剂

酵母膏、蛋白胨、牛肉膏、葡萄糖、三水乙酸钠、柠檬酸铵、吐温-80、K_2HPO_4、$MgSO_4 \cdot 7H_2O$、$MnSO_4 \cdot 4H_2O$、琼脂。

2. 实验器材

天平、称量纸、药匙、血清瓶、量筒、磁力搅拌器、磁力搅拌棒等。

四、实验操作

1. MRS 培养基的配方

MRS 培养基的配方见表 1-8。

表 1-8　MRS 培养基的配方(pH＝6.2～6.6)

试剂	重量	试剂	重量
蛋白胨	10.0g	酵母膏	5.0g
葡萄糖	20.0g	牛肉膏	10.0g
三水乙酸钠	5.0g	柠檬酸铵	2.0g
吐温-80	1.0mL	K_2HPO_4	2.0g
$MgSO_4 \cdot 7H_2O$	0.58g	$MnSO_4 \cdot 4H_2O$	0.25g
蒸馏水	1000mL	琼脂	15.0g

2. 操作步骤

按照表 1-8 所示配方准确称取酵母膏、蛋白胨、牛肉膏、葡萄糖、三水乙酸钠、柠檬酸铵、吐温-80、K_2HPO_4、$MgSO_4 \cdot 7H_2O$、$MnSO_4 \cdot 4H_2O$ 于烧杯中,加入 700mL 蒸馏水,加热并搅拌至溶解,冷却后定容至 1L。

将配好的培养基分装到三角烧瓶(试管)中。将称好的琼脂直接放入三角烧瓶(试管)

中,盖好塞子或组培专用无菌过滤透气膜,121℃条件下灭菌30min。

思考题

1. 什么样的培养基适合细菌生长? 细菌能在高氏Ⅰ号培养基上生长吗?
2. 为何MRS培养基上生长的主要是乳酸菌?
3. 如果培养基配方中含有$NaHCO_3$,应该如何配制该厌氧培养基?
4. 调节厌氧培养基的pH值后,通常会加入半胱氨酸盐酸盐,该操作的目的是什么?

第二节　微生物的接种与分离纯化

一、目的与要求

1. 了解培养物制备原理。
2. 掌握无菌操作接种方法。
3. 熟悉微生物生长状况的判别。

二、原理

通常情况下微生物以杂居状态生长,因此要对某一种微生物进行研究,须先将其与其他微生物分离。纯培养物(即由单一微生物生长繁殖获得)是进行微生物实验操作的重要材料。具体来说,在无菌条件下,用接种环或接种针等专用工具,将微生物或含有微生物的样本用适当的方法转接到适宜的培养基中进行培养,即接种(inoculation),从而实现所需微生物的纯化鉴定,获得没有杂菌污染的单纯菌落。

1. 接种方法

根据不同的实验目的和培养基种类,可将微生物接种方法分为划线接种、涂布接种、稀释平板接种、穿刺接种、点接种、液体接种和活体接种等。

(1)划线接种

微生物最容易的分离方法是进行划线分离,即培养物在固体培养基表面通过划线进行稀释,拉大微生物间的间隔,使单个细胞所产生的后代能形成一个菌落。根据接种器皿不同,划线接种可分为试管斜面划线接种和平板划线接种。根据在平板上划线方式的不同有斜线法、曲线法、方格法、放射法和四格法等(见图1-5)。

菌落就是在固体培养基表面由微生物形成的肉眼可见的细胞团,一个菌落就代表了一个纯培养物。试管斜面划线接种技术一般用来检验不同微生物的培养特征或保存菌种。通常是从平板培养物上挑取某单独菌落或者从一支已长好的斜面菌移种至斜面培养基上培养,菌苔可以呈现丝线状、刺毛状、串珠状、疏展状、树枝状或假根状(见图1-6)。划线接种使用的接种工具有接种环、接种针等。

(A)斜线法
(B)曲线法
(C)方格法
(D)放射法
(E)四格法

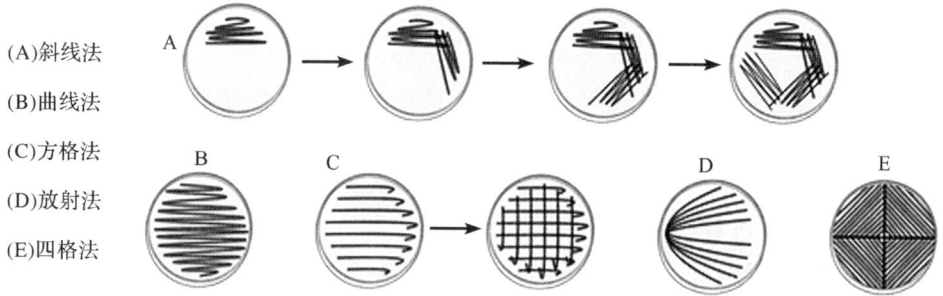

图1-5 平板上的划线方式

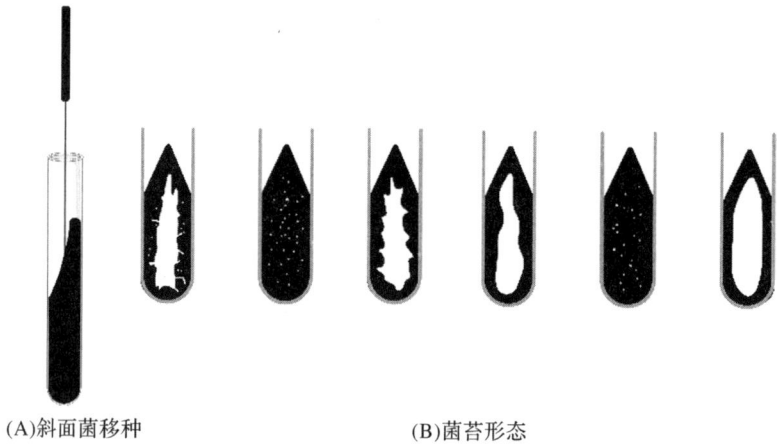

(A)斜面菌移种 (B)菌苔形态
图1-6 斜面培养的菌苔形态示意图

(2)涂布接种

纯培养物也可以由涂布法获得。将少量微生物混合样本的稀释液加入固体琼脂平板表面,并利用无菌涂布棒涂布均匀。如果稀释度合适,分散的细胞就会形成单菌落。准备好琼脂平板,对原混合培养物进行10倍梯度稀释。用无菌移液管移取0.1mL细菌混合培养物至琼脂平板表面。用无菌涂布棒将混菌样本均匀涂布并覆盖整个平板表面后,将平板倒置在37℃(真菌培养温度应调至30℃)恒温培养箱中培养过夜,观察培养结果。

(3)稀释平板接种

稀释平板接种与涂布接种较为相似,区别之处在于涂布接种是将菌悬液直接滴加至已经凝固的平板培养基上,通过涂布使菌液均匀分布,而稀释混合平板法则是先将菌悬液与43℃左右熔化的琼脂(最好利用低熔点琼脂糖配制)混合,然后倒入无菌的空培养皿内或准备好的琼脂平板上,将细菌平板倒置在37℃、真菌平板倒置在30℃恒温培养箱中培养过夜,观察培养结果。稀释平板接种菌落出现在平板表面及内部,涂布接种菌落通常仅在平板表面生长。

(4)穿刺接种

用接种针蘸取少量菌种,沿半固体培养基中心向管底做直线穿刺(见图1-7)。如果细菌有运动能力,会向穿刺线周围扩散生长。在保藏厌氧菌种或研究微生物的运动时常用此法。

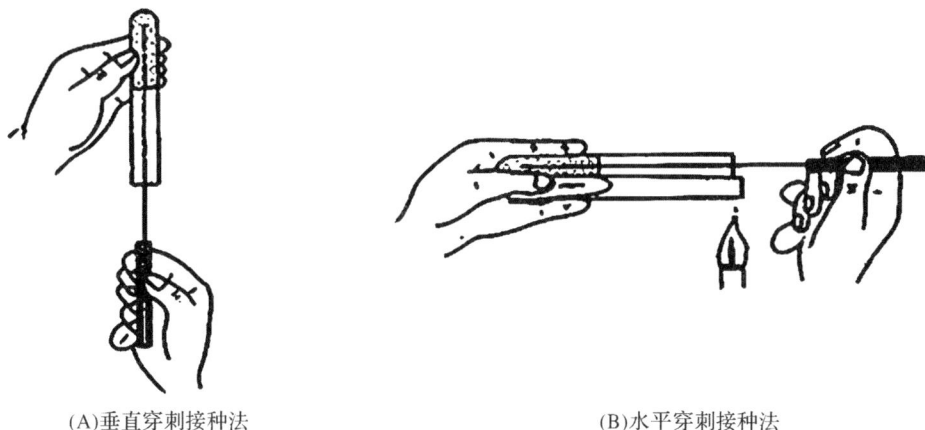

(A)垂直穿刺接种法　　　　　　　　　　　　(B)水平穿刺接种法

图 1-7　垂直穿刺接种法(A)和水平穿刺接种法(B)操作示意图

（5）点接种

把少量微生物接种在平板表面上，让它形成单个菌落，从而观察其形态。可以在同一平板上进行单点或多点接种。使用的接种工具为接种针，也可以用灭菌的牙签或移液枪枪头代替。点接种技术常用于观察各种菌的菌落特征、生长速度、显微镜检查等。

（6）液体接种

由斜面培养基接入液体培养基。此法用于观察微生物的生长特性和生化反应的测定。利用接种环从斜面培养基中挑取微生物，接种到液体培养基中。接种环应在管内壁摩擦几下以利于洗下环上菌体。操作时使试管口向上斜，以免培养液流出。接种后塞好棉塞，将试管在手掌中轻轻敲打，使菌体充分分散。

由液体培养基接种液体培养基，当菌种是液体时，接种除用接种环外还可用无菌吸管、滴管和注射器等。接种时只需将管口通过火焰，菌液注入培养液内摇匀即可。

2. 接种环境控制

小规模的接种可在超净工作台、生物安全柜里实现无菌操作，大规模接种可在无菌室实现无菌操作。对于要求严格的接种，在无菌室内结合使用超净工作台开展工作。对于严格厌氧菌需采用厌氧手套箱进行接种，以避免与氧气接触。

（1）超净工作台的工作原理

超净工作台的工作原理是通过风机将空气吸入预过滤器，经由静压箱进入高效过滤器过滤，将过滤后的空气以垂直或水平气流的状态送出，使操作区域达到百级洁净度。

（2）生物安全柜的工作原理

生物安全柜是能防止实验操作处理过程中某些含有危险性或未知性生物微粒发生气溶胶散逸的箱型空气净化负压安全装置。生物安全柜的工作原理主要是将柜内空气向外抽吸，使柜内保持负压状态，通过垂直气流来保护工作人员；外界空气经高效空气过滤器过滤后进入安全柜内，以避免处理样品被污染；柜内的空气也需经过高效微粒空气过滤器(high-efficiency particulate air filter)过滤后再排放到大气中，以保护环境。

（3）厌氧手套箱的工作原理

厌氧手套箱是迄今为止国际上公认的培养严格厌氧菌的最佳仪器之一。它是一个密闭的大型箱体，箱内充满成分为 $N_2:CO_2:H_2=85:5:10(V/V/V)$ 的混合惰性气体（见图 1-8）。惰性气体中的氢气在钯的催化下与箱内残余氧气化合成水，以保证箱内处于高度厌氧状态。箱的前面装有手套，以通过手套完成箱内的操作。箱右侧的交换室有内外两个门。内门通箱内，只有在交换室处于厌氧状态时才可打开。箱外物体移入箱内时，先打开交换室外门，放入物品，再关上外门进行抽真空和换入惰性气体。混合惰性气体的价格较高纯氮气贵 10 倍之多，所以一般在交换室前两次换气时充入氮气，最后一次换气时充入混合气体，以保证交换室内侧门打开时手套箱内和交换室内的气体一致。厌氧手套箱内设有恒温培养箱，可随时进行厌氧菌的培养，同时可放入离心机等小型设备，便于菌的厌氧操作。在厌氧手套箱内涂好的平板可在箱内恒温培养箱中培养，也可以置入厌氧罐培养（见图 1-9）。

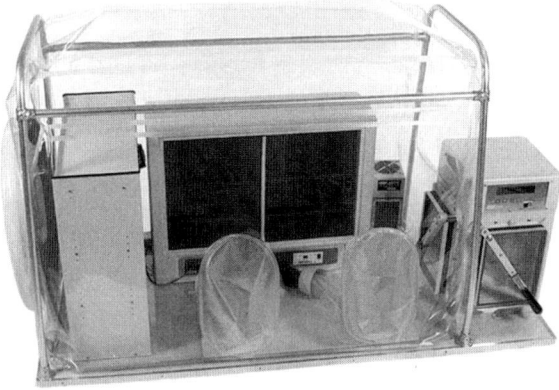

图 1-8　厌氧手套箱示例

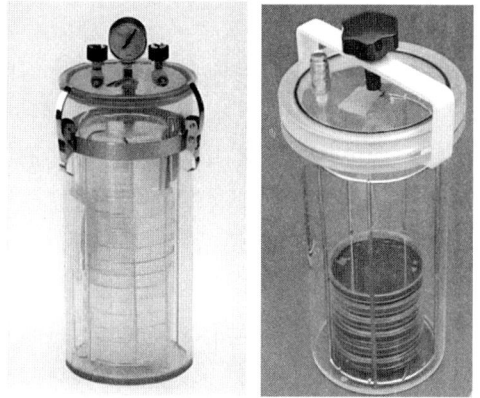

图 1-9　厌氧罐示例

三、操作流程

微生物接种流程见图 1-10。

准备接种环境　→　准备培养基　→　准备接种工具　→　接种　→　接种工具灭菌　→　培养

图 1-10　微生物接种流程

1. 准备接种环境

在微生物实验中，菌种的接种或分离、转接扩繁等工作都应按照无菌操作规程进行，要求工作环境尽可能地避免或减少杂菌的污染。实验前需将超净工作台或生物安全柜收拾干净，开紫外灯照射进行灭菌（切记：进行接种操作时要关闭紫外灯）。如需先制备固体平板培养基，则需在实验前将所用的培养皿等器材全部放入超净工作台或生物安全柜，与超净工作台或生物安全柜一起用紫外灯照射灭菌。

2. 准备培养基

参照第一节，根据培养物的培养特性，配制相应的培养基，并完成培养基的灭菌和斜面／

平面培养基的制备。

3. 准备接种工具

实验室内用得最多的是接种环、接种针和接种铲，有时滴管、吸管、注射器也可作为液体接种的工具。在固体培养基表面将菌液均匀涂布时要用到涂布棒。这些工具在使用前均需灭菌处理。

4. 接种

（1）划线接种

如图 1-11 所示，左手斜持菌种管，右手持接种环，将接种环放在火焰上灼烧，直到接种环烧红。在火焰旁冷却接种环。菌种管经火焰灭菌后，用右手小指拔开菌种管棉塞，管口通过火焰，将接种环伸入菌液中，蘸取一环菌液，将菌种管口通过火焰，并塞上棉塞。左手拿起平板，在火焰附近将培养皿打开一小部分，右手将蘸有菌种的接种环迅速伸入平板内，划线接种。

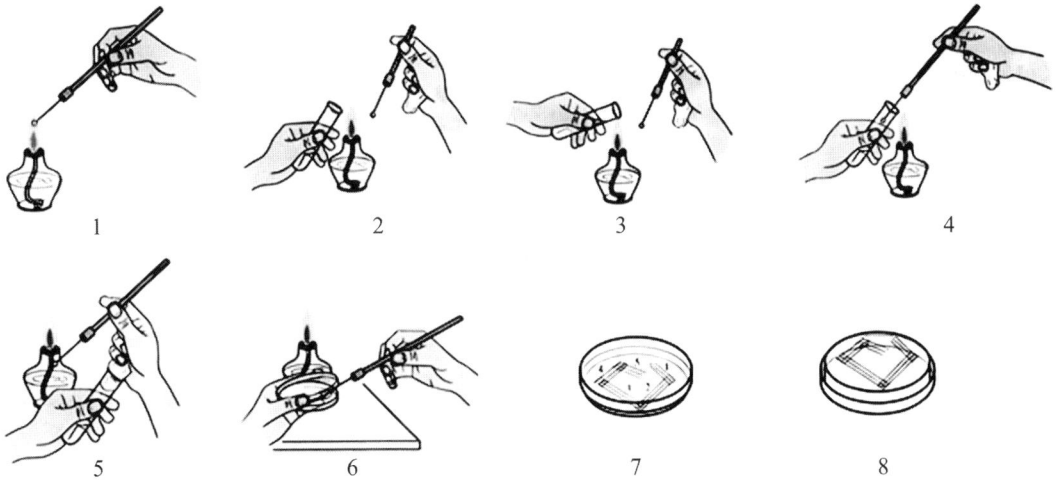

图 1-11　平板划线操作示意图

（2）涂布接种

左手斜持菌种管，右手持滴管或吸管，菌种管经火焰灭菌后，用右手小指拔开菌种管棉塞，管口通过火焰，将滴管伸入菌液中，吸取 0.1mL 菌液，将菌种管口通过火焰，并塞上棉塞。左手拿起平板，在火焰附近将培养皿打开一小部分，右手将吸取的菌液滴加于平板中央。取灭菌后的涂布棒，可先划"＋"，后划"（ ）"，将菌液涂布均匀。

5. 接种工具灭菌

接种完毕后将接种工具从柄部至顶端，逐渐通过火焰灭菌，不要直接烧顶端，以免残留在接种工具顶端的菌体爆溅污染空间。

6. 培养

划线/涂布结束后，细菌平板倒置在 37℃、真菌平板倒置在 30℃恒温培养箱中培养。

实验九　再生固体牛粪垫料中细菌和真菌的分离培养

一、实验目的

1.掌握细菌分离培养的方法。
2.掌握真菌分离培养的方法。
3.认识细菌和真菌菌落特征。
4.培养畜禽粪污资源化利用意识。

二、实验原理

我国奶牛养殖业规模化、集约化程度不断提高。牛床是奶牛主要的活动区域,牛床垫料的舒适度直接影响奶牛的趴卧时间,影响其产奶性能、健康水平以及养殖场的经济效益。近年来我国已普及使用再生固体牛粪垫料(recycled manure solids,RMS),即将牛粪转化为含水率低、无臭、松软、球状颗粒的牛床垫料。但 RMS 中仍然存在一定种类和数量的微生物。在有氧和厌氧条件下,利用适宜细菌和真菌的培养基纯化培养 RMS 中的细菌和真菌,即可从 RMS 中获得一批可培养的好氧和厌氧细菌和真菌。后续可通过分子鉴定、酶学特性分析等方法进行物种注释及应用潜力和致病力分析。

三、实验材料

1. 实验试剂

牛肉膏蛋白胨培养基、高氏Ⅰ号培养基、酵母膏胨葡萄糖培养基。

2. 实验器材

超净工作台、生化培养箱、超纯水仪、摇床、高压蒸汽灭菌锅、涂布棒、移液枪等。

四、实验操作

1. 样品采集

采集待用的再生固体牛床垫料,将垫料存放于无菌离心管中,4℃低温保存。

2. 操作步骤

(1)配制培养基

牛肉膏蛋白胨培养基、高氏Ⅰ号培养基和酵母膏胨葡萄糖培养基平板(详见本章第一节"培养基的配制与灭菌")。

(2)处理垫料样品

称取 10g 采集的垫料样品,加入 90mL 无菌水,摇床 150r/min 振荡 30min。在超净工作台中,取样品悬液逐级稀释至 10^{-2}、10^{-3} 和 10^{-4}。

（3）涂平板

分别取 100μL 稀释液涂布于牛肉膏蛋白胨培养基、高氏Ⅰ号培养基和酵母膏胨葡萄糖培养基平板。

（4）培养

细菌平板倒置于 37℃ 生化培养箱培养，真菌平板倒置于 30℃ 生化培养箱培养。

（5）纯化

培养过程中根据菌落形态、色素、干燥等特征，挑取形态差异较大的菌落进行划线纯化。

（6）保菌

挑取纯化后的单菌落，分别在 4℃ 下用斜面培养基保种，在 −80℃ 下用 20% 甘油保种。

实验十　果蔬发酵物中乳酸菌的分离培养

一、实验目的

1. 掌握乳酸菌分离培养的方法。
2. 了解选择性培养基的应用。
3. 培养非常规资源饲料化利用意识。

二、实验原理

乳酸菌（lactic acid bacteria，LAB）是一类能利用可发酵碳水化合物产生大量乳酸的细菌的统称。这类细菌在自然界分布极为广泛，具有丰富的物种多样性。乳酸菌不仅是研究分类、生化、遗传、分子生物学和基因工程的理想材料，而且在农牧业、食品和医药等与人类生活密切相关的重要领域具有极高的应用价值。畜牧上，分离纯化的乳酸菌可用于直接饲喂益生菌制剂研发，也可将水果和蔬菜废料、农作物秸秆等通过乳酸菌等微生物的发酵作用，加工为饲料，变废为宝。

MRS 培养基是弱选择性培养基，支持乳酸菌的旺盛生长。MRS 培养基中的蛋白胨提供氮源，牛肉浸粉和酵母提取物作为维生素来源，葡萄糖则是可发酵的碳水化合物。培养基的微酸性环境，有利于乳酸菌的生长。乙酸钠和柠檬酸铵是选择剂，同时也是能量物质。乙酸钠对革兰氏阴性细菌和霉菌有抑制作用，但对乳酸菌无影响。硫酸镁和硫酸锰提供代谢必需的离子。司班-80 或吐温-80 是非离子型表面活性剂，辅助乳酸菌对营养物质的利用。

磷酸盐水缓冲液（PBS）是一种配方简单的水基盐溶液（用磷酸钠、磷酸钾和氯化钠按不同的比例配制而成），它对大多数细胞是等渗且无毒的。PBS 包括氯化钠和磷酸盐缓冲液（PB，是磷酸二氢钠和磷酸氢二钠，或磷酸氢二钾和磷酸二氢钾，按一定比例混合而成的不同浓度的缓冲溶液）。PB 是最普通的缓冲溶液，在化学合成反应等领域应用广泛，起缓冲作用，用以维持一定的 pH 环境。但如果用 PB 冲洗细胞，会导致细胞低渗吸水，甚至胀破。所以用于电泳或与细胞有关的缓冲体系要用 PBS 缓冲液。PBS 的配方可防止渗透压休克，同时保持活细胞的水分平衡。

青贮饲料是青绿饲料在密封条件下,经过微生物发酵作用而调制成的一种多汁、耐贮存、质量基本不变的饲料;动物消化道是厌氧的环境,因此建议不论从研发直接饲喂益生菌制剂还是开发非常规饲料都在厌氧条件下进行乳酸菌的分离纯化,以便后期应用。

三、实验材料

1. 实验试样
果蔬发酵物(可以是农家泡菜、果废发酵物等微生物发酵物)。

2. 实验试剂
MRS(DeMan,Rogosa and Sharpe)培养基粉末、超纯水、磷酸盐水缓冲液(PBS)、甘油。

3. 实验器材
微波炉、血清瓶、超纯水仪、厌氧手套箱、高压蒸汽灭菌锅、涂布棒、移液枪等。

四、实验操作

1. 样品采集
采集待用的果蔬发酵物,将果蔬发酵物抽真空存放于保鲜袋中,4℃低温保存。

2. 操作步骤
(1)配制 PBS

称取 8g NaCl、0.2g KCl、3.63g $Na_2HPO_4 \cdot 12H_2O$、0.24g KH_2PO_4,溶于 900mL 蒸馏水中,用盐酸调 pH 值至 7.4,加水定容至 1L,常温保存备用。

(2)制备无菌厌氧 PBS

取配制的 PBS 于血清瓶中,在微波炉里煮沸两次,拧紧瓶盖,于高压灭菌锅中灭菌即制得无菌厌氧 PBS。

(3)制备 30％厌氧甘油

依据表 1-9,依次在加磁力搅拌棒的血清瓶中加入 38mL 矿物元素溶液Ⅰ、38mL 矿物元素溶液Ⅱ、300mL AR 级甘油和 1mL 0.1％刃天青指示剂,再加入开水 200mL 后,将血清瓶置于微波炉中加热沸腾两次,拧紧盖子取出,置于磁力搅拌器上搅拌的同时向溶液内通入 CO_2,并加开水至 1000mL 刻度。在通入气体的过程中,用铝箔包裹容器口部,让容器内部形成正压以防止大气中的氧气进入。待溶液冷却后,加入 5.6g $NaHCO_3$,使其充分溶解后调节溶液 pH 至 6.8～6.9。血清瓶拧紧盖子后转移至厌氧手套箱中,加入 0.25g L-半胱氨酸盐酸盐并充分溶解,分装至密封管中,121℃高压灭菌 30min,即可得到 30％厌氧甘油。

表 1-9 厌氧甘油矿物元素溶液成分表

成分	矿物元素溶液Ⅰ	矿物元素溶液Ⅱ
蒸馏水/mL	1000	1000
$CaCl_2 \cdot 2H_2O$/g	—	1.6
K_2HPO_4/g	6	—

续表

成分	矿物元素溶液Ⅰ	矿物元素溶液Ⅱ
KH_2PO_4/g	—	6
NaCl/g	—	12
$(NH_4)_2SO_4/g$	—	6
$MgSO_4 \cdot 7H_2O/g$	—	2.5

（4）分离培养乳酸菌

取 10g 果蔬发酵物，加入 90mL 无菌厌氧 PBS 中，摇床 150r/min 振荡 30min。于厌氧手套箱内取悬液进行梯度稀释（$1 \times 10^{-3} \sim 1 \times 10^{-5}$），取 $100\mu L$ 稀释液涂布于厌氧 MRS 固体培养基，37℃厌氧培养 24h。用无菌接种环挑取边缘整齐、光滑的单菌落进行进一步的纯化培养。筛选得到的菌株均用厌氧 MRS 液体培养基培养，以 15％厌氧甘油冻存于 −80℃（30％厌氧甘油与等体积的乳酸菌菌液混合，即可实现保存液中甘油的终浓度为 15％）。所有厌氧操作均在厌氧手套箱内进行。

思考题

1.接种前应该做哪些准备工作？

2.平板接种后为何要倒置培养？

3.如果是厌氧接种物的分离培养，又将如何操作？

4.涂布法和混合平板法各自的优势有哪些？

第三节　微生物形态结构观察

一、目的与要求

1.正确掌握显微镜油镜的使用方法。

2.熟悉微生物染色技术。

3.熟悉细菌、霉菌等的形态。

4.熟悉微生物生长状况的判别。

二、原理

由于微生物细胞含有大量的水分（通常在 80％～90％），对光线的吸收和反射与水溶液相近，与周围背景没有明显的明暗差，所以除了观察活体微生物细胞的运动性和直接计数外，在多数情况下必须经过染色才能在显微镜下进行观察。

染料通过细胞及细胞物质对染料的毛细现象、渗透、吸附和吸收作用等方式渗入细胞，细胞物质中的酸性成分与碱性染料结合，或碱性成分与酸性染料结合，可使细胞较为稳定地着色。细胞内的一些成分为两性物质，可以通过调节 pH 值使胞内物质的离解情况发生改变,从而达到着色效果。

1. 单染色法

单染色法是利用单一染料对细菌进行染色的一种方法,此法操作简便,适用于菌体一般形状和细菌排列状态的观察。细菌细胞通常带负电荷,常用的单色染料有亚甲蓝、结晶紫和碱性复红等碱性染料。当细菌分解糖类产酸使培养基 pH 下降时,细菌所带正电荷增加,此时可用伊红、酸性复红或刚果红等酸性染料染色。

2. 复染色法

复染色法则采用两种或两种以上的染料,有协助鉴别微生物的作用,故亦称鉴别染色法,常用的复染色法有革兰氏染色法和抗酸性染色法。

3. 特殊染色法

利用特殊染色法可观察和鉴别芽孢、荚膜、鞭毛、细胞核等细胞各部分结构。

4. 负染色法

负染色法则使微生物背景着色。

三、操作流程

1. 单染色法

单染色法的操作流程见图 1-12。

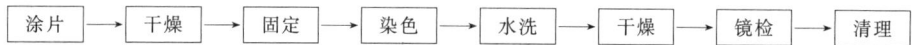

涂片 → 干燥 → 固定 → 染色 → 水洗 → 干燥 → 镜检 → 清理

图 1-12 单染色法的操作流程

(1)涂片

①培养物涂片:取一张载玻片拭净,接种环经火焰灭菌,滴一小滴(或用接种环挑取 1 环~2 环)生理盐水(或蒸馏水)于玻片中央(如被检材料是液体,可不加生理盐水)。左手斜持菌种管,右手持接种环,经火焰灭菌后,用右手小指拔开菌种管棉塞,管口通过火焰,将接种环插入管中取少量菌苔。管口通过火焰,塞好棉塞。将接种环上的细菌加入载玻片上的水滴中,混匀并涂成直径约为 1cm 大小的薄膜。接种环经火焰灭菌。若用菌悬液(或液体培养物)涂片,可用接种环挑取 2 环~3 环直接涂于载玻片上。

②组织脏器材料涂片:先用镊子夹持局部,然后以灭菌或洁净剪刀剪取一小块,夹出后以其新鲜切面在载玻片上压印或涂抹成一薄层。

(2)干燥

涂片置于空气中,使其自然干燥,或在酒精灯火焰上拖过以适当加温(以不烫手为度)促其干燥。

(3)固定

①火焰固定:涂片干燥后,涂面朝上以钟摆的速度和形式通过火焰 2 次~3 次(不能太热或灼烧,以不烫手为度),使细胞质凝固,以固定细胞形态,并使之牢固附着在载玻片上。

②化学固定:血液、组织脏器等涂片要做吉姆萨染色时应用甲醇固定。可以将已干燥的

涂片浸入甲醇中 2min～3min,取出沥干;或在涂片上滴加数滴甲醇,使其作用 2min～3min,自然挥发干燥或沥干。瑞氏染色因染色液中含有甲醇,可以达到固定的目的,所以瑞氏染色时,涂片不必先做上述固定。

(4)染色

滴加染液于涂片上(染液刚好覆盖涂片薄膜为宜),染 1min～2min。

(5)水洗

倒去染液,用细流水自载玻片一端徐徐冲洗,直至涂片上流下的水无色为止。

(6)干燥

自然干燥或用吸水纸轻轻吸干。

(7)镜检

用油镜观察并绘出细菌形态图。

(8)清理

实验完毕擦净显微镜。有菌的载玻片置消毒缸中,清洗、晾干后备用。

2. 复染色法

复染色法的操作流程见图 1-13。

涂片 → 干燥 → 固定 → 初染 → 水洗 → 媒染 → 水洗 → 脱色 → 复染 → 水洗 → 干燥 → 镜检 → 清理

图 1-13　复染色法的操作流程

(1)革兰氏染色法(Gram's stain)

初染为结晶紫染色 1min;媒染为卢戈氏碘液冲去残水并覆盖 1min;脱色为用 95％乙醇脱色 30s,立即水洗;复染为滴加番红复染液 2min～4min。镜检时革兰氏阳性菌呈蓝紫色,革兰氏阴性菌呈红色。

(2)抗酸染色法(acid-fast stain)

初染为石炭酸复红染色液;脱色为 3％盐酸酒精;复染为亚甲蓝染色液。镜检时抗酸性细菌呈红色,非抗酸性细菌呈蓝色。

(3)瑞氏染色法(Wright's stain)

染色液为瑞氏染色液,染色液含伊红、亚甲蓝两种染料。伊红与蛋白质结合染成红色,亚甲蓝与核酸结合染成蓝色。涂片自然干燥后,按涂抹点大小,盖上一块略大的清洁滤纸片,在其上滴加染色液,至略浸过滤纸,并不断补滴,保持不干,染色 5min～8min;再滴中性蒸馏水或缓冲液 10min～15min,直接以水冲洗,吸干或烘干,镜检。细菌染成蓝色,组织细胞的细胞核呈蓝色,细胞质为红色。

(4)吉姆萨染色法(Giemsa's stain)

染色液为吉姆萨染色液,染色液含伊红和天青两种染料,伊红主要使蛋白质着色,天青主要使核酸着色。于 5mL 新煮过的中性蒸馏水中滴加 5 滴～10 滴吉姆萨染色液原液即稀释成为常用的吉姆萨染色液。涂片经甲醇固定并干燥后,在其上滴加足量的染色液或将涂片浸入盛有染色液的染色缸中,至少染 30min,如果染数小时至 24h 则效果更好,取出水洗,吸干或烘干,镜检。细菌呈蓝青色,组织细胞等视野为淡红色。

实验十一　细菌的革兰氏染色

一、实验目的

1.熟悉细菌的革兰氏染色法。

2.了解革兰氏阳性菌和阴性细菌的形态结构。

3.进一步学习并掌握无菌操作技术。

二、实验原理

革兰氏染色法是细菌学中广泛使用的一种鉴别染色法,这种染色法是丹麦医生汉斯·克里斯蒂安·革兰(Hans Christian Gram)于1884年用来鉴别肺炎球菌与克雷伯肺炎菌之间的关系而发明的。革兰氏染色法基于细菌的细胞壁结构和成分的不同,将细菌区分为革兰氏阳性菌(G^+)和革兰氏阴性菌(G^-)两大类。

一般认为,革兰氏阳性菌等电点低(pI＝2～3),而革兰氏阴性菌等电点高(pI＝4～5),因此在一般生理条件下(pH在7.4左右),革兰氏阳性菌所带的负电荷要比革兰氏阴性菌多得多,从而与碱性染料结晶紫结合牢固。在脱色过程中,革兰氏阴性菌细胞壁外膜结构中含有较多的脂质成分,脂质易被酒精溶解,造成细胞壁破损,结晶紫-碘复合物容易被抽提出来而脱色,而革兰氏阳性菌细胞壁脂质含量低,有大量带负电荷的磷壁酸,结晶紫-碘复合物与细胞壁结合紧密,染料不易被酒精抽提出来,仍保留结晶紫的蓝紫色。

三、实验材料

1.实验试剂

草酸铵结晶紫染液、革氏碘液、95％乙醇、番红染液或石炭酸复红染色液、香柏油、二甲苯、无菌水。

2.实验器材

超净工作台、接种环、载玻片、盖玻片、酒精灯、擦镜纸、吸水纸、普通光学显微镜等。

3.微生物材料

大肠杆菌(*Escherichia coli*)、乳酸菌(*Lactobacillus paralimentarius*)、枯草芽孢杆菌(*Bacillus subtilis*)等固体斜面培养物或液体培养物。

四、实验操作

细菌革兰氏染色的操作流程见图1-14。

1.制片

按单染色法进行涂片、干燥和固定。

2. 初染

滴加草酸铵结晶紫染液覆盖涂菌部位,染色 1min～2min 后倾去染液,用细水冲洗至流出水无色。

3. 媒染

先用碘液冲去残留水迹,再滴加碘液覆盖 1min,倾去碘液,用细水冲洗至流出水无色。

4. 脱色

将玻片上残留水迹用吸水纸吸去,将涂片倾斜,在白色背景下滴加 95% 乙醇,直至流出液无色时即停止(30s～60s),脱色完毕后,用细水冲洗。

5. 复染

将玻片上残留水迹用吸水纸吸去,滴加番红染液 1 滴～2 滴,染色 1min～2min,或石炭酸复红染色液染色 1min,水洗,用吸水纸吸去残留水分,置空气中晾干。

6. 镜检

将完成革兰氏染色的样片置于显微镜下进行观察。镜检时先用低倍镜,再用高倍镜,最后用油镜观察。仔细观察细菌细胞的形态及颜色,呈蓝紫色的细菌为革兰氏阳性菌,呈红色的为革兰氏阴性菌。

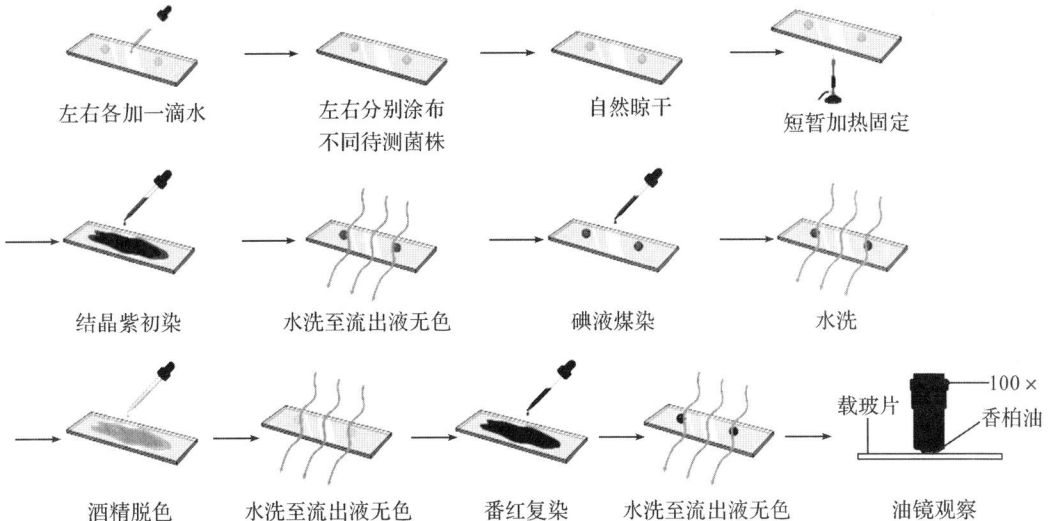

左右各加一滴水　　左右分别涂布不同待测菌株　　自然晾干　　短暂加热固定

结晶紫初染　　水洗至流出液无色　　碘液媒染　　水洗

酒精脱色　　水洗至流出液无色　　番红复染　　水洗至流出液无色　　100×　香柏油　载玻片　油镜观察

图 1-14　革兰氏染色流程示意图

实验十二　真菌制片和形态观察

一、实验目的

1.掌握真菌水浸片的制备和封闭标本的制备。

2. 观察酵母菌、霉菌及担子菌的形态结构。

3. 了解真菌载片培养法。

二、实验原理

由于真菌个体大,采用涂片的方法制片有可能损伤细胞,一般将真菌制成水浸片后,在显微镜中观察其细胞形态。常用亚甲蓝(吕氏碱性亚甲蓝染液)等低毒性的染色液制水浸片,可观察区分活或死的真菌细胞。活的微生物细胞由于不停地进行新陈代谢,细胞内氧化还原值(rH)低,且还原能力强。某种无毒的染料进入活细胞后可被还原脱色;而当染料进入死细胞或代谢缓慢的老细胞后,这些细胞因无还原能力或还原能力差而被着色。在中性和弱酸性条件下,活的细胞中亚甲蓝被还原,细胞呈无色,死的细胞则被染成蓝色。染色必须在高于细胞等电点的pH值下进行,否则细胞吸收碱性染料量很少,易造成观察误差。若无须区别死细胞还是活细胞,可用蒸馏水制水浸片。但要想利用制备真菌水浸片的方法制备较完整且又很清楚的真菌标本有一定困难,而用载片培养法,不仅解决制片的困难,还可以更好地观察菌丝分支和孢子着生状态。

常用乳酸石炭酸液封闭霉菌标本。乳酸石炭酸液含有甘油,因此标本不易干燥,而且石炭酸还有防腐作用。在封片液中还可加入棉蓝或其他酸性染料,更便于观察菌体。

三、实验材料

1. 实验试剂

0.1%亚甲蓝染液(吕氏碱性亚甲蓝染液)、蒸馏水、乳酸石炭酸液、20%灭菌甘油、乙醇。

2. 实验器材

超净工作台、滤纸、接种环、解剖针、载玻片、盖玻片、普通光学显微镜等。

3. 微生物材料

酿酒酵母(*Saccharomyces cerevisiae*)、黑根霉(*Rhizopus nigricans*)、总状毛霉(*Mucor racemosus*)、黑曲霉(*Aspergillus niger*)、产黄青霉(*Penicillium chrysogenum*)、里氏木霉(*Trichoderma reesei*)、白地霉(*Geotrichum candidum*)等固体斜面培养物。

四、实验操作

1. 真菌水浸片的制备

在干净的载玻片中央,滴加0.1%亚甲蓝染液1滴,用灭菌接种环挑取培养48h左右的酵母菌/培养2d～5d的根霉或毛霉/培养3d～5d的曲霉、青霉和木霉/培养2d左右的白地霉少许,于液滴中轻轻涂匀,用镊子取一块干净的盖玻片,先将其一边接触液滴,缓慢将盖玻片倾斜并覆盖在菌液上,避免产生气泡。将制片放置3min后,用低倍镜及高倍镜观察菌的形态及出芽情况,并根据细胞颜色区分细胞死活。

霉菌要选择有无性孢子时期的菌丝体,用解剖针挑取少量菌丝体放在上述载玻片的液滴中,将载玻片置于解剖镜下,细心地用解剖针将菌丝体分散成自然状态,然后盖上盖玻片,防止产生气泡,盖后不再移动玻片以免弄乱菌丝。

2. 霉菌封闭标本的制备

取干净载玻片,中央滴加乳酸石炭酸液 1 滴,用解剖针取霉菌菌丝体少许,放入事先准备好的 50% 酒精中停留片刻,洗掉脱落的孢子以及附着于菌丝与孢子之间的空气,然后把此菌丝体放入载玻片上的乳酸石炭酸液中,在解剖镜下把菌丝体轻轻分开成自然状态。加盖玻片后于温暖干燥的室内停放数日让水分蒸发一部分,使盖玻片与载玻片紧贴,即可封片。封片时要用清洁的纱布或脱脂棉将盖玻片四周擦净,并在周围涂一圈合成树脂或加拿大树胶,风干后保存。

3. 真菌载片培养

取直径为 7cm 左右圆形滤纸一张,铺放于一个直径为 9cm 的平皿底部(见图 1-15),上放一 U 形玻棒,其上再放一张干净的载玻片和一张盖玻片,盖好平皿盖进行灭菌。挑取真菌孢子接入盛有灭菌水的试管中,振摇试管制成孢子悬液备用。用灭菌滴管吸取灭菌后熔化的固体培养基少许,滴于上述灭菌平皿内的载玻片中央,并以接种环将孢子悬液接种在培养基四周,加上盖玻片,并轻轻压贴一下。为防止培养过程中培养基干燥,可

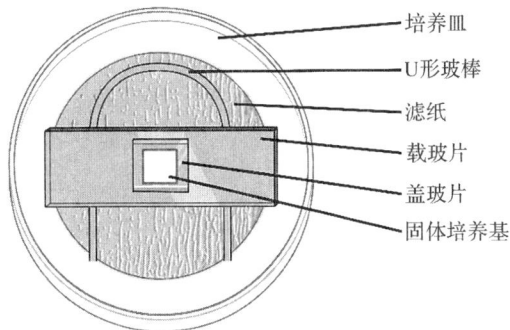

图 1-15　真菌载片培养示意图

在滤纸上滴加 20% 灭菌甘油 3mL～4mL,然后盖上平皿盖,即成所谓湿室载片培养。放在温度适宜的培养箱内培养,定期取出在低倍镜下观察,可以看到孢子萌发、发芽管的长出、菌丝的生长、无隔菌丝中孢子囊柄与孢子囊孢子形成的过程、有隔菌丝上足细胞生长、锁状联合的发生和孢子着生状态等。

◎ 思考题

1. 革兰氏染色过程中,哪些因素是决定实验能否成功的关键,为什么?

2. 革兰氏染色的结果会不会反转,造成假阴性或假阳性的结果?

3. 试染色 30min,或用 0.05% 吕氏碱性亚甲蓝染液制备真菌水浸片,分析吕氏碱性亚甲蓝染液的浓度及作用时间与真菌死、活细胞比例变化的关系。

4. 为什么霉菌染色时通常不用水悬液?

第四节　微生物计数

一、目的与要求

1. 熟悉微生物计数的常用方法及其原理。

2. 掌握无菌操作接种方法。

3. 熟悉微生物生长状况的判别。

二、原理

可以通过测定单位时间内微生物细胞数目的增加或细胞物质的增加来评价微生物的生长情况。常见的测定方法有显微镜直接计数法、光电比浊法、平板计数法、最大或然计数法、亨氏滚管计数法、核酸定量法等。

1. 显微镜直接计数法

显微镜直接计数法是将少量待测样品的悬浮液置于一种特定的具有确定容积的载玻片上（又称计菌器），于显微镜下直接进行观察、计数的方法。各种单细胞菌体的纯培养悬液、单孢子悬液以及各种微生物细胞的原生质体等均可采用显微镜直接计数法计数。血细胞计数板、Peteroff Hauser 计菌板和 Hawksley 计菌板是目前常用的计菌器。这几种计数板的基本原理和部件相同，其中血细胞计数板较厚，不能使用油镜，常用于个体相对较大的酵母菌、原虫、霉菌孢子等的计数，而后两种计菌板较薄，可用于油镜对细菌等较小的细胞进行观察和计数。

血细胞计数板是一块特制的厚载玻片，载玻片由槽构成 3 个平台（见图 1-16）。中间的平台较宽，其中间又被一短横槽分隔成上下两部分，每个半边平台上面各有一个计数室。计数室的刻度有两种，一种是计数室分为 16 个中方格，每个中方格又分成 25 个小方格，另一种是计数室分成 25 个中方格，每个中方格又分成 16 个小方格。两种计数室都是由 400 个小方格组成（见图 1-17）。中央计数室的面积为 $1mm^2$，盖上盖玻片后，载玻片与盖玻片之间的距离为 0.1mm，所以每个计数室的体积为 $0.1mm^3$。

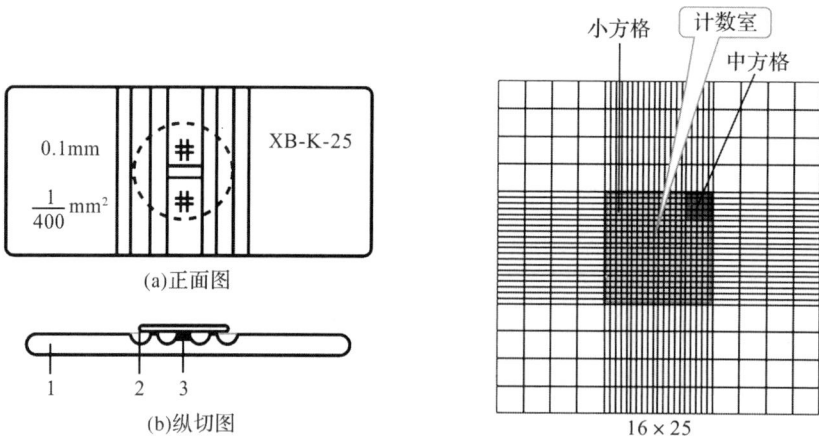

1. 血细胞计数板；2. 盖玻片；3. 计数室

图 1-16　血细胞计数板构造（一）

图 1-17　血细胞计数板构造（二）

在计数过程中，若计数室由 16 个中方格组成，一般计数左上、左下、右上和右下 4 个中方格（共计 100 个小格）的细胞数或孢子数；如果计数室由 25 个中方格组成，除计数上述 4 个中方格外，还需计数在最中央的中方格的细胞数或孢子数（共计 80 个小格）。在计数的过程中要不断地调节微调旋钮，以便能看到计数室内不同深度的细胞或孢子。凡落在中方格左方和上方双线上的孢子或细胞都计算在内，而落在下方或右方双线上的孢子或细胞均不计算在内。最后可求出每个小格的平均细胞数或孢子数，按照下列公式算出原细胞（孢子）

悬液的细胞(孢子)浓度:

$$样品中细胞数(个/mL)＝每小格的平均数×400×稀释倍数×10000 \qquad (1.1)$$

式中:10000 代表 1mL 的容积(即 $1000mm^3$),是一个计数室容积($0.1mm^3$)的 10000 倍。

若要区分计数样品中的死菌和活菌值,则可采用微生物的活体染色法。活体染色法一般用对微生物无毒性的染料(如亚甲蓝、刚果红、中性红等)。一定浓度的染料与菌液混合后,死菌和活菌会呈现出不同的颜色,这样便可在显微镜下区分活菌数与死菌数(详见本章第三节"微生物形态结构观察")。

2. 光电比浊法

细菌在液体培养基中生长时,由于原生质储量的增加,会引起培养物混浊度的增高。细菌悬液的混浊度与透光度成反比,与光密度成正比,透光度或光密度可借助光电比浊计精确测出。因此,可用光电比浊计测定细胞悬液的光密度(OD 值),反映该菌在特定实验条件下的相对数目,可以绘制出该菌在液体培养基中生长规律的曲线,即生长曲线。

3. 平板计数法

在固体培养基上,微生物形成的一个菌落是由一个单细胞繁殖形成的,因此一个菌落形成单位(colony forming units,CFU)即代表一个能够形成可见菌落的活细菌细胞或细胞群体。在计数的时候,首先将待测样品做系列稀释,使待测样品中的微生物细胞呈单个细胞状态存在,再取一定量的稀释菌液接种到固体培养基平板中(可通过涂布平板法和稀释平板法接种),使其均匀地分布于培养基表面或内部,经适宜条件培养后,单个细胞生长繁殖形成菌落,计算菌落数目,即可换算出样品中的菌浓度。

$$A＝Y/(V×X) \qquad (1.2)$$

式中:A——菌浓度;

　　Y——每皿平均菌斑数;

　　V——取样量;

　　X——稀释度。

4. 最大或然计数法

最大或然计数法(most probable number technique,MPN)又称稀释培养测数法,其特点是利用待测微生物的特殊生理功能的选择性来摆脱其他微生物类群的干扰,并通过该生理功能的表现来判断该类群微生物的存在和丰度。该方法适用于测定在一个混杂的微生物群落中虽不占优势,但却具有特殊生理功能的类群。

最大或然计数法的要点是系列稀释接种物,直接观察或通过 pH 值检测等方法确定每个稀释梯度下培养物的生长情况,最后根据 MPN 表换算确定细菌的浓度。MPN 法特别适合测定土壤微生物中特定生理群(如氨化、硝化、纤维素分解、固氮、硫化和反硫化细菌等)的数量和检测污水、牛奶及其他食品中特殊微生物类群(如大肠菌群)的数量。MPN 法对液相和固相中的真菌也均能可靠计数,更适用于对产生游动孢子少的厌氧真菌的计数。但缺点是只适于进行特殊生理类群的测定,结果较为粗放。

5. 亨氏滚管计数法

亨氏厌氧滚管技术(Roll-tube technique)是美国微生物学家 Hungate 于 1950 年首次提

出并应用于瘤胃厌氧微生物研究的一种厌氧培养技术。经历几十年的不断改进,这项技术日趋完善,并逐渐发展成为研究厌氧微生物的一套完整技术,而且多年来的实践已经证明它是研究严格、专性厌氧菌的一种极为有效的技术。分装 4mL～5mL 厌氧琼脂培养基至亨盖特管中,灭菌后冷却至 43℃ 左右时接种(类似于稀释接种),然后迅速在较低温度条件下滚动亨盖特管(又称滚管)数秒钟使琼脂培养基凝固。经培养后,滚管中长出的菌落数可用于厌氧细菌和真菌培养菌的计数;在厌氧条件下(如厌氧手套箱或在 CO_2 条件下)用接种环挑取单菌落放入新鲜的厌氧液体培养基中扩增,再滚管分离,经过数次重复后可分离获得纯的厌氧菌株。

6. 核酸定量法

常规聚合酶链式反应(polymerase chain reaction,PCR)是通过终点法来分析检测扩增产物(扩增子),即 PCR 反应结束后,DNA 通过琼脂糖凝胶电泳后进行成像的半定量分析方法。荧光定量 PCR(real-time PCR)是指在 PCR 扩增反应体系中加入荧光基团,通过对扩增反应中每一个循环产物荧光信号的实时检测,最后通过标准曲线对未知模板进行定量分析的方法。荧光定量 PCR 在反应体系中加入荧光分子,通过荧光信号的按比例增加来反映DNA 量的增加,使 PCR 产物的实时检测成为可能。满足实验目的的荧光化学物质包括DNA 结合染料和荧光标记序列特异引物或探针。

(1)DNA 结合染料法

SYBR Green Ⅰ是荧光定量 PCR 最常用的 DNA 结合染料,与双链 DNA(dsDNA)非特异性结合。在游离状态下,SYBR Green Ⅰ发出微弱的荧光,但一旦与 dsDNA 结合,其荧光增加 1000 倍(见图1-18)。所以,一个反应发出的全部荧光信号与出现的 dsDNA 量成比例,且会随扩增产物的增加而增加。

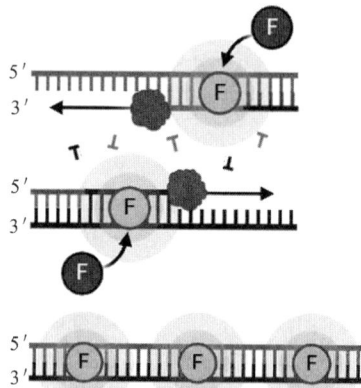

图 1-18　DNA 结合染料法示意图

(2)荧光标记序列特异探针法

荧光标记序列特异探针法是 PCR 扩增时在加入一对引物的同时加入一个特异性的荧光探针,该探针两端分别标记一个报告荧光基团和一个淬灭荧光基团。开始时,探针完整地结合在 DNA 任意一条单链上,报告基团发射的荧光信号被淬灭基团吸收,检测不到荧光信号;PCR 扩增时,Taq 酶将探针酶切降解,使报告荧光基团和淬灭荧光基团分离,从而荧光监测系统可接收到荧光信号,即每扩增一条 DNA 链,就有一个荧光分子形成,实现了荧光信号的累积与 PCR 产物形成完全同步(见图 1-19)。

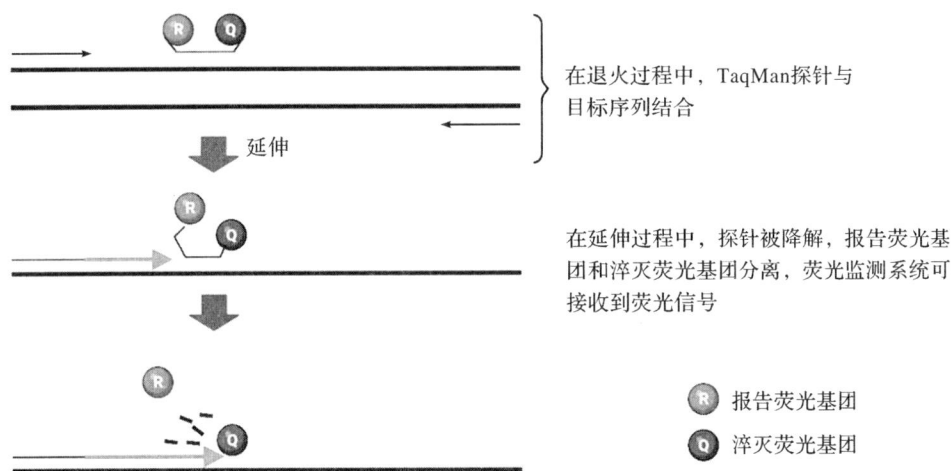

在退火过程中，TaqMan探针与目标序列结合

在延伸过程中，探针被降解，报告荧光基团和淬灭荧光基团分离，荧光监测系统可接收到荧光信号

Ⓡ 报告荧光基团
Ⓠ 淬灭荧光基团

图 1-19　荧光标记序列特异探针法示意图

三、操作流程

根据培养物大小及实验目的的不同,可采用不同的计数方法。显微镜直接计数法、光电比浊法、平板计数法、最大或然计数法、亨氏滚管计数法和核酸定量法的实验步骤并不相同。

1. 显微镜直接计数法

显微镜直接计数法的操作流程见图 1-20。

稀释 → 加样 → 计数 → 清洗

图 1-20　显微镜直接计数法的操作流程

(1)稀释

定量取出液体培养物,加到无菌干燥的试管中,按照一定倍数将其稀释,稀释的程度以血细胞计数板每小格内含有 5 个~10 个细胞最为合适。

(2)加样

将血细胞计数板盖上盖玻片,用无菌滴管从盖玻片的边缘滴 1 滴菌液,则菌液会在虹吸作用下自行渗入。注意不要产生气泡。

(3)计数

静置 5min,使细胞沉降不再流动,然后即可在显微镜下观察计数。先在低倍镜下找到计数室的位置,然后换成高倍镜计数。如发现菌液太浓,应重新稀释并计数。每一个样品的计数都要对两个计数室中的计算结果取平均值,以减少实验误差。

(4)清洗

计数完毕,将血细胞计数板取下,盖玻片放入指定器皿中(不回收),血细胞计数板先以75％乙醇清洗,再以蒸馏水淋洗,切忌用硬物洗刷,然后自然风干,镜检观察是否有细胞或其他沉积物,确认清洗干净。

2. 光电比浊法

光电比浊法的操作流程见图 1-21。

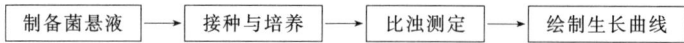

制备菌悬液 → 接种与培养 → 比浊测定 → 绘制生长曲线

图 1-21　光电比浊法的操作流程

（1）制备菌悬液

从斜面培养基上取菌斑加入液体培养基中，37℃条件下振荡培养。

（2）接种与培养

取预先编号的 17 支分别装有 5mL 液体培养基的大试管，采用无菌操作技术，用移液枪向其中 16 支试管（编号 0～16）准确加入菌悬液 0.1mL，轻轻摇荡使菌体分布均匀。将第 17 支试管设为空白对照组（不加菌悬液），用于调仪器零点。迅速拿出 17 号管于分光光度计上测定光密度（OD_{600}），此为零点的读数。除零点试管外，将接种后的剩余 16 支试管置于摇床上，37℃条件下振荡培养。

（3）比浊测定

在培养 2h、4h、6h、8h、10h、12h、18h 和 24h（测定时间点可依据菌的生长特性做修改）时每两个试管取样测定光密度（OD_{600}），取样时需摇匀样品，测得的光密度应在 0.10～0.65（如超出范围，需要将菌培养液进行适当稀释），每次都要以没有接种的空白对照组液体培养基调零点，依次进行 OD_{600} 的测定。如果是厌氧培养，需要特制的分光光度计测样支架，在无需从试管中取样的情况下，直接将试管放入分光光度计测样架上测定 OD_{600}（因为厌氧微生物的培养基里含有刃天青等指示剂，遇氧会变色，影响光密度的测定）。因此如测厌氧培养物的生长曲线，无需分别制备各时间点的试管。可以在保证重复数的情况下，同一试管完成不同时间点的测定。

（4）绘制生长曲线

以光密度（OD_{600}）为纵坐标，培养时间为横坐标，绘制菌的生长曲线。

3. 平板计数法

平板计数法的操作流程见图 1-22。

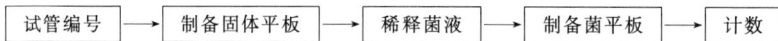

试管编号 → 制备固体平板 → 稀释菌液 → 制备菌平板 → 计数

图 1-22　平板计数法的操作流程

（1）试管编号

分别取 9 支盛有 4.5mL 无菌水的试管，依次标记 10^{-1}、10^{-2}、10^{-3}、10^{-4}、10^{-5}、10^{-6}、10^{-7}、10^{-8} 和 10^{-9}。

（2）制备固体平板

依据预计数的微生物类型，选择合适的培养基，制作固体平板（详见本章第一节"培养基的配制与灭菌"）。分别编号 10^{-7}、10^{-8}、10^{-9} 各 3 皿。

（3）稀释菌液

用无菌移液管或移液枪精确吸取 0.5mL 菌悬液加到 10^{-1} 试管中，并用此移液管将管内悬液反复吸吹三次，使菌悬液混合均匀后，从 10^{-1} 试管中精确吸取 0.5mL 加到 10^{-2} 试管中,反复吸吹三次。其余各管依此类推,整个逐级稀释过程见图 1-23。若待测样品为固体, 一般准确称取待测样品 10g,放入装有 90mL 无菌水的 250mL 三角烧瓶中,充分振荡 20min, 使微生物细胞分散,即得 10^{-1} 稀释液,其余稀释操作法与菌悬液逐级稀释法相同(见图 1-24)。

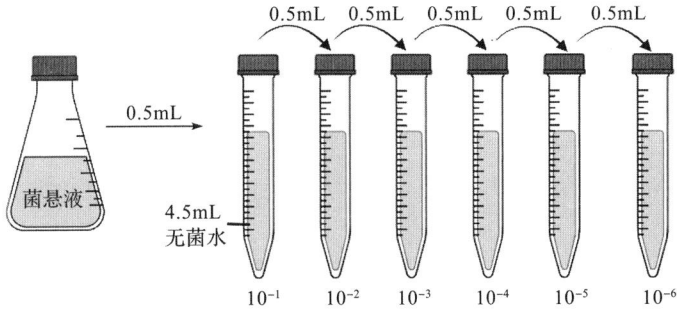

图 1-23　菌悬液逐级稀释示意图

图 1-24　固体样品逐级稀释示意图

(4)制备菌平板

如图 1-25 所示,用移液枪吸取 0.1mL 10^{-7} 稀释液,对应加入已编号 10^{-7} 的固体琼脂培养板中(共 3 皿)。通过涂布平板法或稀释平板法接种(详见本章第二节"微生物的接种与分离纯化"),于 37℃ 恒温培养箱中倒置培养。10^{-8} 和 10^{-9} 稀释度的菌液同法操作。

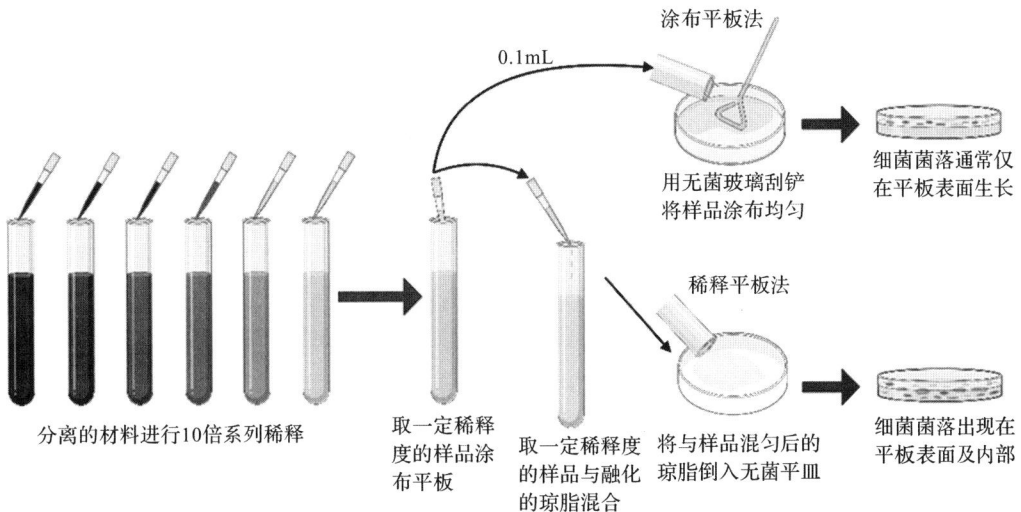

图 1-25　菌平板制备示意图

（5）计数

待培养菌落长出后取出平板,计数同一稀释度的三个平板的菌落数,并计算其平均值,按以下公式换算每毫升样品的总活菌数:

$$总活菌数(CFU/mL 样品)＝菌落数×稀释倍数 \qquad (1.3)$$

注意:一般地,在直径 7cm 的平板上,每板菌落数应在 30CFU～300CFU 范围内(见图1-26)。如果菌落低于 30CFU,需要用稀释倍数略低的稀释菌液涂布;如果菌落数高于300CFU,需要进一步稀释菌液进行涂布。一般地,在直径 9cm 的平板上,每板菌落数应在50CFU～500CFU 范围内。

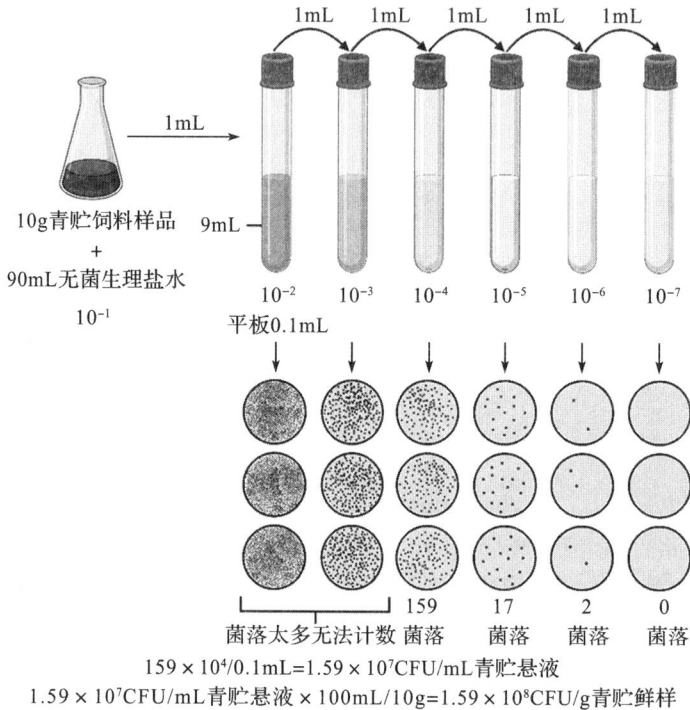

$159×10^4/0.1mL＝1.59×10^7CFU/mL青贮悬液$

$1.59×10^7CFU/mL青贮悬液×100mL/10g＝1.59×10^8CFU/g青贮鲜样$

图 1-26 菌平板计数示意图

4. 最大或然计数法

最大或然计数法的操作流程见图 1-27。

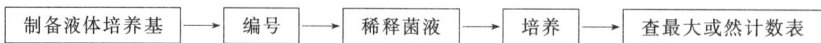

图 1-27 最大或然计数法的操作流程

（1）制备液体培养基

依据预计数的微生物类型,配制选择性液体培养基或针对性的营养缺陷型液体培养基。

（2）编号

一般采用 5 个重复的最大或然计数法,为此每个稀释度下的菌液需要 5 个液体培养基试管进行培养,如稀释梯度依次为 10^{-1}、10^{-2}、10^{-3}、10^{-4}、10^{-5}、10^{-6}、10^{-7}、10^{-8}、10^{-9},那么共需要取 45 支盛有 4.5mL 液体培养基的试管进行编号。

（3）稀释菌液

采用逐级稀释的方法实现 $10^{-1} \sim 10^{-9}$ 的梯度稀释。具体方法同平板计数法。

（4）培养

于 37℃ 恒温培养箱中振荡或静置培养，定时观察试管中微生物的生长情况。如乳糖胆盐发酵管可通过是否产气判断大肠菌群生长状况。

（5）查最大或然计数表

将有菌液生长的最后 3 个稀释度（即临界级数）中出现细菌生长的管数作为数量指标，由最大或然计数表（见表 1-10）查出近似值，再乘以数量指标第一位数的稀释倍数，即为原菌液中的含菌数。

表 1-10　最大或然计数表（10 倍稀释，每个稀释度 5 个重复）（Blodgett，2006）

阳性试管数			MPN（相当于第一稀释管 1mL）	lgMPN	阳性试管数			MPN（相当于第一稀释管 1mL）	lgMPN
第一稀释管	第二稀释管	第三稀释管			第一稀释管	第二稀释管	第三稀释管		
0	0	0	0	—	5	0	0	2.3	0.362
0	1	0	0.18	0.255−1	5	0	1	3.1	0.491
1	0	0	0.20	0.301−1	5	1	0	3.3	0.519
1	1	0	0.40	0.602−1	5	1	1	4.6	0.663
2	0	0	0.45	0.653−1	5	2	0	4.9	0.690
2	0	1	0.68	0.833−1	5	2	1	7.0	0.845
2	1	0	0.68	0.833−1	5	2	2	9.5	0.978
2	2	0	0.93	0.968−1	5	3	0	7.9	0.898
3	0	0	0.78	0.892−1	5	3	1	11.0	1.041
3	0	1	1.10	0.041	5	4	2	14.0	1.146
3	1	0	1.10	0.041	5	4	0	13.0	1.114
3	2	0	1.40	0.146	5	4	1	17.0	1.230
4	0	0	1.30	0.114	5	4	2	22.0	1.342
4	0	1	1.70	0.230	5	5	3	28.0	1.447
4	1	0	1.70	0.230	5	5	0	24.0	1.380
4	1	1	2.10	0.322	5	5	1	35.0	1.544
4	2	0	2.20	0.342	5	5	2	54.0	1.732
4	2	1	2.60	0.415	5	5	3	92.0	1.964
4	3	0	2.70	0.431	5	5	4	160.0	2.204
5	0	0	2.30	0.362	5	5	5	>180.0	>2.255

如某一细菌在 MPN 中的生长情况如表 1-11 所示，在接种 10^{-5} 稀释液的试管中 5 个重复都有微生物生长，在接种 10^{-6} 稀释液的试管中有 4 个重复生长，在接种 10^{-7} 稀释液的试管中只有 1 个重复生长，而接种 10^{-8} 稀释液的试管全无生长，由此可得出其数量指标为"541"。查最大或然计数表得近似值为 17，乘以第一位数的稀释倍数（10^{-5} 的稀释倍数为 100000），那么 1mL 原菌液中的活菌数 $= 17 \times 100000 = 1.7 \times 10^6$ CFU，即每毫升原菌液含活菌数为 1.7×10^6 个。

表 1-11 某一细菌在 MPN 中的生长情况

稀释度	10^{-3}	10^{-4}	10^{-5}	10^{-6}	10^{-7}	10^{-8}	10^{-9}
重复数	5	5	5	5	5	5	5
出现生长的管数	5	5	5	4	1	0	0

在确定数量指标时,不管稀释梯度次数如何,都是 3 位数字,第一位数字必须是所有试管都生长微生物的某一稀释度的培养试管,后两位数字依次为随后两个稀释度的生长管数,如果再往后的稀释仍有生长管数,则可将此数加到前面相邻的第三位数上。

如某一细菌在 MPN 中的生长情况如表 1-12 所示,在接种 10^{-4} 稀释液的试管中 5 个重复都有微生物生长,在接种 10^{-5} 稀释液的试管中有 3 个重复生长,在接种 10^{-6} 稀释液的试管中有 1 个重复生长,可得出其数量指标为"531",而接种 10^{-7} 稀释液的试管中仍有 1 个重复生长,由此可将最后一个数字"1"加到前一个数字上,即数量指标最终为"532"。查最大或然计数表得近似值为 14,乘以第一位数的稀释倍数(10^{-4} 的稀释倍数为 10000),那么 1mL 原菌液中的活菌数=14×10000=1.4×10^5CFU,即每毫升原菌液含活菌数为 1.4×10^5 个。

表 1-12 某一细菌在 MPN 中的生长情况

稀释度	10^{-3}	10^{-4}	10^{-5}	10^{-6}	10^{-7}	10^{-8}	10^{-9}
重复数	5	5	5	5	5	5	5
出现生长的管数	5	5	3	1	1	0	0

几种主要微生物生理群的 MPN 法见表 1-13。

表 1-13 几种主要微生物生理群的 MPN 法一览表

微生物生理群	培养基	主要检查方法
氨化细菌	蛋白胨氨化培养基	培养液加奈氏试剂检测培养液中 NH_3-N 的产生情况,如出现棕色或褐色沉淀表示有氨存在,可初步判定有氨化细菌
亚硝酸细菌	铁盐培养基/斯蒂芬逊(Stephenson)培养基	培养液加入格里斯试剂(Griess reagent)Ⅰ及Ⅱ,如有亚硝酸盐存在,则出现绯红色
硝酸细菌	亚硝酸盐培养基	培养液加二苯胺试剂后出现蓝色,说明有硝酸细菌的存在
反硝化细菌	反硝化细菌培养基	如有细菌生长,杜氏小管中有气泡出现,培养液变浑浊。加上奈氏试剂,如果有 NH_3 存在,则呈黄色或褐色沉淀。再利用格里斯试剂Ⅰ及Ⅱ检测有无亚硝酸盐生成,如有亚硝酸存在则呈红色,如果不呈红色则表明亚硝酸已完全消失。此时用二苯胺试剂检测硝酸盐,如呈蓝色,则表明亚硝酸已被氧化成硝酸
好气性自生固氮菌	阿须贝无氮培养基	根据培养液表面与滤纸接触处有无褐色或黏液状菌膜生成,判断有无好气性自生固氮菌生长
好气性纤维素分解菌	赫奇逊噬纤维培养基	根据各试管中滤纸条上有无黄色或橘黄色菌斑及滤纸断裂状况,确定有无好气性纤维素分解细菌生长
嫌气性纤维素分解菌	嫌气性纤维分解细菌培养基	根据各试管中滤纸条上有无穿洞、破裂、完全分解等情况,确定有无嫌气性纤维素分解菌生长
硫化细菌	硫化细菌培养基	在每管培养液中加入 10g/L $BaCl_2$ 溶液 2 滴,如有白色沉淀出现,则证明有硫化细菌活动
反硫化细菌	斯塔克反硫化细菌培养基	根据培养液试管底部、管壁有无黑色沉淀出现,判断有无反硫化细菌活动

5.亨氏滚管计数法

亨氏滚管计数法的操作流程见图 1-28。

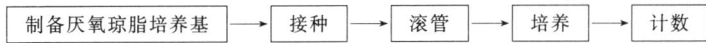

制备厌氧琼脂培养基 → 接种 → 滚管 → 培养 → 计数

图 1-28 亨氏滚管计数法的操作流程

(1)制备厌氧琼脂培养基

参见本章第一节"培养基的配制与灭菌"。分装 4mL～5mL 的厌氧琼脂培养基至亨盖特管中,灭菌后冷却至 43℃左右。

(2)接种

类似于稀释接种。

(3)滚管

可用专门的滚管混匀器(见图 1-29)滚管。也可利用冰盒制造冰斜面,将滚管置于冰上,用手迅速转动,使滚管在较低温度条件下数秒钟凝固。注意防止管口被培养基污染。

(4)培养和计数

参见平板计数法。

6.核酸定量法

图 1-29 滚管混匀器示例

核酸定量法的操作流程见图 1-30。

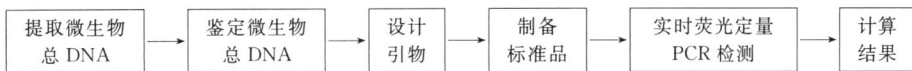

提取微生物总 DNA → 鉴定微生物总 DNA → 设计引物 → 制备标准品 → 实时荧光定量 PCR 检测 → 计算结果

图 1-30 核酸定量法的操作流程

(1)提取微生物总 DNA

商品化的微生物 DNA 提取试剂盒较多,但实验室常用的提取方法有十二烷基硫酸钠(SDS)-乙二胺四乙酸二钠(EDTA)-Tris-HCl 裂解法(Yu 和 Morrison,2004)和十六烷基三甲基溴化铵(CTAB)裂解法(Gagen 等,2010)。针对幼龄反刍动物的粪便水分含量低、黏稠度高等特性,提取幼龄反刍动物粪便的 DNA 建议采用王佳堃等(2021)发明的方法。

①SDS-EDTA-Tris-HCl 裂解法

ⅰ.配制试剂:

1mol/L Tris-HCl 溶液(pH 8.0):称取 Tris 6.06g,溶于 40mL 蒸馏水中,用浓盐酸调节 pH 至 8.0,定容至 50mL。

0.5mol/L EDTA 二钠溶液:称取 EDTA 二钠(二水)18.61g,溶于 80mL 蒸馏水,用 NaOH 调整 pH 至 8.0,定容至 100mL。

裂解液:称取 NaCl 14.63g、SDS 20g、0.5mol/L EDTA 二钠溶液 50mL、1mol/L Tris-HCl(pH 8.0)溶液 25mL,溶于 400mL 蒸馏水,定容至 500mL。

10mol/L NH₄Ac:称取 192.71g NH₄Ac,溶于 200mL 蒸馏水,定容至 250mL。

70%乙醇(V/V):无水乙醇与蒸馏水按 7∶3 体积比混合。

TE 缓冲液:1mol/L Tris-HCl 溶液 1mL 和 0.5mol/L EDTA 二钠溶液 0.2mL,定容

至 100mL。

RNA 酶溶液:取 25mg 牛胰腺 RNA 酶,溶于 2.5mL Tris-HCl-NaCl 缓冲液中,加热至 100℃,维持 15min 使 DNA 酶失效。

蛋白提取液:三氯甲烷(25)、苯酚(24)、异戊醇(1)混合溶液。

ⅱ. 提取 DNA:

a) 称取 0.3g~0.5g 微生物样本(准确记录初始的样本重量可在最终计算出每克微生物样本中微生物的拷贝数)置于研磨管中,加入裂解液 0.7mL、0.1mm 灭菌锆珠 0.3g、0.5mm 灭菌锆珠 0.1g;

b) 在珠磨仪上 6.5m/s 条件下振荡 3 次,每次 1min,间隔 5min;

c) 70℃ 水浴孵育 15min 且每 5min 上下颠倒混匀 3 次,4℃ 条件下 $16000 \times g$ 离心 5min,吸取上清液;

d) 重新加入 0.3mL 裂解液重复(b)和(c),吸取并合并上清液置于无菌 2mL 离心管中;

e) 上清液中加入 200μL 10mol/L NH₄Ac 溶液,振荡混匀,冰上孵育 5min,4℃ 条件下 $16000 \times g$ 离心 10min,弃去沉淀,转移上清至新的 2mL 离心管中;

f) 加入与水相体积相等的蛋白提取液,振荡混匀,离心再次去除蛋白质,吸取上清至新的 2mL 离心管中;

g) 加入等体积的异丙醇,上下颠倒混匀,冰上孵育 2h。4℃ 条件下 $16000 \times g$ 离心 15min,弃去上清;

h) 用 70% 乙醇冲洗沉淀两次,真空干燥 3min 后将 DNA 颗粒溶于 200μL TE 缓冲液中;

i) 加入 2μL RNA 酶溶液,37℃ 水浴 15min 去除 RNA;

j) 加入两倍体积的无水乙醇后颠倒混匀,转入核酸吸附柱,室温下 $16000 \times g$ 离心 1min,使用 500mL 70% 乙醇清洗吸附层两次,用无菌水洗出 DNA,−20℃ 保存。

②CTAB 法

ⅰ. 配制 CTAB 裂解液(pH 8.0):称取 NaCl 40.908g、EDTA 3.7224g、CTAB 10g、Tris 6.057g,用蒸馏水溶解并定容到 500mL,调节 pH 至 8.0。

ⅱ. 提取 DNA:

a) 取 1mL 瘤胃液于预先称重的研磨管中,室温下 $12000 \times g$ 离心 5min,去掉上清,留下沉淀(此操作可以最终计算出每毫升瘤胃液中微生物的拷贝数);

b) 每管加入 0.1mm 灭菌锆珠 0.2g,直径 3mm 和 2mm 玻璃珠各 1 颗,加入 CTAB 裂解液 1mL,珠磨仪 6.5m/s 条件下振荡 3 次,每次 1min,间隔 5min;

c) 置于 70℃ 水浴 20min,每隔 5min 轻轻颠倒数次;

d) 室温下 14000r/min 离心 10min;

e) 将 700μL 上清移入新的 2mL 离心管中,加入 0.04mg/mL RNase 5μL,37℃ 水浴 15min 后,加入等体积酚:氯仿:异戊醇(25:24:1)溶液,剧烈振荡 10s,室温下 14000r/min 离心 10min;

f) 转移上层水相至新的离心管中,加入 0.6~0.8 倍体积的异丙醇,上下颠倒温柔混匀,转入 −20℃ 过夜;

g) 室温下 14000r/min 离心 30min,弃上清,可以看见白色 DNA 沉淀;

h) 用 1mL 70%乙醇清洗沉淀,注意要将沉淀从管底吹起,4℃条件下 14000r/min 离心 30min;

i) 小心地将乙醇弃除,在通风柜口干燥沉淀或 70℃ 5min 干燥沉淀(无论室温还是加热都要避免过度干燥),用 50μL 灭菌水溶解 DNA 沉淀,转入－20℃保存。

③幼龄反刍动物粪便 DNA 提取方法

ⅰ.配制试剂:

3mol/L 乙酸钠溶液(pH 5.2):准确称取 408.1g NaAc·3H₂O,溶解于 800mL 超纯水中,用冰醋酸调节 pH 至 5.2,用超纯水定容至 1L。121℃灭菌 15min。

1mol/L Tris-HCl 溶液:准确称取 121.14g Tris,溶于 800mL 超纯水中,用盐酸调节 pH 至 7.6,用超纯水定容至 1L。

0.5mol/L EDTA 溶液:准确称取 18.61g EDTA,溶于 80mL 超纯水中,用 NaOH 调节 pH 至 8.0,用超纯水定容至 100mL。

TE 缓冲液:将配制好的 1mol/L Tris-HCl 溶液和 0.5mol/L EDTA 溶液混合,Tris-HCl 和 EDTA 的终浓度分别为 10mmol/L 和 1mmol/L,121℃灭菌 15min。

ⅱ.提取 DNA:

a) 称取约 0.2g 粪便样品至 2mL 研磨管,加入 1mL TE 缓冲液,0.1mm 和 0.5mm 氧化锆球磨珠各 0.15g,2mm 钢球磨珠 2 颗;

b) 向研磨管中继续加入 200μL 饱和酚溶液,使用研磨仪物理破碎,65Hz 运行 30s,停顿 10s,重复 3 次;

c) 加入 200μL 氯仿-异戊醇(24∶1)溶液,在涡旋仪上充分振荡混匀,4℃条件下 18500×g 离心 15min～30min;

d) 吸取上清液至新的 2mL 离心管中,加入 450μL 酚氯仿(25∶24∶1),在涡旋仪上充分振荡混匀,4℃条件下 18500×g 离心 15min～30min;

e) 重复步骤(d)至中间蛋白层澄清;

f) 吸取上清液至新的 2mL 离心管中,加入 450μL 氯仿-异戊醇溶液,在涡旋仪上充分振荡混匀,4℃条件下 18500×g 离心 15min～30min;

g) 吸取上清液至新的 2mL 离心管中,加入 RNase A 溶液至终浓度为 0.04mg/mL,37℃水浴 15min;

h) 加入 1/10 倍体积 3mol/L 乙酸钠溶液(pH 5.2)和 2 倍体积 95%乙醇(－20℃预冷),上下颠倒混匀,置－20℃保存过夜;

i) 将混合液转移到吸附柱中,4℃条件下 15700×g 离心 3min,弃滤液,重复该过程直至混合液全部转移完毕;

j) 加入 500μL 70%乙醇(－20℃预冷),4℃条件下 15700×g 离心 3min,弃滤液,重复该操作一次;

k) 弃滤液,在 4℃条件下 15700×g 离心 5min,将吸附柱转移到新的 1.5mL 离心管中,在超净工作台内干燥 90s;

l) 吸附柱中加入 70μL 灭菌超纯水或 TE 缓冲液,室温下静置 2min,4℃条件下 15700×g 离心 2min;

m) 将滤液重新加入吸附柱,4℃条件下 15700×g 离心 2min,获得 DNA 样品。

(2)鉴定微生物总 DNA

DNA 提取是分子生物学实验中的基础操作,其提取质量直接影响后续实验的结果。因此,需要对提取到的 DNA 进行质量评价。DNA 提取质量通常指的是 DNA 的纯度和浓度。

①纯度评价

核苷、核苷酸和核酸因其嘌呤环和嘧啶环具有共轭双键,在 260nm 处都会有一个最高吸收峰。蛋白质由于含有芳香氨基酸,因此也能吸收紫外光,通常蛋白质的吸收高峰在 280nm 处。通常在 260nm 和 280nm 测量样品的吸光度(分别为 A_{260} 和 A_{280})以判断核酸样品的纯度。如果 DNA 的 A_{260}/A_{280} 在 1.8～2.0 之间说明纯度较好;如果 A_{260}/A_{280} 小于 1.8 则可能有蛋白质污染,应将样品用酚、氯仿、异戊醇抽提,再用乙醇沉淀 DNA。但是,应该注意的是,这种方法对 DNA 中蛋白质污染的测定非常不敏感。如果 A_{260}/A_{280} 大于 2.0,说明样品中 RNA 含量过高,可用 RNase 消化后,用酚、氯仿、异戊醇抽提,再用乙醇沉淀 DNA。纯 RNA 的 A_{260}/A_{280} 为 2.0,而纯 DNA 的 A_{260}/A_{280} 为 1.8。

②浓度评价

这里的浓度是指 DNA 的含量,可以通过比色法、荧光法、凝胶电泳等方法来测定。

ⅰ.比色法:在 260nm 和 280nm 处读取稀释的 DNA 样品的吸光度。基于比尔-朗伯定律(该定律预测了吸光度和浓度之间的线性相关性),以 260nm 处的吸光度来确定溶液中 DNA 和 RNA 浓度。比尔-朗伯定律如下:

$$A=\varepsilon bc \tag{1.4}$$

式中:A——吸光度;

$\qquad b$——比色皿的路径长度,以 cm 为单位,通常为 1cm;

$\qquad c$——分析物浓度;

$\qquad \varepsilon$——消光系数。

对于 RNA,$\varepsilon=40\mu g/mL$;对于 DNA,$\varepsilon=50\mu g/mL$。当 A_{260} 为 1.0 时,相当于约 $40\mu g/mL$ 的纯 RNA 和 $50\mu g/mL$ 的纯双链 DNA。然而,比尔-朗伯定律仅当吸光度在 2 以内有效,并且吸光度与浓度的关系取决于样品的纯度,污染物质在 260nm 或 280nm 处的吸收将影响吸光度。

传统的紫外分光光度法要求使用相对大量的样品进行测量,但现在有一些系统,如 NanoDrop® 2000 紫外-可见分光光度计,已实现自动化且支持高精度分析极少量的样品,分析样品量可减少到 $0.5\mu L\sim2\mu L$。NanoDrop 提供从约 200nm 到 350nm 的吸光度扫描,这是确定 RNA/DNA 浓度和纯度的相关区域。

ⅱ.基于荧光的核酸定量系统:使用荧光染料来定量核酸是吸光度分光光度法的替代方法。荧光法测定核酸浓度是利用小分子或染料与核酸结合,并测量随后荧光特征的变化。虽然该方法比吸光度分光光度法更昂贵,但荧光法定量对目标核酸更灵敏、更精确,并且可能具有特异性。由于荧光计以相对而非绝对单位测量荧光值,因此首先用已知浓度的标准核酸溶液进行校准,且该标准核酸溶液具有与待测样品相似的特征。在校准之后,单次测量可以确定溶液中核酸的浓度,但是通常需要一条标准曲线来确定测量范围是在线性范围内。

QuBit® 2.0 荧光计（Life Technologies）等自动化系统可用于一系列基于荧光的定量分析，用来测量溶液中的核酸浓度。该测定显示出较宽的动态检测范围，并且能够准确分析小样品。必须明确一点，吸光度是吸收的量度，不能用作样品质量的完整性评估。同样，基于荧光的系统提供数量而非质量的量度。因此，它们不能用来测试样品的完整性，还必须进行凝胶电泳等合适的分析。

ⅲ.凝胶电泳：自从琼脂糖和聚丙烯酰胺凝胶被引入核酸研究以来，按相对分子质量大小分离 DNA 的凝胶电泳技术，已经发展成为一种分析鉴定 DNA 分子的重要实验手段。琼脂糖或聚丙烯酰胺凝胶电泳是基因操作的核心技术之一，它能够用于分离、鉴定和纯化 DNA 片段。

当一种分子被放置在电场中时，它们会以一定的速度移向适当的电极，这种电泳分子在电场作用下的迁移速度，叫做电泳的迁移率，它同电场的强度和电泳分子本身所携带的净电荷数成正比，也就是说，电场强度越大、电泳分子所携带的净电荷数量越多，其迁移的速度也就越快；反之则较慢。由于在电泳中使用了一种无反应活性的稳定的支持介质，如琼脂糖凝胶和聚丙烯酰胺凝胶等，从而降低了对流运动，故电泳的迁移率又是与分子的摩擦系数成反比的。已知摩擦系数是分子的大小、极性及介质黏度的函数，因此根据分子大小的不同、构成或形状的差异，以及所带净电荷的多少，便可以通过电泳将蛋白质或核酸分子混合物中的各种成分彼此分离开来。

在生理条件下，核酸分子的糖-磷酸骨架中的磷酸基团呈离子状态，从这种意义上讲，DNA 和 RNA 多核苷酸链可叫做多聚阴离子。因此，当核酸分子被放置在电场中时，它们会向正电极方向迁移。由于糖-磷酸骨架结构上的重复性，相同数量的双链 DNA 几乎具有等量的净电荷，因而它们能以同样的速度向正电极方向迁移。在一定的电场强度下，DNA 分子的这种迁移速度，亦即电泳的迁移率，取决于核酸分子本身的大小和构型，相对分子质量较小的 DNA 分子比相对分子质量较大的 DNA 分子迁移要快些。这就是应用凝胶电泳技术分离 DNA 片段的基本原理。

凝胶的分辨能力同凝胶的类型和浓度有关，琼脂糖凝胶分辨 DNA 片段的范围为 0.2kb～50kb，而聚丙烯酰胺凝胶的分辨能力要高一些，能够分辨较小相对分子质量的 DNA 片段，其分辨范围为 1bp～1000bp。凝胶浓度的高低影响凝胶介质孔隙的大小，浓度越高，孔隙越小，其分辨能力也就越强；反之，浓度降低，孔隙增大，其分辨能力也随之减弱。2% 的琼脂糖凝胶可分辨小到 300bp 的双链 DNA 分子，而对于较大片段的 DNA，则要用低至 0.3%～1.0% 的琼脂糖凝胶。20% 的聚丙烯酰胺凝胶的分辨力可达 1bp～6bp DNA 小片段，而要分离 1000bp 的大 DNA 片段，则要用 3% 的聚丙烯酰胺凝胶。

观察凝胶中 DNA 的最简便、最常用的方法就是利用荧光染料溴化乙锭进行染色。溴化乙锭是一种具有扁平分子的核酸染料，在高离子强度下，大约每 2.5 个碱基插入一个溴化乙锭分子。在 DNA 溴化乙锭复合物中，DNA 吸收 254nm 处的紫外辐射并传递给染料，而结合的染料分子本身吸收 302nm 和 399nm 处的光辐射，因此吸收的能量可在可见光谱红橙区的 590nm 处重新发射出来。对核酸分子染色后，将电泳标本放置在紫外光下观察，便可以十分敏感而方便地检测出凝胶介质中 DNA 的谱带部位，即使每条 DNA 带中仅含有 0.05g 的微量 DNA，也可以被清晰地显现出来。在适当的染色条件下，荧光的强度同 DNA 片段的大小或数量成正比。在包含几种 DNA 片段的电泳谱带中,每一条带的荧光强度随着从最大的 DNA 片段到最小的 DNA 片段方向逐渐降低。

基于前述微生物样本 DNA 的提取法获得的 DNA 样品,建议进行 1‰琼脂糖凝胶电泳(100V、电泳 30min),染色后,在凝胶成像系统下观察有无条带及条带的拖尾情况。

(3)设计引物

成功的荧光定量 PCR 反应要求高效和特异性扩增产物,引物和靶序列都会影响扩增效率,因此在选择靶序列和设计引物时必须考虑到这一点。表 1-14 列举了微生物实时荧光定量 PCR 的常用引物。

表 1-14　微生物实时荧光定量 PCR 的常用引物

目标菌	引物	参考文献
Total bacteria	F-TCCTACGGGAGGCAGCAGT R-GACTACCAGGGTATCTAATCCTGTT	Nadkarni et al.,2002
Total protozoa	F-GCTTTCGWTGGTAGTGTATT R-CTTGCCCTCYAATCGTWCT	Sylvester et al.,2004
Total fungi	F-GAGGAAGTAAAAGTCGTAACAAGGTTTC R-CAAATTCACAAAGGGTAGGATGATT	Denman and McSweeney, 2006
Methanogen	F-TTCGGTGGATCDCARAGRGC R-GBARGTCGWAWCCGTAGAATCC	Denman et al.,2007
Prevotella	F-GGTTCTGAGAGGAAGGTCCCC R-TCCTGCACGCTACTTGGCTG	Stevenson and Weimer, 2007
Megasphaera elsdenii	F-AGATGGGGACAACAGCTGGA R-CGAAAGCTCCGAAGAGCCT	Stevenson and Weimer, 2007
Succinivibrio *dextrinosolvens*	F-TAGGAGCTTGTGCGATAGTATGG R-CTCACTATGTCAAGGTCAGGTAAGG	Khafipour et al.,2009
Butyrivibrio *fibrisolvens*	F-ACCGCATAAGCGCACGGA R-CGGGTCCATCTTGTACCGATAAAT	Stevenson and Weimer, 2007
Fibrobacter *succinogenes*	F-GGTATGGGATGAGCTTGC R-GCCTGCCCCTGAACTATC	Koike and Kobayashi,2001
Ruminococcus *flavefaciens*	F-CGAACGGAGATAATTTGAGTTTACTTAGG R-CGGTCTCTGTATGTTATGAGGTATTACC	Stevenson and Weimer, 2007
Ruminobacter *amylophilus*	F-CTGGGGAGCTGCCTGAATG R-GCATCTGAATGCGACTGGTTG	Stevenson and Weimer, 2007
Ruminococcus albus	F-CCCTAAAAGCAGTCTTAGTTCG R-CCTCCTTGCGGTTAGAACA	Koike and Kobayashi, 2001
Selenomonas *ruminantium*	F-CAATAAGCATTCCGCCTGGG R-TTCACTCAATGTCAAGCCCTGG	Stevenson and Weimer, 2007
Streptococcus bovis	F-TTCCTAGAGATAGGAAGTTTCTTCGG R-ATGATGGCAACTAACAATAGGGGT	Stevenson and Weimer, 2007
Prevotella ruminicola	F-GAAAGTCGGATTAATGCTCTATGTTG R-CATCCTATAGCGGTAAACCTTTGG	Stevenson and Weimer, 2007

目标菌	引物	参考文献
Bifidobacterium spp.	F-GCGTGCTTAACACATGCAAGTC R-CACCCGTTTCCAGGAGCTATT	Penders et al.,2005
Clostridium difficile	F-TTGAGCGATTTACTTCGGTAAAGA R-TGTACTGGCTCACCTTTGATATTCA	Penders et al.,2005

扩增子设计遵循以下原则：

①扩增子长度 75bp～200bp,片段越短扩增效率越高,但若片段小于 75bp,则扩增子很难与可能存在的引物二聚体区分,推荐使用 NCBI primer BLAST(https://www.ncbi.nlm.nih.gov/tools/primer-blast)设计引物；

②避免产生二级结构,推荐使用软件如 mfold(http://www.bioinfo.rpi.edu/applications/mfold/)来预测扩增子在退火温度条件下是否形成二级结构；

③模板尽量避免有长的(>4)单碱基重复；

④GC 含量为 50%～60%；

⑤熔解温度(T_m)为 50℃～60℃,计算 T_m 时,建议使用 50mmol/L 盐浓度和 300nmol/L 核苷酸浓度；

⑥检查正向和反向引物确保 3′没有互补配对(避免形成引物二聚体)；

⑦用软件来检验引物的特异性,如 Basic Local Alignment Search Tool(http://www.ncbi.nlm.nih.gov/blast)。

(4)制备标准品

①制备微生物目标 PCR 产物

ⅰ.PCR 反应体系:PCR 扩增的反应体系为 $25\mu L$,组成为 PCR Master Mix($2\times$,Promega)$12.5\mu L$、无菌去离子水 $9.5\mu L$、上下游引物($10\mu mol/L$)各 $1\mu L$、模板 DNA $1\mu L$；

ⅱ.PCR 反应条件:94℃预变性 5min;94℃变性 30s,T_m(根据不同引物)退火 1min,72℃延伸 30s(延伸时间的长短取决于扩增片段的长度),共 30 个循环;72℃延伸 5min,最后 4℃保温；

ⅲ.PCR 反应结束后,再次取 PCR 产物,用 2%琼脂糖凝胶在 110V 下电泳 30min,检测 PCR 产物的质量。

②目标 PCR 产物与载体连接

可利用 pGEM®-T Easy 构建重组质粒,其结构如图 1-31 所示。

该载体是通过 EcoRV 酶切 pGEM®-T Easy 载体,并在 3′末端加入胸腺嘧啶构建的。插入位点 3′-T 突出端可以防止载体的自身环化,提高 PCR 产物的连接效率,并且为热稳定性聚合酶产生 PCR 产物提供一个匹配碱基。该高拷贝数载体包含 T7 和 SP6 RNA 聚合酶启动子,其侧翼与多克隆位点区相接,多克隆位点区位于 β 半乳糖苷酶的 α 肽编码区内。插入碱基使 α 肽失活,在指示培养基上可通过颜色直接筛选重组克隆。

短暂离心 pGEM®-T Easy 载体及 DNA 插入对照管,使内容物汇集到管底。按 $2\times$快速连接缓冲液 $3.75\mu L$、载体 $0.75\mu L$、T4 DNA 连接酶 $0.75\mu L$、PCR 产物 $2.0\mu L$、去离子水 $0.25\mu L$ 建立连接反应。注意避免反复冻融 $2\times$快速连接缓冲液,使用 $2\times$快速连接缓冲液时要充分混匀(涡旋数秒)。反应体系加好后用移液枪吹打连接反应使之混匀,室温孵育1h,如果需要得到最大数目的转化菌落,可选择4℃孵育过夜。

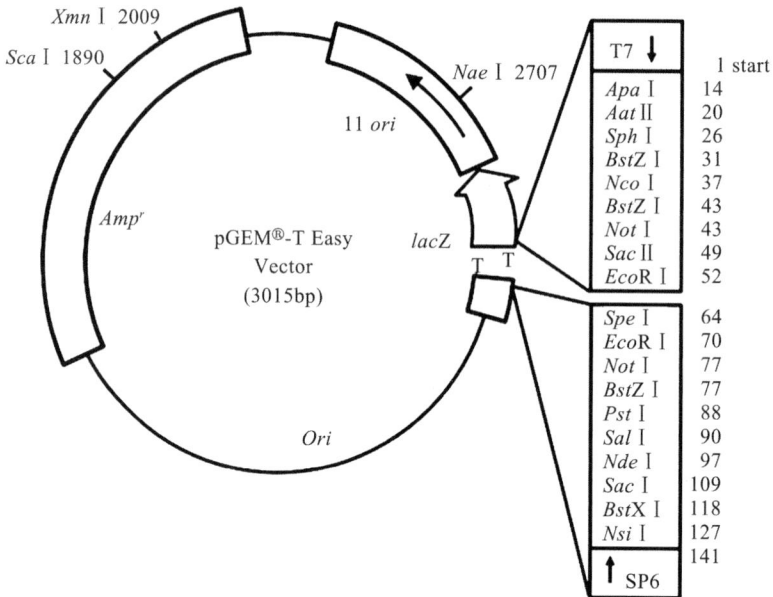

图 1-31　pGEM®-T Easy 质粒结构

③转化受体细胞

ⅰ.配制 SOC 培养基:

a) 配制 1mol/L 葡萄糖溶液:将 18g 葡萄糖溶解于 90mL 去离子水中,定容至 100mL,用 0.22μm 滤膜过滤除菌;

b) 配制 250mmol/L KCl 溶液:1.86g KCl 溶解于 90mL 去离子水中,定容至 100mL;

c) 配制 2mol/L $MgCl_2$ 溶液:19g $MgCl_2$ 溶解于 90mL 去离子水中,定容至 100mL,120℃高压蒸汽灭菌;

d) 20g 蛋白胨、5g 酵母提取物和 0.5g NaCl 溶解于 800mL 去离子水中,加 250mmol/L KCl 溶液 10mL,用 5mol/L NaOH 溶液 0.2mL 调节 pH 至 7.0,用去离子水补足体积到 1L,120℃高压蒸汽灭菌;

e) 培养基冷却到室温后,加入灭菌的 2mol/L $MgCl_2$ 溶液 5mL,加入过滤除菌的 1mol/L 葡萄糖溶液 20mL。

配制好的 SOC 培养基可在-20℃冰箱中长时间保存,但要避免污染。

ⅱ.制备感受态:大肠杆菌宿主菌株作为受体细胞,当这些受体细胞经过 $CaCl_2$ 处理时,它们的细胞膜通透性会发生暂时性改变,从而成为能够允许外源 DNA 分子进入的感受态细胞。

a) 受体菌种活化:取-80℃冰箱中保藏的菌株(如 DH5α、Top10、DE3、BL21 等)在 LB 平板(无抗性)上划线分离,放置于 37℃恒温培养箱中倒置培养;

b) 受体菌培养:从 LB 平板上挑取单菌落,接种于 10mL LB 液体培养基中,37℃振荡培养 12h 左右至对数生长中后期;

c) 菌种的准备:将受体菌菌悬液以 2%的接种量接种于装有 20mL LB 液体培养基(无

抗性)中,37℃振荡培养大约 2h~3h 至 OD_{600}=0.4~0.5,菌落数<10^8CFU/mL,把上述菌液转移至 1.5mL 离心管中,冰浴 10min,在 4℃条件下 3000r/min 离心 10min;

d) 感受态细胞悬液制备:弃上清,加入 10mL 预冷的 0.05mol/L $CaCl_2$ 溶液,轻轻混匀,冰浴 30min,在 4℃条件下 3000r/min 离心 10min,弃上清,加入 6mL 预冷的含 15% 甘油的 0.05mol/L $CaCl_2$ 溶液,轻轻混匀,冰上放置几分钟,即成感受态细胞悬液;

e) 分装保藏:用移液枪分装感受态细胞悬液至 1.5mL 离心管中,每个离心管中分装 50μL。液氮中迅速冷冻数分钟后取出,置 -80℃保藏备用。

ⅲ.制备 LB-氨苄-IPTG-X-Gal 平板:

a) 配制 100mg/mL 氨苄:将氨苄溶于灭菌蒸馏水中,用 0.22μm 滤膜过滤除菌,-20℃存放备用;

b) 配制 24mg/mL IPTG(异丙基-β-D-硫代吡喃半乳糖苷):2.4g IPTG 溶于 100mL 蒸馏水中,用 0.22μm 滤膜过滤除菌,-20℃存放备用;

c) 配制 20mg/mL X-Gal(5-溴-4-氯-3-吲哚-D-半乳糖苷):称取 1g X-Gal,置于 50mL 离心管中,加入 40mL 二甲基甲酰胺,充分混合溶解后,定容至 50mL,小份分装(1mL/份),-20℃避光存放;

d) LB-氨苄-IPTG-X-Gal 平板:100mL LB 琼脂高压灭菌,冷却至约 50℃时加入 20mg/mL X-Gal 200μL,100mg/mL 氨苄 100μL,24mg/mL IPTG 200μL,混合后倒平板。操作过程中避免产生气泡。

X-Gal 也可以直接涂布于已制作好的 LB-氨苄-IPTG 平板表面。

ⅳ.质粒化学转化:

a) 转化:如果感受态细胞保藏于 -80℃,从 -80℃冰箱中取一支感受态,室温下解冻后立即冰浴。50μL 的感受态细胞加入 5μL~10μL 与载体连接的 DNA,轻轻混匀,冰上放置 30min。42℃水浴中热激 45s,然后快速将管转移到冰上 2min,加入 1mL SOC 培养基,37℃ 200r/min 培养 1h;

b) 蓝白斑筛选:取 100μL 培养液涂布于 LB-氨苄-IPTG-X-Gal 平板,筛选转化子。X-Gal 是 β-半乳糖苷酶的底物,水解后呈蓝色,基于这个特性,当 pUC 系列载体 DNA 以 lacZ 缺失细胞作为宿主进行转化时,或 M13 噬菌体载体 DNA 进行转染时,如果在培养基中加入 X-Gal 和 IPTG(β-半乳糖苷酶活性的诱导物),由于 β-半乳糖苷酶的 α-互补性,可以根据是否呈现白色而方便地选出基因重组体。

④PCR 鉴定

随机挑取白色克隆的转化子,进行菌液 PCR 鉴定。PCR 鉴定体系见表 1-15。

用白色枪头挑一半菌斑混合在 PCR 体系中,扩增程序如表 1-16 所示。

表 1-15　PCR 鉴定体系

试剂	用量
2×Tag Mix	25μL
M13-F	1.5μL
M13-R	1.5μL
蒸馏水	22μL
总体积	50μL

表 1-16　PCR 扩增程序

循环数	程　序
1	94.5℃预变性 3min
30	94.5℃变性 30s,58℃退火 30s,70℃延伸 60s
1	70℃继续延伸 7min
	20℃保存

经过电泳检测后，确认转化成功的克隆，挑取固体培养基中另一半菌斑，接种在 5mL 含氨苄抗生素的液体培养基中，226r/min，37℃过夜扩大培养。将确定阳性克隆的质粒 DNA，使用 T7 引物进行 Sanger 测序，获得插入片段序列。在 GenBank 上利用 BLAST 进行序列同源性分析，如果相似性大于 99%，那么说明此序列在本种范围内具有保守性，适合作为本种内通用引物设计的候选区域，可用于标准曲线的制作。

⑤质粒浓度换算

$$双链 DNA 的平均相对分子质量=碱基数×660/碱基数 \tag{1.5}$$
$$单链 DNA 的平均相对分子质量=碱基数×330/碱基数 \tag{1.6}$$
$$单链 RNA 的平均相对分子质量=碱基数×340/碱基数 \tag{1.7}$$

已知 pGEM-T Easy 载体长 3015bp，插入的片段长 A bp，每个碱基对的平均相对分子质量是 660，因此重组质粒的相对分子质量为 $660×(3015+A)$。

$$质粒的拷贝数(copy/mL)=[浓度(g/mL)/相对分子质量]×6.02×10^{23}$$
$$=浓度(g/mL)/[660×(3015+A)]×6.02×10^{23} \tag{1.8}$$

式中的浓度可通过比色法和核酸定量系统获得（详见 DNA 质量检测）。（注：$6.02×10^{23}$ 为阿伏伽德罗常量，即 1mol 物质中所含的微粒数，也就是这里所要计算的拷贝数）

⑥制作标准曲线

将换算出拷贝数的重组质粒 DNA 进行 10 倍梯度稀释，稀释成 8 个浓度梯度，以此作为反应模板建立标准曲线。每个梯度和样品 DNA 均设置 3 个平行样，且标准品与样品必须在同一个 96 孔板上机。反应体系为 $20\mu L$（见表 1-17）。

表 1-17　以 TaKaRa（DRR041A）SYBR Premix Ex Taq 试剂盒为例的 RT-PCR 反应体系

试剂	使用量/μL		$N+1$ 个反应	X 种菌
SYBR Premix Ex Taq(2×)	10	10.4	10.4×($N+1$)	需 $X×(N+1)$ 个混合液，除引物不同，其余都相同，冰上操作
ROXⅡ(50×)*	0.4			
上游引物(10μmol/L)	0.4		0.4×($N+1$)	
下游引物(10μmol/L)	0.4		0.4×($N+1$)	
水	6.8		6.8×($N+1$)	
模板(0.5 或 1ng/μL)	2			
总体积	20			

＊注：ABI7500 需用 ROXⅡ校正。

将 DNA 模板加入 96 孔板，用热封膜将 96 孔板封好，于−4℃，500×g 离心 1min，将 96 孔板转移至 Real-time PCR 仪中进行反应，反应条件为（见图 1-32）：50℃预热 2min；95℃变性 10min；95℃变性 15s，60℃退火和延伸，收集荧光信号 1min，进行 40 个循环；接下来添加一个熔解曲线，温度由 60℃升到 95℃，95℃保温 15s，60℃保温 1min，95℃保温 15s，仪器自动采集荧光信号。

反应结束后，导出数据，以质粒拷贝数的对数值为横坐标（$\log_{10}$ Copies），荧光定量仪测定的标准曲线的 Ct 值为纵坐标，得出回归方程的表达式为 $y=-kx+b$，其中斜率 k 用于计算标准质粒的扩增效率（$E=10^{-1/k}-1$），PCR 扩增效率范围为 95%～105%，符合定量要求。

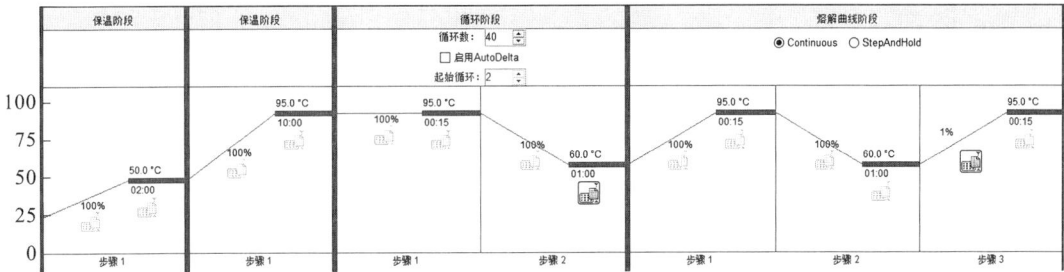

图 1-32　荧光定量 PCR 反应条件

（5）实时荧光定量（quantitative real-time）PCR 检测

①稀释 DNA 模板至 0.5 或 1ng/μL。

②按所测微生物种类及样品数量计算所需试剂量（以 TaKaRa SYBR Premix Ex Taq 试剂盒为例的 RT-PCR 反应体系表，每一样品设 3 个复孔。如果采用相对于总菌的定量，每一样品所测菌都要求对应 1 个总菌，所以同一样品最好在同一块板上同时测出所有菌，一方面可以减少试剂用量，另一方面也可以减少板与板之间的差异。测包括总菌在内的 6 种菌时，一个 96 孔板可以测的样品数为 3 复孔×6 种菌×5 个样＋6 种菌阴性对照＝96 孔，最大限度地利用 96 孔板）。

（6）计算结果

将荧光定量仪测定的样品的 Ct 值代入标准曲线方程，计算各个样品中相应菌种的基因拷贝数。如采用相对定量（即对于总细菌 16S rDNA 的百分比）则按下式计算：

$$目标菌（\%总菌 16S\ rDNA）＝2^{-(Ct\ target-Ct\ total\ bacteria)}×100 \tag{1.9}$$

式中：Ct target——目标菌引物所测得的 Ct 值；

　　　Ct total bacteria——以总细菌为引物所得的 Ct 值。

实验十三　酸奶中乳酸菌的计数

一、实验目的

1. 掌握微生物计数方法。

2. 了解选择性培养基 MRS 的使用。

3. 掌握稀释菌液涂布法。

二、实验原理

平板计数法、最大或然计数法和核酸定量法均可用于青贮饲料中乳酸菌的计数，但目前以平板计数法最为常用。试样用无菌水或无菌稀释液混合、振摇后，制成菌悬液，再用无菌水或无菌稀释液逐级稀释，可以获得单独生长的菌落，便于菌量的计数和菌种的鉴定。

MRS 是弱选择性培养基，支持乳酸菌的旺盛生长。乳酸菌在这种培养基上可形成湿润、微小、边缘整齐的菌落。

三、实验材料

1. 实验试样

酸奶。

2. 实验试剂

MRS 固体培养基(制备方法见本章第一节实验八)。

3. 实验器材

超净工作台、恒温培养箱、摇床、培养皿、移液枪、三角烧瓶、试管、烧杯、剪刀、涂布棒等。

四、实验操作

1. 处理酸奶样品

将酸奶用无菌操作方式摇匀后取 10mL 置于盛有 90mL 无菌生理盐水的三角烧瓶中(10^{-1} 稀释),样品在摇床上 150r/min 振摇 20min。用无菌移液枪从样品稀释液中取 1mL 加入盛有 9mL 无菌生理盐水的试管中,成 10^{-2} 稀释,如此类推稀释出 10^{-3}、10^{-4}、10^{-5} 和 10^{-6} 的稀释度。

2. 培养和计数

分别从 10^{-4}、10^{-5} 和 10^{-6} 样品稀释液中吸取 100μL 稀释液,均匀涂布于 MRS 固体培养基上,每个稀释度重复涂 3 个平皿,共做 9 个平皿。待凝固后分别标明相应稀释度和时间等信息,置 37℃恒温箱中倒置培养。经 1d~2d 培养后,选择菌落数在 30 个~300 个范围内的平皿,计数每一块平皿上的所有菌落数。菌落数乘以稀释倍数除以酸奶的体积即可获得每毫升酸奶中乳酸菌的菌落数。

实验十四 饲料中酵母菌和霉菌的计数

一、实验目的

1. 掌握微生物计数方法。
2. 了解酵母菌和霉菌的计数原理及方法。
3. 掌握稀释平板倾注法。

二、实验原理

平板计数法和核酸定量法均可用于饲料中酵母菌和霉菌的计数,但目前以平板计数法最为常用。孟加拉红培养基(rose bengal chloramphenicol agar)也称虎红培养基、玫瑰红氯霉素琼脂,简称 RBC 琼脂,是一种选择性固体培养基,其主要成分有蛋白胨和葡萄糖等,其中加入的孟加拉红和氯霉素可抑制细菌和放线菌生长,对真菌无抑制作用,孟加拉红还可抑制霉菌菌落的蔓延生长。在菌落背面由孟加拉红产生的红色有助于霉菌和酵母菌落的计数。

酵母菌在这种培养基上可形成光滑、湿润、常带黏性、呈白色或粉红色的菌落。霉菌在这种培养基上呈绒毛状、棉絮状、蛛网状,具有菌丝体,菌落较大、扁平、较干燥,颜色多样,多见白色、黑色和黄色菌落。

三、实验材料

1.实验试样

饲料。

2.实验试剂

孟加拉红培养基。

3.实验器材

超净工作台、恒温培养箱、摇床、培养皿、移液枪、三角烧瓶、试管、烧杯、剪刀、涂布棒等。

四、实验操作

1.配制孟加拉红培养基

孟加拉红培养基的成分为蛋白胨 5g、葡萄糖 10g、磷酸二氢钾 1g、硫酸镁($MgSO_4$·$7H_2O$)0.5g、琼脂 20g、1/3000 孟加拉红溶液 100mL、蒸馏水 1000mL、氯霉素 0.1g。配制方法为按配方将蛋白胨、葡萄糖、磷酸二氢钾、硫酸镁($MgSO_4$·$7H_2O$)和琼脂加入蒸馏水中,溶解后再加孟加拉红溶液,分装,121℃灭菌 20min。倾注平板前,另用少量乙醇溶解氯霉素加入培养基中。

2.采集和稀释饲料样品

准确称取 10g 饲料样品,置于 90mL 盛有氯霉素无菌生理盐水的三角烧瓶中(10^{-1}稀释),样品在摇床上 150r/min 振摇 20min。用无菌移液枪从样品稀释液中取 1mL 加入盛有 9mL 氯霉素无菌生理盐水的试管中,成 10^{-2}稀释,如此类推稀释出 10^{-3}、10^{-4}、10^{-5} 和 10^{-6} 的稀释度。

3.培养和计数

分别取 500μL 适宜梯度的稀释液加入无菌的培养皿中,每个稀释度重复涂 3 个平皿,共做 9 个平皿。待孟加拉红培养基冷却至 50℃左右,加入氯霉素,并倾注 15mL～20mL 至提前加入稀释后菌液的无菌培养皿中,立即在平面上轻轻摇匀,待凝固后分别标明相应稀释度和时间等信息,置 25℃～28℃恒温箱中倒置培养 5d,培养期间定期观察菌落生长情况,分别计算酵母菌、霉菌的菌落数。菌落数乘以稀释倍数除以饲料的重量即可获得每克风干样中酵母菌和霉菌的菌落数。

实验十五　噬菌体的检测

一、实验目的

1.了解噬菌体与宿主菌的相互关系。

2. 了解噬菌体检测原理。

3. 掌握噬菌体的分离与纯化方法。

4. 了解噬菌体效价的计量单位及测定方法。

二、实验原理

噬菌体是一类专性寄生于细菌和放线菌等微生物的病毒,其个体形态极其微小,用常规微生物计数法无法测得其数量。

噬菌体的效价通过 1mL 样品中所含侵染性噬菌体的粒子数表示,一般采用双层琼脂平板法进行测定。计量单位是 PFU 和 RTD。PFU 是噬斑形成单位(phages forming unit),表示形成一个噬斑所需有感染能力的最少噬菌体数量,以 PFU/mL 表示。RTD 是常规实验稀释度(routine test dilution),一般以平板上滴加噬菌体的部位刚刚能够出现或刚刚不能出现完全融合性裂解所需要的噬菌体稀释度表示。

噬菌体需在活的易感的细菌体内增殖,并能将菌体裂解。噬菌体对相应的细菌有强大的溶菌力和严格的种型特异性,因而可用于细菌的鉴定和分型,检测样本中未知细菌和防治某些疾病。

三、实验材料

1. 实验试样

污水、敏感指示菌(大肠杆菌)。

2. 实验试剂

肉膏蛋白胨固体培养基(含 2%琼脂)、肉膏蛋白胨半固体培养基(含 0.7%琼脂,试管分装,每管 5mL)、两倍肉膏蛋白胨培养基、1%蛋白胨水培养基。

3. 实验器材

恒温培养箱、分光光度计、离心机、锥形瓶、培养皿、试管、移液枪、枪头等。

四、实验操作

1. 培养噬菌体

(1)制备噬菌体增殖液

将 5mL 污水放入灭菌三角烧瓶中,加入对数生长期的敏感指示菌(大肠杆菌)菌液 3mL～5mL,再加 20mL 两倍肉膏蛋白胨培养基,30℃振荡培养 12h～18h。

(2)制备待检样品

将上述培养液以 3000r/min 离心 15min～20min,取上清液,用 pH 7.0 的 1%蛋白胨水培养基稀释至 10^{-2}～10^{-3}。

(3)培养和观察

倒 2%琼脂的肉膏蛋白胨固体培养基平板(约 10mL/皿)待用。含 0.7%琼脂的肉膏蛋白胨半固体培养基灭菌至 50℃左右时,每管加入敏感指示菌(大肠杆菌)菌液 0.2mL,待检样品液或上述噬菌体增殖液 0.2mL～0.5mL，混合后立即倒入上层平板铺平。30℃恒温培养 6h～12h。如有噬菌体，则在双层培养基的上层出现透亮无菌圆形空斑。

2. 测定噬菌体效价

（1）制备培养基平板

制备含 2％琼脂的肉膏蛋白胨固体培养基平板，约 10mL/皿，待用。

（2）稀释噬菌体

按 10 倍稀释法，吸取 0.5mL 大肠杆菌噬菌体，注入一支装有 4.5mL 1％蛋白胨水培养基的试管中，即稀释到 10^{-1}，依次稀释到 10^{-6}。

（3）共孵育细菌和噬菌体

将 11 支灭菌空试管分别标记 10^{-4}、10^{-5}、10^{-6} 和对照。分别从 10^{-4}、10^{-5} 和 10^{-6} 噬菌体稀释液中吸取 0.1mL 于上述编号的无菌试管中，每个稀释度做 3 个管。在另外 2 支对照管中加 0.1mL 无菌水，并分别于各管中加入 0.2mL 大肠杆菌菌悬液，振荡试管使菌液与噬菌体液混合均匀，置 37℃水浴中保温 5min，让噬菌体粒子充分吸附并侵入菌体细胞。

（4）培养噬菌体

将 11 支溶化并保温于 45℃的 5mL 含 0.7％琼脂的肉膏蛋白胨半固体培养基分别加入含有噬菌体和敏感菌液的混合管中，迅速摇匀，立即倒入相应编号的底层培养基平板表面，边倒入边摇动平板使其迅速地铺展表面，水平静置，凝固后置 37℃培养。

（5）计数

观察平板中的噬菌斑，记录每皿中噬菌斑个数。选取每皿有 30～300 个噬菌斑的平板计算噬菌体效价。用以下公式计算噬菌体效价：

$$N=Y/(V\times X) \tag{1.10}$$

式中：N——噬菌体效价；

　　　Y——每皿平均噬菌斑数；

　　　V——取样量；

　　　X——稀释度。

🔖 思考题

1. 有哪些微生物计数方法，各自的优缺点是什么？
2. 有哪些选择性培养基，它们的作用原理是什么？

──────────── 参考文献 ────────────

[1] Denman SE，McSweeney CS. Development of a real-time PCR assay for monitoring anaerobic fungal and cellulolytic bacterial populations within the rumen. FEMS Microbiol Ecol，2006，58(3)：572-582. doi：10.1111/j.1574-6941.2006.00190.x.

[2] Denman SE，Tomkins NW，McSweeney CS. Quantitation and diversity analysis of ruminal methanogenic populations in response to the antimethanogenic compound bromochloromethane. FEMS Microbiol Ecol，2007，62(3)：313-322. doi：10.1111/j.

1574-6941. 2007. 00394. x.

[3] Gagen EJ，Denman SE，Padmanabha J，et al. Functional gene analysis suggests different acetogen populations in the bovine rumen and tammar wallaby forestomach. Appl Environ Microbiol，2010，76(23)：7785-7795. doi：10. 1128/AEM. 01679-10.

[4] Khafipour E，Li S，Plaizier JC，et al. Rumen microbiome composition determined using two nutritional models of subacute ruminal acidosis. Appl Environ Microbiol，2009，75(22)：7115-7124. doi：10. 1128/AEM. 00739-09.

[5] Koike S，Kobayashi Y. Development and use of competitive PCR assays for the rumen cellulolytic bacteria：*Fibrobacter succinogenes*，*Ruminococcus albus* and *Ruminococcus flavefaciens*. FEMS Microbiol Lett，2001，204(2)：361-366. doi：10. 1111/j. 1574-6968. 2001. tb10911. x.

[6] Nadkarni MA，Martin FE，Jacques NA，et al. Determination of bacterial load by real-time PCR using a broad-range (universal) probe and primers set. Microbiology (Reading)，2002，148(Pt 1)：257-266. doi：10. 1099/00221287-148-1-257.

[7] Penders J，Vink C，Driessen C，et al. Quantification of *Bifidobacterium* spp.，*Escherichia coli* and *Clostridium difficile* in faecal samples of breast-fed and formula-fed infants by real-time PCR. FEMS Microbiol Lett，2005，243(1)：141-147. doi：10. 1016/j. femsle. 2004. 11. 052.

[8] Stevenson DM，Weimer PJ. Dominance of prevotella and low abundance of classical ruminal bacterial species in the bovine rumen revealed by relative quantification real-time PCR. Appl Microbiol Biotechnol，2007，75(1)：165-174. doi：10. 1007/s00253-006-0802-y.

[9] Sylvester JT，Karnati SK，Yu Z，et al. Development of an assay to quantify rumen ciliate protozoal biomass in cows using real-time PCR. J Nutr，2004，134(12)：3378-3384. doi：10. 1093/jn/134. 12. 3378.

[10] Yu Z，Morrison M. Improved extraction of PCR-quality community DNA from digesta and fecal samples. Biotechniques，2004，36 (5)：808-812. doi：10. 2144/04365ST04.

[11] 王佳堃,杨斌,陈宏伟.幼龄反刍动物粪便 DNA 提取及注意事项//微生物组实验手册. 2021. Bio-101：e2003561. doi：10. 21769/BioProtoc. 2003561.

第五节　微生物生理生化特征测定

一、目的与要求

1. 了解氧、pH、温度、渗透压对微生物生长发育的影响。

2. 了解营养元素对微生物生长发育的影响。

3.掌握糖类发酵试验等。

4.熟悉微生物生长状况的判别。

二、原理

微生物的生长和繁殖特性是由它的遗传性决定的,同时又受到培养环境条件的影响,包括环境中的营养物质和理化因素。微生物从外界不断地摄取营养物质,经过一系列的生物化学反应,转变为细胞组分,同时产生废物并排泄到环境中。微生物除需要营养物质外,还受到其所处环境理化因素的极大影响。如果环境因子不正常,会导致微生物体内生化反应不能正常进行,造成微生物生命活动不正常,甚至发生变异或死亡。事实上,一种环境条件对某种微生物可能是有害的,而对另一种微生物则可能是有利的。通过控制环境因子,可以实现对微生物的生长和生理代谢过程的人工控制,既可以进行微生物的培养,也可以抑制微生物的生长。

在所有活细胞中存在的全部生物化学反应称为代谢。代谢过程主要是酶促反应过程。具有酶功能的蛋白质多数存在于细胞内,称为胞内酶;许多细菌还产生胞外酶,这些酶从细胞中释放出来,以催化细胞外的化学反应。各种微生物在代谢类型上表现出很大的差异,如表现在对大分子糖类和蛋白质的分解能力以及分解代谢的最终产物的不同,反映出它们具有不同的酶系和不同的生理特性,这些特性可用于细菌的鉴定和分类。

1. 糖发酵试验

糖类分解(糖发酵)是鉴别微生物的一项重要实验。微生物种类不同,所产生的分解糖类的酶也不同,所能分解的糖的种类也不同,因而可作为微生物分类的一个鉴别特征。供发酵试验的糖、醇类约有40余种(见表1-18)。微生物分解糖类可产酸,引起培养基的pH值发生变化,由于培养基中预先加入了溴麝香草酸蓝、溴甲酚紫、酚红等指示剂,这些指示剂颜色的变化即成为观察结果的指标。

表 1-18　供发酵实验的糖类、醇类

类别	名称	类别	名称
双糖类 $C_{12}H_{22}O_{11}$	麦芽糖	多糖类 $(C_6H_{10}O_5)_n$	糊精
	乳糖		肝糖
	蔗糖		菊糖
	蕈糖	三元醇 $C_5H_5(OH)_3$	甘油
	纤维二糖	四元醇 $C_4H_6(OH)_4$	赤藓醇
	密二糖	五元醇 $C_5H_7(OH)_5$	树胶糖醇
三糖类 $(C_5H_{10}O_5)_3$	棉实糖		侧金盏花醇
	松三糖		木糖醇
戊糖 $C_5H_{10}O_5$	阿拉伯糖	六元醇 $C_6H_8(OH)_6$	甘露醇
	木糖		卫茅醇
	鼠李糖		山梨醇
	核糖	环己六醇 $(CHOH)_6$	肌醇

续表

类别	名称	类别	名称
己糖 $C_6H_{12}O_6$	葡萄糖	糖苷	水杨苷
	果糖		七叶苷
	甘露糖		熊果苷
	半乳糖		苦杏仁苷
多糖类$(C_6H_{10}O_5)_n$	淀粉		α-甲基葡萄糖苷

2. 甲基红试验

甲基红试验是根据肠杆菌科各菌属都能发酵葡萄糖,在分解葡萄糖过程中产生丙酮酸,在进一步分解过程中,由于糖代谢的途径不同,可产生乳酸、琥珀酸、乙酸和甲酸等大量酸性产物,可使培养基的 pH 值下降至 4.5 以下,使甲基红指示剂变红。甲基红的变色范围是 pH 4.4～6.2。pH 值在 4.4～6.2 区间时,甲基红呈橙色;pH 值≤4.4 时,甲基红呈红色(又称为酸色);pH 值≥6.2 时,甲基红呈黄色(又称为碱色)。通过观察甲基红指示剂的颜色变化,可以判断微生物是否能够通过发酵葡萄糖产生酸性物质,从而进行菌种特性鉴定。

3. 淀粉水解试验

淀粉是一种重要的多糖。微生物不能直接利用大分子的淀粉,必须靠产生的胞外酶将大分子物质分解才能吸收利用。胞外酶主要为水解酶,通过水解酶的作用将相对分子质量大的物质降解为相对分子质量较小的化合物,使其能被运输至细胞内。淀粉水解试验的实质是检测微生物是否具有淀粉酶。淀粉遇碘呈蓝紫色,在淀粉酶作用下,淀粉可分解为遇碘不显色的糊精、麦芽糖和葡萄糖等小分子物质,因而可根据培养基在加入碘液后的颜色变化来观察淀粉水解情况。

4. 纤维水解试验

纤维素是由葡萄糖组成的大分子多糖,不溶于水及一般有机溶剂,是植物细胞壁的主要成分。在一定条件下,在纤维素酶的作用下,纤维素可发生水解反应,由长链分子变成短链分子,直至变成葡萄糖。有些微生物产生纤维素酶,可以分解培养基或环境中的纤维素,选择适当的培养基,加入纤维素作为碳源,然后观察培养基中的纤维素是否被分解。

5. 果胶水解试验

果胶本质上是一种线形多糖聚合物,广泛存在于植物的果实、根、茎和叶中,是细胞壁的一种组成成分,常伴随纤维素而存在,构成相邻细胞中间层黏结物,使植物组织细胞紧紧黏结在一起。一些微生物,如欧文氏菌、某些芽孢杆菌、黑曲霉等可产生果胶酶,使果胶水解。用含果胶的培养基接种微生物,如培养基出现液化现象,表示该种微生物具有水解果胶的能力。

6. 细胞色素氧化酶试验

在不以氧为直接受氢体的生物氧化体系中,生物氧化需要在多种酶联合作用下方能进行。组成这类生物氧化体系的酶,主要是细胞色素类酶。这种酶在有分子氧与脱氢酶的存在下可将二甲基对苯二胺和 α-萘酚氧化,生成吲哚酚蓝(蓝色),据此反应可检测细胞色素氧化酶的活性。

7. 过氧化氢酶试验

过氧化氢酶是一种酶类清除剂,是以铁卟啉为辅基的结合酶,又称触酶、接触酶,能催化 H_2O_2 分解为水和氧。过氧化氢酶存在于细胞的过氧化物体内,是过氧化物酶体的标志酶。过氧化氢酶可以清除生物体内的过氧化氢,从而使细胞免于遭受 H_2O_2 的毒害,是生物防御体系的关键酶之一。

8. TTC 试验

某些细菌内含有脱氢酶,能将相应的作用物氧化。2,3,5-氯化三苯基四氮唑(TTC)为无色化合物,它可以接受脱氢酶所得的氢,形成红色的甲臜化合物 TPF。脱氢酶的有无或活性高低直接影响到红色的有无或深浅(生成红色 TPF 的量),而且甲臜不再被氧气所氧化,所以试验不必在无氧或密闭的条件下进行。

9. 硝酸盐还原试验

某些细菌能把培养基中的硝酸盐还原为亚硝酸盐、氨或氮等。亚硝酸盐的形成可能是最终产物,也可能是中间产物,这需要在测定过程中予以注意。如果还原过程中生成了亚硝酸盐,在加入 Griess 试剂后,对氨基苯磺酸发生重氮化作用,生成对重氮苯磺酸,对重氮苯磺酸与 α-萘胺进一步生成 N-α-萘胺偶氮苯磺酸(红色)。

10. α-淀粉酶活力的测定

α-淀粉酶(系统名称为 1,4-α-D-葡聚糖水解酶)的作用是水解淀粉分子链中的 α-1,4-葡萄糖苷键,将淀粉链切断成为短链糊精、寡糖和少量麦芽糖和葡萄糖,使淀粉黏度迅速下降达到"液化"目的。α-淀粉酶活性根据其液化能力(测定黏度的下降)和糊精化能力(测定碘反应的消失)来测定。淀粉遇碘呈蓝色,在淀粉酶的作用下,淀粉逐渐水解为糊精,蓝色逐渐消失,根据淀粉液与碘反应蓝值的下降或达到标准色所需要的时间就可以计算出酶的活力。

11. 蛋白酶活力的测定

蛋白酶是水解蛋白质肽链的一类酶的总称,按其降解多肽的方式分内肽酶和端肽酶。前者可把大分子量的多肽链从中间切断,形成分子量较小的胨和胨;后者又可分为羧肽酶和氨肽酶,它们分别从多肽的游离羧基末端和游离氨基末端逐一将肽链水解生成氨基酸。蛋白质的分解产物短肽及氨基酸等是不能被三氯醋酸沉淀的,通过测定这些产物的量增加,可以计算出蛋白酶的活力。

12. IMViC 试验

IMViC 试验是由吲哚试验(I)、甲基红试验(M)、VP(Voges-Proskauer)试验(Vi)和柠檬酸盐利用试验(C)组成的一个系统,主要用于鉴别肠杆菌科各个菌属,尤其用于大肠埃希菌和产气肠杆菌的鉴别。其中,吲哚试验的原理是某些细菌具有色氨酸酶,能分解蛋白胨中的色氨酸生成吲哚。吲哚可与对二甲基氨基苯甲醛结合形成红色化合物——玫瑰吲哚。因此,吲哚反应呈红色者为阳性,无变化者则为阴性。

VP 试验的原理是某些细菌在葡萄糖蛋白胨培养基中分解葡萄糖产生丙酮酸,丙酮酸进一步缩合、脱羧形成乙酰甲基甲醇。乙酰甲基甲醇在强碱条件下被空气中的 O_2 氧化为二乙酰,二乙酰与蛋白胨中的胍基化合物发生反应生成红色产物。因此,VP 试验呈红色反应者为阳性,无红色反应者为阴性。

柠檬酸盐利用试验的原理是柠檬酸盐培养基不含任何糖类,柠檬酸盐为唯一碳源,磷酸二铵为唯一氮源。如果细菌能利用柠檬酸盐和铵盐,则可在柠檬酸盐培养基上生长。分解柠檬酸盐使培养基变碱,从而使培养基中的指示剂溴麝香草酚蓝由绿色变为深蓝色。因此,柠檬酸盐试验培养基上有细菌生长,并且培养基变为深蓝色为阳性,而无菌生长,培养基颜色不变仍为绿色者为阴性。

13. 明胶液化试验

明胶液化试验是利用某些细菌可产生一种胞外酶——明胶酶,能使明胶分解为氨基酸,从而失去凝固力,半固体的明胶培养基成为流动的液体进行的试验方法。明胶液化试验常用于肠杆菌科细菌的鉴别,如沙雷菌、普通变形杆菌、奇异变形杆菌、阴沟杆菌等可液化明胶,而其他细菌很少液化明胶。有些厌氧菌如产气荚膜梭菌、脆弱类杆菌等也能液化明胶。另外,多数假单胞菌也能液化明胶。

14. 运动性试验

有鞭毛的细菌在幼龄时具有较强的运动能力,可采用悬滴法或水封法(即压滴法)直接在光学显微镜下检查活细菌是否具有运动能力。也可以采用半固体培养基穿刺培养法,观察细菌的生长轨迹。有运动能力的细菌会四周扩散生长,使周围的培养基变浑浊;无运动能力的细菌仅能沿穿刺线生长,周围的培养基仍然保持澄清。

15. 需氧性的测定

根据微生物与氧的关系,可将微生物分为好氧菌、厌氧菌和兼性厌氧菌三大类。需氧性的测定对细菌尤为重要,需氧性常是进行初步分类鉴定的标志之一。实验室中常采用穿刺接种法来初步测定微生物对氧气的需求情况。用穿刺法将细菌接种到半固体培养基上,如果细菌在培养基表面及穿刺线的上部生长,则为好氧菌;如果只在穿刺线的下部生长,则为厌氧菌;如果细菌在整条穿刺线都能生长,则为兼性菌。

16. 最适生长温度的测定

温度对微生物细胞的生物大分子(蛋白质及核酸等)稳定性、酶的活性、细胞膜的流动性和完整性等方面有重要影响。温度过高会导致蛋白质(酶)及核酸变性失活,细胞膜破坏等,而温度过低会使酶活性受抑制,细胞新陈代谢活动减弱。因此,每种微生物只能在一定温度范围内生长,都具有自己的最低、最适和最高生长温度。嗜冷微生物可在 0℃ 或更低温度下生长,最适生长温度约为 15℃,最高生长温度在 20℃ 左右;嗜温微生物一般在 20℃~45℃ 范围内生长,大多数微生物都属于这一类;嗜热微生物可在 55℃ 以上生长;而超嗜热微生物最适生长温度高于 80℃,最高生长温度高于 100℃。微生物分类鉴定中,常常要测定其最高、最适及最低生长温度,这对微生物的培养及应用都很重要。但应注意对不同微生物必须选择适于其生长的培养基和培养方法。

17. 最适 pH 值的测定

微生物生长繁殖需要一定的酸碱度或 pH 环境,pH 过高或过低都会使蛋白质、核酸等生物大分子所带电荷发生变化,影响其生物活性,甚至导致变性失活,还可以引起细胞膜电荷变化,影响细胞对营养物质的吸收和代谢,同时还改变环境中营养物质的可及性及有害物质的毒性。因此,微生物都只能在一定的 pH 范围内生长。根据微生物对环境 pH 的适应性,可分为嗜酸微生物(最适生长 pH 为 0.0~5.5)、中性微生物(最适生长 pH 为 5.5~8.5)和嗜碱微生物(最适生长 pH 为 8.5~11.5)。一般细菌和放线菌适于在中性或微碱性环境中生长,最适生长 pH 为 6.5~7.5;而酵母菌和霉菌通常适于在微酸性环境中生长,最适生长 pH 为 4.0~6.0。在实验室中常根据微生物最适生长 pH 这一特性来鉴别或选择性分离微生物。

18. 营养元素需求测定

微生物生长发育需要一定的营养条件。影响微生物生长发育的元素主要有碳、氮、磷、钾、硫、镁及微量元素。有些微生物还需要从环境中获得维生素类物质。通常通过几种含有不同成分的合成培养基,测试碳、磷、钾等对微生物生长发育的影响。

19. 渗透压试验

微生物生长受其基质渗透压的影响,一般细胞的渗透压为 0.3MPa~0.6MPa。微生物在等渗溶液中可正常生长繁殖;在高渗溶液中细胞失水,易发生质壁分离,生长受到抑制;在低渗溶液中,细胞吸水膨胀,虽大多数微生物具有较为坚韧的细胞壁,细胞一般不会裂解,可以正常生长,但某些情况下也会影响微生物的生长。在细菌鉴定中,常以耐盐性试验来衡量微生物耐渗透压的能力。

三、操作流程

根据《伯杰细菌学鉴定手册》,微生物的属种鉴定通常需进行多项微生物的生理生化试验。

1. 糖发酵试验

糖发酵试验流程见图 1-33。

制备液体糖发酵管 ⟶ 糖管接种培养 ⟶ 结果观察

图 1-33　糖发酵试验流程

(1)制备液体糖发酵管

牛肉膏 5.0g、蛋白胨 10.0g、氯化钠 3.0g、$Na_2HPO_4 \cdot 12H_2O$ 2.0g、0.2%溴麝香草酸蓝溶液 12.0mL,用蒸馏水定容至 1000mL;调节 pH 至 7.4。其中,0.2%溴麝香草酸蓝溶液的配制方法为溴麝香草酚蓝 0.2g、0.1mol/L NaOH 溶液 5.0mL,用蒸馏水定容至 100mL。

在此培养基中按 0.5%加入相应糖类或醇类(根据所鉴定的微生物选择必需的糖、醇进行试验,并不一定要试验所有的糖类),每管分装 3mL~4mL,如需测定发酵时是否产气,可在糖管中加入一个倒置的小管,115℃高压灭菌 20min。

(2)糖管接种培养

按照无菌操作的要求,在供试菌种斜面上挑取少量培养物接种相应糖管,在适宜温度下培养 24h。

（3）结果观察

观察糖管中培养基的颜色变化，如培养基由蓝色变为黄色，表示产酸，为糖发酵阳性。若倒置的小管中有气泡出现，表示发酵该种糖时产气。

2. 甲基红试验

甲基红试验流程见图 1-34。

$$制备培养基 \rightarrow 接种及培养 \rightarrow 甲基红检测及结果观察$$

图 1-34　甲基红试验流程

（1）制备培养基

①配制培养基：蛋白胨 5.0g、葡萄糖 5.0g、K_2HPO_4 5.0g，用蒸馏水定容至 1000mL，调节 pH 至 7.0～7.2。每管分装 4mL～5mL，115℃高压灭菌 30min，备用。

②配制甲基红试剂：10mg 甲基红溶于 30mL 95％乙醇中，用蒸馏水定容至 50mL。

（2）接种及培养

按照无菌操作的要求，将供试菌接种于上述培养基中，置于适温（细菌在 37℃下培养，酵母菌在 28℃下培养）下培养 2d、4d、6d（结果阴性时可适当延长培养时间）。

（3）甲基红检测及结果观察

在培养液中加入一滴或数滴甲基红试剂，出现红色为甲基红试验阳性，黄色为阴性。试验时可取出部分培养液进行检测，当结果为阴性时，剩余培养液可继续进行培养。

当测试芽孢杆菌属细菌时，可用 5.0g NaCl 代替 K_2HPO_4。

3. 淀粉水解试验

淀粉水解试验流程见图 1-35。

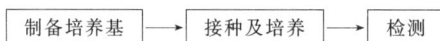

$$制备培养基 \rightarrow 接种及培养 \rightarrow 检测$$

图 1-35　淀粉水解试验流程

（1）制备培养基

蛋白胨 10.0g、NaCl 5.0g、牛肉膏 3.0g、可溶性淀粉 2.0g（先溶解）、琼脂粉 15.0g～20.0g，用蒸馏水定容至 1000mL，调节 pH 至 7.4～7.6。121℃高压灭菌 20min，倒平板备用。

（2）接种及培养

用记号笔在平板底部划成四部分，在每部分分别标记上菌种名称，用接种环取少量待测菌，点接种在培养基表面相应部分的中心。接种后的平板置于 37℃培养 2d～5d，形成明显菌落后，取出。

（3）检测

滴加少量碘液于平板上，轻轻旋转平皿，使碘液均匀铺满整个平板。菌落周围如出现无色透明圈，则说明淀粉已经被水解（淀粉水解结果阳性），表示该细菌具有分解淀粉的能力。若菌落周围无透明圈出现，则表示培养基中淀粉未被水解，淀粉水解结果阴性。透明圈的大小还可说明测试菌种水解淀粉能力的强弱。

4. 纤维水解试验

纤维水解试验流程见图 1-36。

制备培养基 ⟶ 加入纤维物质及接种 ⟶ 培养及结果观察

图 1-36　纤维水解试验流程

(1)制备培养基

①配制蛋白胨水基础培养基:蛋白胨 5.0g、NaCl 5.0g,用蒸馏水定容至 1000mL,调节 pH 至 7.0~7.2。每个试管分装 4.0mL~5.0mL,121℃高压灭菌 20min,备用。

②配制无机盐基础培养基:NH_4NO_3 1.0g、$K_2HPO_4 \cdot 3H_2O$ 0.5g、KH_2PO_4 0.5g、$MgSO_4 \cdot 7H_2O$ 0.5g、NaCl 1.0g、$CaCl_2$ 0.1g、$FeCl_3$ 0.02g、酵母膏 0.05g,用蒸馏水定容至 1000mL,调节 pH 至 7.2。121℃高压灭菌 20min,备用。

(2)加入纤维物质及接种

①试管法:将基础培养基分装入试管,培养基中浸泡一条长约 5cm~7cm、宽度以易放入试管为准的优质滤纸。测定好氧微生物时,需把部分纸条露于液面外;测定厌氧微生物时,纸条要全部浸泡于培养基中。

②平板法:在基础培养基中加 0.8% 的纤维素粉和 1.5% 的琼脂,倒置平板,凝固后点接菌种。

应注意在接种时,无论采用上述哪种方法,都要有未接种的空白对照。

(3)培养及结果观察

适温培养 1 周~4 周后进行观察。

①试管法:滤纸条变薄、折断或分解为一堆纤维为阳性,滤纸条无变化为阴性。

②平板法:菌落周围有澄清的晕环出现为阳性,无晕环为阴性。

5. 果胶水解试验

果胶水解试验流程见图 1-37。

制备改良果胶酸盐培养基 ⟶ 接种 ⟶ 观察

图 1-37　果胶水解试验流程

(1)制备改良果胶酸盐培养基

酵母浸膏 0.5g、1mol/L NaOH 溶液 0.9mL、0.2% 溴麝香草酚蓝液 1.25mL、10% $CaCl_2 \cdot 2H_2O$ 0.5mL、聚果胶酸钠 1.0g、琼脂 2.0g,用蒸馏水定容至 100mL。上述成分加热、溶解、混匀,立即 121℃高压灭菌 15min,倒平板备用。

(2)接种

取琼脂斜面幼龄培养物(通常为 18h 至 24h 内的培养物)在平板上进行点接种,适温(通常为 25℃~37℃)培养 1d~3d。

(3)观察

如果在点接种生成的菌落周围,培养基出现液化凹陷,则证明水解果胶阳性,否则结果为阴性。

6. 细胞色素氧化酶试验

细胞色素氧化酶试验流程见图 1-38。

$$\boxed{\text{加样检测}} \longrightarrow \boxed{\text{结果观察}}$$

图 1-38　细胞色素氧化酶试验流程

（1）加样检测

取 37℃培养 20h 的斜面培养物一支，将 1％盐酸二甲基对苯二胺溶液（用蒸馏水配制，置棕色瓶于冰箱中储存）和 1％ α-萘酚酒精（95％）溶液各 2 滴～3 滴顺斜面从上端滴下，并将斜面略加倾斜，使试剂混合液流经斜面上的培养物。如系平板培养物，则可用试剂混合液滴在菌落上。

（2）结果观察

在 2min 内呈现蓝色者为细胞色素氧化酶反应阳性，2min 以后出现微弱或可疑反应均为阴性结果。

7. 过氧化氢酶试验

过氧化氢酶试验流程见图 1-39。

$$\boxed{\text{涂片检测}} \longrightarrow \boxed{\text{结果观察}}$$

图 1-39　过氧化氢酶试验流程

（1）涂片检测

取一块载玻片，于中央滴一小滴蒸馏水，用接种环挑取适量菌苔，在水滴中涂抹并混匀，然后加一滴过氧化氢溶液。也可将过氧化氢滴加于斜面或平板的菌落上。

（2）结果观察

滴加过氧化氢溶液后，立即观察是否有气泡产生，若有气泡产生则为过氧化氢酶（接触酶）反应阳性，若无气泡则为反应阴性。

8. TTC 试验

TTC 试验流程见图 1-40。

$$\boxed{\text{制备培养基}} \longrightarrow \boxed{\text{接种}} \longrightarrow \boxed{\text{实验处理与培养}} \longrightarrow \boxed{\text{结果观察}}$$

图 1-40　TTC 试验流程

（1）制备培养基

①配制 1％氯化血红素溶液：称取氯化血红素 1.0g，加 1mol/L NaOH 溶液 5.0mL，混合后再用蒸馏水稀释到 1000mL。

②配制 1％维生素 K_1 溶液：1.0g 维生素 K_1 与 99mL 无水乙醇混合。

③配制 2,3,5-氯化三苯基四氮唑（TTC）培养基：将 17.0g 胰蛋白胨、3.0g 大豆胨、6.0g 葡萄糖、25.0g NaCl、0.5g 硫乙醇酸钠、0.1g Na_2SO_3、15.0g 琼脂，与 1000mL 蒸馏水混合，加热溶解；加入 15.0g 用少量 NaOH 溶解的 L-Cys·HCl，调节 pH 至 7.2；加入预先配成的 1％氯化血红素溶液 0.5mL 和 1％维生素 K_1 溶液 0.1mL，充分摇匀，装瓶，每瓶 100mL，121℃高压灭菌 15min。临用前，溶解基础琼脂，每 100mL 基础培养基加入 TTC 40.0mg，充

分摇匀,倾注无菌平板。

（2）接种

取 TTC 琼脂平板两个,将微生物培养物以划线法接种于平板上。

（3）实验处理及培养

将上步平板倒放于洁净的层析缸内,于其上放一空培养皿,然后将蜡烛点燃放于空皿上,立即盖严层析缸盖,并用凡士林封口,将层析缸放入 43℃ 保温箱中培养 48h。

（4）结果观察

培养 48h 后进行观察,在 TTC 平板上生长为红色菌落者为 TTC 试验阳性,非红色菌落者为阴性。

9. 硝酸盐还原试验

硝酸盐还原试验流程见图 1-41。

图 1-41　硝酸盐还原试验流程

（1）制备硝酸盐培养基

蛋白胨 10.0g、NaCl 5.0g、牛肉膏 3.0g、KNO_3 1.0g,用蒸馏水定容至 1000mL,调节 pH 至 7.0～7.6。每管分装 4mL～5mL,121℃ 高压灭菌 20min。

（2）制备 Griess 及二苯胺试剂

①配制 Griess 试剂:

A 液:对氨基苯磺酸 0.5g,稀乙酸（10%）150mL;

B 液:α-萘胺 0.1g,蒸馏水 20mL,稀乙酸（10%）150mL。

②配制二苯胺试剂:二苯胺 0.5g 溶于 100mL 浓硫酸中,硫酸和二苯胺的混合物稍微冷却后缓慢加入 20mL 蒸馏水稀释。

（3）接种

将测定菌接种于硝酸盐液体培养基中,置适温培养 1d、3d 和 5d,每株菌可接种数管,并有未接种的培养基作为对照。

（4）结果观察

可用干净的小试管或比色盘,其中加入少量培养物,再滴入 1 滴 A 液和 B 液,若溶液变为粉红色、玫瑰红色、棕色等表示有亚硝酸盐存在,结果判定为硝酸盐还原阳性。

若无红色出现,则可再加入 1 滴～2 滴二苯胺试剂,如果呈蓝色反应,表示培养液中仍有硝酸盐,但无亚硝酸盐存在,判定为硝酸盐还原阴性。如果不呈蓝色反应,表示硝酸盐及形成的亚硝酸盐都已进一步还原为其他物质,应判定为硝酸盐还原阳性。

对照管应做同样处理。

10. α-淀粉酶活力的测定

α-淀粉酶活力测定流程见图 1-42。

图 1-42　α-淀粉酶活力测定流程

（1）制作标准比色管

①配制标准糊精液：取化学纯糊精 0.3g，在少许蒸馏水中调匀，再倾入 900mL 沸水中，冷却后加水定容至 1000mL，加入甲苯若干毫升，置冰箱中保存；

②配制碘原液：称取碘 11.0g、碘化钾 8.0g，加蒸馏水定容至 500mL，储于棕色瓶中；

③配制标准稀碘液：取碘原液 15.0mL，加碘化钾 8.0g，定容至 500mL；

④制作标准比色管：取 1.0mL 标准糊精液置于小试管中，加 5.0mL 标准稀碘液，混匀呈棕色，为标准比色管。

（2）稀释酶液

①配制磷酸氢二钠-柠檬酸缓冲液：称取 113.08g Na$_2$HPO$_4$·12H$_2$O 和 20.17g 柠檬酸，加蒸馏水定容至 2500mL，调节 pH 至 6.0；

②稀释：用 pH 6.0 的缓冲液（磷酸氢二钠-柠檬酸缓冲液）将待测酶液（或发酵液）稀释，反应 10min～30min。

（3）反应

①配制淀粉液：称取 2.0g 可溶性淀粉，先以少许蒸馏水调和，再慢慢加入沸腾的蒸馏水中，继续煮 2min，冷却后加水定容至 100mL，注意现配现用；

②反应：将在 30℃ 水浴中预热 5min 的淀粉液 20mL 与酶液 10mL 迅速混匀，同时记下时间。

（4）比色

①配制比色碘液：取碘原液 2.0mL，加碘化钾 8.0g，定容至 500mL；

②比色：取小试管 5 支～10 支，每管装 5.0mL 比色碘液，反应 6min 后，每间隔一定时间从反应液中吸取 1.0mL 加入比色碘液中，与标准管比色。当样品的颜色与标准比色管色度相同时即为反应终点，并记下时间（以 min 为单位）。

（5）计算酶活力

本方法定义在 60min 内能将 1.0mL 2% 可溶性淀粉分解为糊精的酶量为 1 个活力单位（ID）。

$$酶活力 ID[单位/mL(g)] = (60/t) \times (20/C)$$
$$= 1200/(tC) = (60/t) \times (20N/10) = 120N/t \qquad (1.11)$$

式中：t——完成反应所需的时间，min；

C——10.0mL 酶液的含酶量；

N——稀释倍数。

11. 蛋白酶活力的测定

蛋白酶活力测定流程见图 1-43。

图 1-43　蛋白酶活力测定流程

（1）制作酪氨酸标准曲线

①配制 Folin 试剂：称取分析纯钨酸钠 10.0g、钼酸钠 25.0g，蒸馏水 700mL，共置于 1000mL 圆底烧瓶中，加 85% 磷酸 50mL 及浓盐酸 100mL，充分混匀后小火回流 10h。稍冷后加入 150g 硫酸锂和 50.0mL 蒸馏水并加溴液数滴，于通风橱中开口煮沸 15min 以去除残

留的溴,冷却后溶液呈金黄色,用蒸馏水定容至1000mL,过滤后置棕色瓶中保存。

②配制0.4mol/L碳酸钠溶液:无水碳酸钠42.4g,用蒸馏水定容至1000mL。

③配制1000μg/mL酪氨酸标准液:酪氨酸于105℃干燥箱中烘干至恒重,精确称取0.100g,用少量0.2mol/L盐酸溶解,并用蒸馏水定容至100mL,浓度为1000μg/mL。制作标准曲线时稀释10倍为100μg/mL酪氨酸溶液。

④制作酪氨酸标准曲线:取100μg/mL酪氨酸溶液,按表1-19配制成浓度分别为0μg/mL、10μg/mL、20μg/mL、30μg/mL、40μg/mL、50μg/mL和60μg/mL的酪氨酸标准工作溶液。

表1-19　酪氨酸标准工作溶液配方

管号	1	2	3	4	5	6	7
酪氨酸标准工作溶液浓度($\mu g/mL$)	0	10	20	30	40	50	60
100μg/mL酪氨酸溶液(mL)	0	0.1	0.2	0.3	0.4	0.5	0.6
蒸馏水(mL)	1.0	0.9	0.8	0.7	0.6	0.5	0.4

吸取不同浓度酪氨酸标准工作溶液1.0mL,分别置于7支试管中,加入5.0mL0.4mol/L碳酸钠溶液和1.0mLFolin试剂,摇匀,立即于40℃水浴中保温20min,使显色(蓝色),然后将显色液用分光光度计测定680nm处的光密度(OD值),记录结果。

以OD值为纵坐标,酪氨酸量(μg)为横坐标,绘制标准曲线,获得线性回归方程。

(2)计算K值

K的定义是指光密度1.000处所相当的酪氨酸的量(μg)。可将图上的直线外延至光密度1.000处,该点相当的酪氨酸浓度即为K值。

(3)测定酶活性

①稀释酶液:滤去发酵液或酶液中的杂质,用pH7.0磷酸缓冲液稀释100倍。

②反应:将1.0mL酶液和2%酪蛋白液(酪蛋白2.0g,浸泡于20mL0.1mol/L NaOH溶液中过夜,水浴中煮沸使之溶解,再用pH7.0缓冲液定容至100mL,储存于冰箱)置于40℃水浴中加热。吸取1.0mL酪蛋白液加入酶液管中,立即用秒表计时。

③终止反应:10min后加入0.4mol/L三氯乙酸溶液(三氯乙酸65.4g,加蒸馏水至1000mL)2.0mL,终止酶反应,并继续在水浴上保温15min,然后用滤纸滤去沉淀。

④测定光密度:取滤液1.0mL,加0.4mol/L碳酸钠溶液5.0mL,最后加Folin试剂1.0mL,摇匀后即置于40℃水浴保温20min,并用分光光度计测定680nm处光密度,记录结果。

(4)计算酶活力

规定在一定条件下(温度、浓度、作用时间),每分钟催化分解蛋白质生成1μg酪氨酸的酶量为一个活力单位。

$$蛋白酶活力(单位/mL)=\Delta OD\times K\times 0.4N \tag{1.12}$$

式中:ΔOD——以对照样品为空白时样品的光密度值;

K——光密度为1.000所相当的酪氨酸浓度;

N——酶液稀释倍数。

测定酶活力时的空白对照也需加入酶液,再加入三氯乙酸使酶失活,然后再加 2%酪蛋白液并进行其他步骤操作。

12. IMViC 试验

IMViC 试验流程见图 1-44。

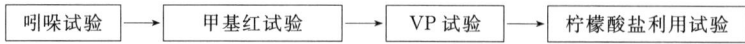

| 吲哚试验 | → | 甲基红试验 | → | VP 试验 | → | 柠檬酸盐利用试验 |

图 1-44　IMViC 试验流程

(1)吲哚试验

①制备培养基:配制蛋白胨水液体培养基(1%蛋白胨和 0.5%氯化钠,调节 pH 至 7.8,121℃高压蒸汽灭菌 15min),分装于试管中并灭菌。

②标记试管:取装有蛋白胨水培养基的试管 4 支,分别标记对应供试菌种名称和阴性对照(空白对照)。

③接种培养:以无菌操作技术接种少量上述各菌至各自对应的试管中;阴性对照不接菌。摇匀后于 37℃ 静置培养 24h～48h。

④观察记录:培养结束后,沿试管壁缓慢加入吲哚试剂,注意不要摇动试管,使试剂浮于培养液上层,若有吲哚存在,则两液面交界处呈红色为阳性,记为"＋";若无变化则为阴性,记为"－"。

(2)甲基红试验

①制备培养基:配制葡萄糖蛋白胨水培养基,分装于试管中并灭菌。

②标记试管:取装有葡萄糖蛋白胨水培养基的试管 4 支,分别标记对应供试菌种名称和阴性对照(空白对照)。

③接种培养:以无菌操作技术接种少量上述各菌至各自对应的试管中;阴性对照不接菌。摇匀后于 37℃ 静置培养 18h～24h。

④观察记录:培养结束后,沿试管壁缓慢加入甲基红指示剂,仔细观察培养液上层,注意不要摇动试管,若培养液上层变为红色为阳性反应,记为"＋";若仍呈黄色则为阴性反应,记为"－"。

(3)VP 试验

①制备培养基:同甲基红试验。

②标记试管:同甲基红试验。

③接种培养:以无菌操作技术接种少量上述各菌至各自对应的试管中;阴性对照不接菌。摇匀后于 37℃ 静置培养 24h～48h。

④观察记录:培养结束后,另取 4 支洁净的空试管并分别标记各供试菌种以及阴性对照,分别加入 3mL～5mL 各菌的培养液,再加入 40% KOH 溶液 10 滴～20 滴,用牙签挑入约 0.5mg～1.0mg 肌酸,振荡试管使空气中的氧气溶入,然后在 37℃ 恒温培养箱中保温 15min～30min。若培养液呈红色为阳性反应,记为"＋";若不呈红色则为阴性反应,记为"－"。

(4)柠檬酸利用试验

①制备培养基:配制柠檬酸盐斜面培养基,分装于试管中,并灭菌。

②标记试管:取柠檬酸盐斜面 4 支,分别标记为对应供试菌种名称和阴性对照(空白对照)。

③接种培养:以无菌操作技术划线接种上述各菌至各自对应的斜面上;阴性对照不接菌。摇匀后于 37℃ 静置培养 1d～4d。

④观察记录:培养期间每日进行观察。观察结果时,与空白对照相比,若培养基斜面上有细菌生长,并且培养基变为深蓝色为阳性,记为"＋";若无菌生长,培养基颜色不变仍保持绿色则为阴性,记为"－"。

13.明胶液化试验

明胶液化试验流程见图 1-45。

制备培养基 → 标记试管 → 接种培养 → 冷凝观察

图 1-45　明胶液化试验流程

(1)配制培养基

配制明胶培养基,分装于试管中,并灭菌。

(2)标记试管

取装明胶培养基的试管 4 支,分别标记对应供试菌种名称和阴性对照(空白对照)各 2 支。

(3)接种培养

以无菌操作技术穿刺接种少量上述各菌至各自对应的试管中;阴性对照不接菌。28℃ 静置培养。

(4)冷凝观察

明胶在高于 24℃ 时可自行液化,因此培养后需要将接种管和未接种的阴性对照管放入冰箱中待对照管凝固后取出观察结果。如果接种管仍然出现液化状态则为阳性,凝则为阴性。

14.运动性试验

运动性试验流程见图 1-46。

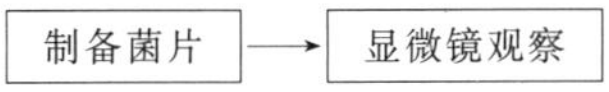

制备菌片 → 显微镜观察

图 1-46　运动性试验流程

(1)显微镜直接观察法

①悬滴法:将幼龄菌液滴加在洁净的盖玻片中央,在其周边涂凡士林,然后将它倒盖在有凹槽的载玻片中央,直接在普通光学显微镜下观察。

②水封片法:将幼龄菌液滴在普通载玻片上,盖上盖玻片,置显微镜下观察。

(2)半固体培养基穿刺培养法

半固体培养基穿刺培养法流程见图 1-47。

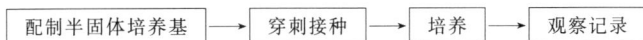

配制半固体培养基 → 穿刺接种 → 培养 → 观察记录

图 1-47　半固体培养基穿刺培养法流程

①配制半固体培养基:配制测试菌对应的半固体培养基,分装于试管中,并灭菌。

②接种培养:以灭菌接种针蘸取纯培养菌液,穿刺接种时所用接种针必须挺直,将接种针自培养基中心垂直刺入培养基中,并要求将接种针穿刺到接近试管的底部。将接种过的试管直立于试管架上,放置在37℃恒温箱中培养18h~24h。

③观察记录:菌四周扩散生长,使周围的培养基变浑浊为有运动能力的细菌;细菌仅能沿穿刺线生长,周围的培养基仍然保持澄清的,为无运动能力的细菌。

15. 需氧性的测定

需氧性测定流程见图1-48。

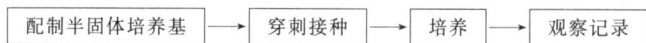

图1-48 需氧性测定流程

(1)配制半固体培养基

配制测试菌对应的半固体培养基,分装于试管中,并灭菌。

(2)接种培养

以灭菌接种针蘸取纯培养菌液,穿刺接种时所用接种针必须挺直,将接种针自培养基中心垂直刺入培养基中,并要求将接种针穿刺到接近试管的底部。将接种过的试管直立于试管架上,放置在37℃恒温箱中培养。

(3)观察记录

分别于培养3d和7d后观察结果并记录。如果细菌在培养基表面及穿刺线的上部生长,则为好氧菌;如果只在穿刺线的下部生长,则为厌氧菌;如果细菌在整条穿刺线都能生长,则为兼性菌。

16. 最适生长温度的测定

最适生长温度测定流程见图1-49。

图1-49 最适生长温度测定流程

(1)制作斜面培养基

依据测试菌的生化特征,配制相应的培养基,并分装入试管,灭菌,制作斜面。

(2)划线接种

用接种环在斜面培养基上划线接种,接种时勿划破培养基。

(3)温度梯度培养

将已接种的斜面培养管分别放于4℃、15℃、22℃、28℃、37℃、42℃、50℃下培养2d~5d。每个温度梯度至少设置3个重复。

(4)观察记录

分别于培养48h、72h后观察生长状况并记录,确定其生长最适温度。一般培养5d能生长者按生长记录,否则为不生长。不生长记为"-";生长较弱记为"+";生长良好记为"++";长势旺盛记为"+++"。

17. 最适 pH 值的测定

最适 pH 值测定流程见图 1-50。

图 1-50　最适 pH 值测定流程

(1)制备不同 pH 培养基

按表 1-20 所列溶液成分分别配制牛肉膏蛋白胨培养液,于 121℃ 高压蒸汽灭菌 30min 备用。建议每个 pH 试管做 3 个重复。

表 1-20　不同 pH 牛肉膏蛋白胨培养液配制成分

试管序号	0.2mol/L K₂HPO₄ 溶液(mL)	0.1mol/L 柠檬酸溶液(mL)	0.2mol/L NaOH 溶液(mL)	0.2mol/L H₃BO₃ 溶液(mL)	牛肉膏蛋白胨液体培养基(mL)	总量(mL)	pH(近似值)
1	0.3	1.7	—	—	8	10	2.8
2	0.9	1.1	—	—	8	10	4.4
3	1.1	0.9	—	—	8	10	5.2
4	1.3	0.7	—	—	8	10	6.0
5	1.5	0.5	—	—	8	10	6.8
6	1.9	0.1	—	—	8	10	7.6
7	—	—	0.38	1.7	8	10	8.4
8	—	—	0.7	1.3	8	10	9.2
9	—	—	1.0	1.0	8	10	10.0
10	加无菌水 2mL				8	10	实测值

(2)接种培养

用接种环按照无菌操作要求于 1～9 号试管中分别接入测试菌株 1 环,第 10 号试管不接种,设为对照。建议每个 pH 试管做 3 个重复。在 37℃ 下培养 3d～5d。

(3)观察记录

分别培养 48h、72h 后取出培养物,用目测法判定生长情况,并与未接种的空白培养基对比,注意混浊度、沉淀物和悬浮物等,观察并记录培养结果。不生长记为"－";生长较弱记为"＋";生长良好记为"＋＋";长势旺盛记为"＋＋＋"。

18. 营养元素需求测定

营养元素需求测定流程见图 1-51。

图 1-51　营养元素需求测定流程

(1)制备测试营养元素的培养基

以表 1-21 为例,制备培养基,分析测试菌株对碳、氮、磷和钾的营养需求。按表中列出的组分,配制总体积为 25.0mL 的培养基,并用 0.1mol/L HCl 溶液调节培养基 pH 值。配好的培养基分装至培养管中,每种培养基分装 3 管,每管 8.0mL,做好标记,于 121℃ 高压蒸汽灭菌 20min～30min 备用。

表 1-21　测试营养元素的培养基组成

序号	培养基	蔗糖(g)	NH_4NO_3(g)	K_2HPO_4(g)	$MgSO_4 \cdot 7H_2O$(g)	$FeSO_4 \cdot 7H_2O$	$ZnCl_2$	蒸馏水(mL)
1	完全	7.5	0.3	0.1	0.1	微量	微量	100
2	缺碳	—	0.3	0.1	0.1	微量	微量	100
3	缺氮	7.5	—	0.1	0.1	微量	微量	100
4	缺磷	7.5	0.3	0.1g KCl	0.1	微量	微量	100
5	缺钾	7.5	0.3	0.1g Na_2HPO_4	0.1	微量	微量	100

（2）接种培养

按无菌操作法吸取菌液，等量接种于上述各号培养基中。接种后，做好标记，细菌管置 37℃ 培养，真菌管置 28℃ 培养。

（3）观察记录

细菌于 2d 后观察，真菌于 4d～5d 后观察。用目测法判定生长情况，并与未接种的空白培养基对比，注意混浊度、沉淀物和悬浮物等，观察并记录培养结果。不生长记为"－"；生长较弱记为"＋"；生长良好记为"＋＋"；长势旺盛记为"＋＋＋"。

19. 渗透压试验

渗透压试验流程见图 1-52。

制备测试营养元素的培养基 ⟶ 接种培养 ⟶ 观察记录

图 1-52　渗透压试验流程

（1）制备培养基

①制备不同 NaCl 浓度的牛肉膏蛋白胨琼脂培养基：分别配制含 NaCl 5.0g/L、50.0g/L、100.0g/L、200.0g/L 的牛肉膏蛋白胨琼脂培养基各 80mL，每种培养基分装 16 管，每管 5.0mL，121℃ 高压蒸汽灭菌后摆成斜面备用。

②制备不同蔗糖浓度的豆芽汁蔗糖琼脂培养基：分别配制含蔗糖 3.0g/L、30.0g/L、300.0g/L、600.0g/L 的豆芽汁蔗糖琼脂培养基（将黄豆芽洗净后放入水中煮沸 30min，用纱布过滤，得到豆芽汁，豆芽汁与蔗糖和水混合，确保蔗糖完全溶解，用稀盐酸或氢氧化钠调节 pH 至 7.2，121℃ 高压蒸汽灭菌 15min 备用。1L 培养基用 200g 黄豆芽）各 80mL，每种培养基分装 16 管，每管 5.0mL，121℃ 高压蒸汽灭菌后摆成斜面备用。

（2）接种培养

按无菌操作法，用接种环取菌液，以划线法于不同 NaCl 浓度的牛肉膏蛋白胨琼脂培养基上接种细菌，每种菌重复 2 管；以划线法于不同蔗糖浓度的豆芽汁蔗糖琼脂培养基上接种真菌，每种菌重复 2 管。做好标记，细菌管置 37℃ 培养，真菌管置 28℃ 培养。

（3）观察记录

细菌于 2d 后观察，真菌于 4d～5d 后观察。用目测法判定生长情况，并与未接种的空白培养基对比，注意混浊度、沉淀物和悬浮物等，观察并记录培养结果。不生长记为"－"；生长较弱记为"＋";生长良好记为"＋＋";长势旺盛记为"＋＋＋"。

🔖 思考题

1.为何在进行生理生化特征测定时,目标微生物不同,配制的培养基的 pH 值也有所不同?

2.高温和低温对微生物的生理代谢有哪些危害?

3.在测定微生物需氧性时,能否将接种针直接穿透培养基? 为什么?

4.渗透压影响微生物生长发育的生理机制是什么?

5.细菌生理生化反应试验中为什么要设置阴性对照?

第六节　微生物保藏技术

一、目的与要求

1.了解微生物保藏的原理及方法。

2.掌握几种微生物保藏技术。

二、原理

在科学研究中需获得可重复的实验结果。对于有经济价值的生产菌,需要保持其高产的性能。对于通过生物工程技术获得的重组菌,需要保持其遗传特性的稳定。这就涉及菌种的保藏,既要随时可以使用这些菌种,又要尽可能减少甚至不产生遗传变异。

菌种保藏的具体方法很多,原理却大同小异。首先要挑选典型菌种的优良纯种,最好采用它们的休眠体(如分生孢子、芽孢等);其次,还要创造一个适合其长期休眠的环境条件,如干燥、低温、缺氧、避光、缺乏营养以及添加保护剂或酸度中和剂等。

水分对生化反应和一切生命活动至关重要,因此,干燥尤其是深度干燥,在保藏中占有首要地位。五氧化二磷、无水氯化钙和硅胶是良好的干燥剂。高度真空可同时达到驱氧和深度干燥的双重目的。

除水分外,低温是保藏中的另一重要条件。微生物生长的温度低限约在 $-30℃$,可是,在水溶液中能进行酶促反应的温度低限则在 $-140℃$ 左右。在低温保藏中,细胞体积较大者一般要比体积较小者对低温更为敏感,而无细胞壁者则比有细胞壁者对低温敏感。低温会使细胞内的水分形成冰晶,从而引起细胞结构尤其是细胞膜的损伤。如果放到低温(不是一般冰箱)下进行冷冻,适当采用速冻的方法,可因产生的冰晶小而减少对细胞的损伤。当从低温下移出并开始升温时,冰晶又会长大,故快速升温也可减少对细胞的损伤。不同微生物的最适冷冻速度和升温速度不同。冷冻时的介质也显著影响细胞损伤程度。0.5mol/L 左右的甘油或二甲基亚砜(DMSO)可透入细胞,并通过降低强烈的脱水作用而保护细胞;糊精、血清白蛋白、脱脂牛奶或聚乙烯吡咯烷酮(PVP)等大分子物质虽不能透入细胞,但可能是通过与细胞表面结合的方式而防止细胞膜冻伤。实际应用中液氮（-195℃）的保藏效果优于干冰（-70℃），优于-20℃冰箱，4℃冰箱则排序于最后。

一种良好的保藏方法，首先应能保持原菌的优良性状不变，同时还须考虑方法的通用性和操作的简便性。具体的菌种保藏方法很多，目前所用的菌种保藏方法主要有传代培养保藏法、液体石蜡覆盖保藏法、载体保藏法、寄主保藏法、冷冻保藏法（氮冷冻保藏法、冷冻干燥保藏法）等。

1. 斜面菌种保藏技术

这是一种最基本的方法，适用范围广，细菌、真菌及放线菌都可应用此方法进行保藏。当微生物在适宜的斜面培养基和适宜的温度条件下生长良好后，一般在 4℃ 左右可保藏 3 个月～6 个月，到期后重新移种。保藏温度和时间都不是绝对的，个别菌种甚至适宜在 37℃ 下保藏，也有的需要 1 周～2 周传代一次。这种方法的弊端是传代次数多了容易发生变异，从而使产孢子的能力下降、发酵能力减弱、毒力减小等。传代次数多也容易增加污染机会。采用密封性能较好的螺口试管替代传统的棉塞，以及减少培养基中碳水化合物的含量，都更有利于菌种的保藏。

2. 冷冻干燥法

用这种方法保藏菌种已有几十年的历史，由于它具有保藏期长、变异小、便于大量保藏及适用范围较广等优点，是各保藏机构使用的主要方法。98.5% 的细菌适用此法保存，仅有一些不产孢子的丝状真菌不宜用此法。其基本原理是将微生物或孢子冷冻，然后在减压情况下利用升华现象除去水分，使细胞的代谢、生理等生命活动处在停止状态下进行长期保藏。此法可用小箱式或多孔道的冷冻干燥机进行，也可自制简单的装置进行（见图 1-53）。

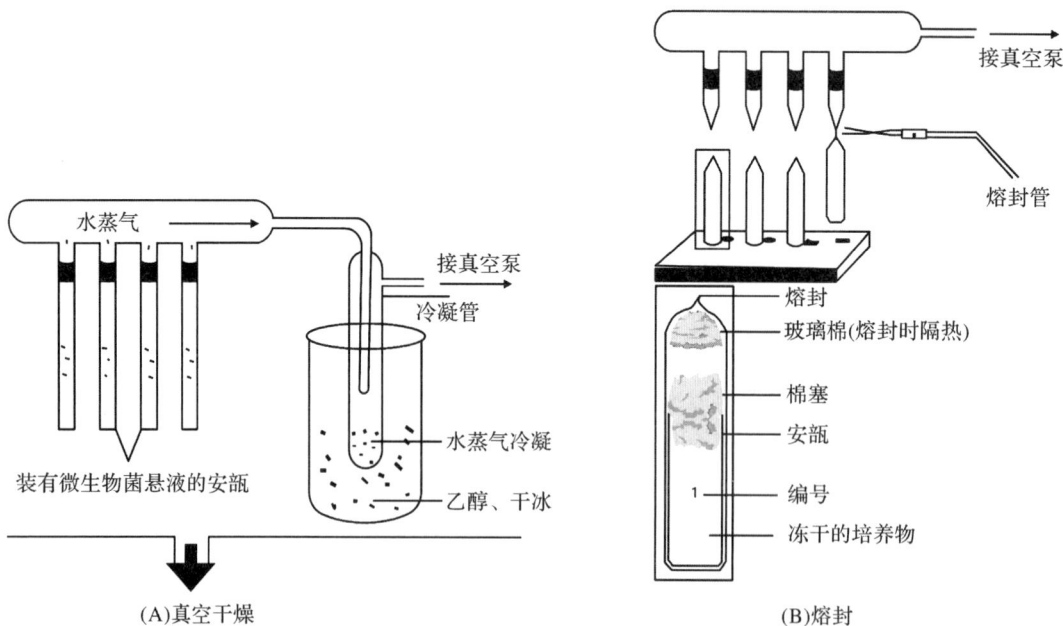

图 1-53　真空冷冻法简易装置示意

冷冻干燥法的操作步骤比较复杂。菌种复苏后,影响菌株生长的因素主要有以下几个方面:

(1)菌种的质量

保藏的菌种应培养在营养丰富的最适条件下,使之进入稳定期,稍老一些的菌体对环境抵抗力强。另外,作为冷冻干燥的菌悬液细胞浓度要高,不同的菌对冷冻干燥的耐受程度不同,如果保藏的菌悬液细胞浓度不高,就会对以后传种造成困难,保存期也会受到影响。

(2)保护剂

不同种类的保护剂对不同微生物的作用是不同的,如个别菌种在脱脂乳作保护剂的情况下死亡率高达 99.99%,而采用葡聚糖等混合保护剂时,死亡率大大减少。一般情况下,那些容易保藏的菌种对保护剂的要求不严格,而不易保藏的菌种对保护剂的要求却很苛刻。因此,选择好的保护剂是冷冻干燥保藏菌种的关键因素。

(3)干燥速度

实验表明,慢速干燥比快速干燥存活率高,如青霉菌 6h 干燥存活率为 67.3%,3h 干燥存活率为 59%。

(4)空气的影响

冷冻干燥后空气对细菌的细胞影响较大,可导致细胞损伤进而死亡,故在冻干后立即在真空下熔封,才有利于长期保藏。

(5)温度的影响

在干燥和真空状况下温度的影响远没有上述几项因素重要,因此可以在室温下保藏,但许多微生物在 4℃ 保藏的存活率要比在室温下高 1 倍。

(6)含水量的影响

水分含量过高对菌存活不利,完全脱水也不利于保存,一般把干燥后的细胞含水量控制在 3% 以下(1%~3%)。

(7)复苏培养

打开安瓿后加入无菌水使冻干菌溶化,溶化速度慢比快速溶化的成活率要高。菌种是否适宜冻干保藏,需经实验来证明,一般在保藏 1 个月后进行复苏培养,如果菌的存活率高于 10%,即认为可用冻干保藏法保藏,以后 6 个月、2 年、5 年、10 年再检查存活情况,以确定保藏期的上限。冻干保藏的效果因微生物种类而异,一般是细菌＞放线菌＞真菌＞藻类,而菌丝体不宜用此法保藏。

3. 滤纸法菌种保藏技术

该法需使用保护剂来制备细胞悬液,以防止水分不断升华损害细胞。保护性溶质可通过氢键和离子键对水和细胞产生亲和力来稳定菌成分的构型。保护剂有牛乳、血清、糖类、甘油、二甲基亚砜等。该保藏方法适用于对干燥抵抗力较强的微生物,如有芽孢的细菌和葡萄球菌。另外,噬菌体、放线菌和丝状菌也可用此法保藏。

4. 沙土保藏技术

此法适于保藏能产生芽孢的细菌及形成孢子的霉菌和放线菌,可保存 2 年左右,但不能用于保藏营养细胞。其原理是将微生物吸附在各种载体上,干燥后保藏。

小试管放入真空干燥器中或在干燥器中加 P_2O_5 作为吸水剂干燥,试管口熔封或用石蜡封口后,置 5℃ 干燥器内,一般可保藏 2 年,有些微生物可保藏 10 年之久。使用时,只需将少量土壤或沙子均匀倾倒在斜面上,菌种生长好后再移种一次供使用。土壤及沙子是常用的载体。除了用土壤或沙子作为载体外,也可使用过 6 目~12 目筛的硅胶、磁珠或多孔玻璃珠以及麦粒作为载体。这里硅胶必须是无色的,着色的硅胶指示剂对微生物有毒性。在硅胶中加入菌液时由于产生吸附热,温度会相应增高,接种时要将盛有硅胶的小试管置于水中冷却。

5. 液体石蜡覆盖保藏技术

此法是斜面保藏的一种改进方法,常用于保藏各种厌氧性细菌。方法是将培养基制成软琼脂(琼脂含量一般为 1%),盛入 1.2cm×10cm 的小试管或螺口试管内,高度为试管的 1/3。121℃高压蒸汽灭菌后不制成斜面,用针形接种针将菌种穿刺接入培养基的 1/2 处。培养后的微生物在穿刺处及琼脂表面均可生长。然后覆盖 2mm~3mm 的无菌液体石蜡(液体石蜡必须高压灭菌 2 次)。如果不用穿刺法而直接将液体石蜡加入生长好的斜面上也可得到相似的效果。液体石蜡覆盖法适用的范围较广,真菌、放线菌都适用。穿刺法及液体石蜡覆盖法都很简便,对一些形成孢子能力很差的丝状真菌,液体石蜡覆盖法行之有效,而对固氮菌、分枝杆菌、沙门菌、毛霉等菌种却不适宜。第一代培养物会有液体石蜡的残迹和复壮问题,第二代才适用于实验。

6. 液氮保藏技术

液氮保藏技术是一种利用液氮极低温度(−196℃)来长期保藏生物材料的方法。液氮的低温可以迅速降低细胞内的温度,使细胞内的所有生化反应停止,从而避免细胞因低温而受损。这种方法广泛应用于生物样本的长期保藏。在进行液氮保藏时,通常将样本放在专用的冷冻管中,并通过控制冷冻速度来最小化冰晶的形成,从而减少对细胞的损伤。此外,为了提高复苏后的存活率,通常还会添加冷冻保护剂,如甘油或二甲基亚砜。

7. 特殊菌种保藏技术

(1)保藏噬菌体

噬菌体比细菌和真菌更容易保藏。由于噬菌体需依靠寄主细菌,并在寄主体内繁殖,成熟后由寄主细胞内释放出噬菌体微粒,其本身无代谢活性,所以用低温保藏时相当稳定。当噬菌体加在细菌上时,首先吸附在细胞表面,然后噬菌体的核酸侵入细胞内,经一定时间繁殖、成熟后,噬菌体微粒将菌体溶解而释放出来。由于这样的繁殖方式影响寄主的代谢活性,所以影响着最后所得到的噬菌体微粒的数量,因而应考虑培养噬菌体的条件和方法。此外,只有获得效价高、数量多的噬菌体并用它制成悬液后,才能有效地进行保藏。将噬菌体悬液分装入具塞的试管中,密封,以防水分蒸发,或者把噬菌体悬液制成稀的软琼脂(琼脂含量 0.5%),分装入玻璃管中熔封,置 5℃ 保藏。这种保藏法可不加保护剂直接保藏,因而比较简便,但噬菌体的稳定性根据其种类而异,因此,不是任何噬菌体都适用。用液氮法保藏噬菌体是目前最好的一种方法。

(2)保藏厌氧性细菌

厌氧性细菌不具备细胞色素酶,它不能利用分子状态的氧作为受体,为了获取能量,只能将脱氢酶在底物分解中所游离的氢授给未饱和的有机物分子,并从这一过程中获得少量的能量。厌氧性细菌的生长发育,受培养基的氧化还原电位的支配,它们只能在氧化还原电位低的条件下生长。培养厌氧菌时,一般可采用两种方法,一是将培养基和环境中的氧排除(参见第一章微生物纯培养技术),二是在培养基中加入还原剂,以降低氧化还原电位。

三、操作流程

1.斜面菌种保藏技术

斜面菌种保藏技术流程见图 1-54。

$$\boxed{\text{贴标签}} \rightarrow \boxed{\text{斜面接种}} \rightarrow \boxed{\text{培养}} \rightarrow \boxed{\text{保藏斜面}}$$

图 1-54 斜面菌种保藏技术流程

(1)贴标签

取各种无菌斜面试管数支,将注有菌株名称和接种日期的标签贴上,贴在试管斜面的正上方,距试管口 2cm~3cm 处。

(2)斜面接种

将待保藏的菌种用接种环以无菌操作法移接至相应的试管斜面上,细菌和酵母菌宜采用对数生长期的细胞,而放线菌和丝状真菌宜采用成熟的孢子。

(3)培养

细菌置 37℃恒温培养 18h~24h,酵母菌于 28℃~30℃培养 36h~60h,放线菌和丝状真菌置 28℃培养 4d~7d。

(4)保藏斜面

长好后,可直接放入 4℃冰箱中保藏。为防止棉塞受潮长杂菌,管口棉花应用牛皮纸包扎,或换上无菌胶塞,也可用熔化的固体石蜡熔封棉塞或胶塞。保藏时间依微生物种类不同而不同,酵母菌、霉菌、放线菌及有芽孢的细菌每保存 2 个月~6 个月移种一次,而不产芽孢的细菌最好每月移种 1 次。

2.冷冻干燥保藏技术

冷冻干燥保藏技术流程见图 1-55。

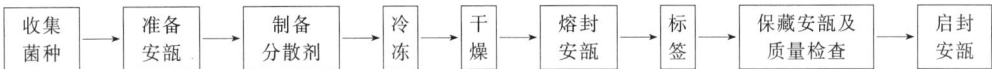

$$\boxed{\substack{\text{收集}\\\text{菌种}}} \rightarrow \boxed{\substack{\text{准备}\\\text{安瓿}}} \rightarrow \boxed{\substack{\text{制备}\\\text{分散剂}}} \rightarrow \boxed{\substack{\text{冷}\\\text{冻}}} \rightarrow \boxed{\substack{\text{干}\\\text{燥}}} \rightarrow \boxed{\substack{\text{熔封}\\\text{安瓿}}} \rightarrow \boxed{\substack{\text{标}\\\text{签}}} \rightarrow \boxed{\substack{\text{保藏安瓿及}\\\text{质量检查}}} \rightarrow \boxed{\substack{\text{启封}\\\text{安瓿}}}$$

图 1-55 冷冻干燥保藏技术流程

(1)收集菌种

作为长期保藏的菌种,应当选择最适培养基和最适温度以便得到良好的培养物。时间要掌握在生长后期,因为对数生长期的细菌对冷冻干燥的抵抗力较弱,有孢子的微生物需适当地培养以期得到成熟的孢子。理论上,最好是用生理盐水或缓冲液将斜面上刮下的菌体或孢子洗几次,以期洗净培养基中可能带来的各种物质。但在实际操作中如果洗净的条件不适宜会使细胞受损,同时也增加了污染的可能性,一般都省略这一步骤。

①刮菌苔:先将少量分散剂(保护剂)加入斜面中,轻轻刮下菌苔或孢子,注意不要划破斜面而带入培养基,也可通过脱脂棉纱布的过滤,制成均匀的悬液。如果用液体培养,则在

离心后除去上清液,每 10mL 所得的菌体可加入 1mL～2mL 分散剂。

②制备适宜浓度的菌悬液:菌悬液的细胞浓度,因细菌和孢子大小不一,不易定出统一的标准,细菌可保持在 10^9 个/mL～10^{10} 个/mL,孢子应尽可能分散。

③分装:制成悬液后即在无菌条件下用毛细滴管加入灭菌好的安瓿中,每个安瓿装 0.1mL～0.2mL,但不必准确控制,通常加入 3 滴～4 滴即可。

(2)准备安瓿

冷冻干燥用的安瓿形状不一,有的是直形小管,有的在底部带球形,有一些病原菌更需要在安瓿内再装入很小的玻璃套以保证安全。各种形状的安瓿如图 1-56 所示。

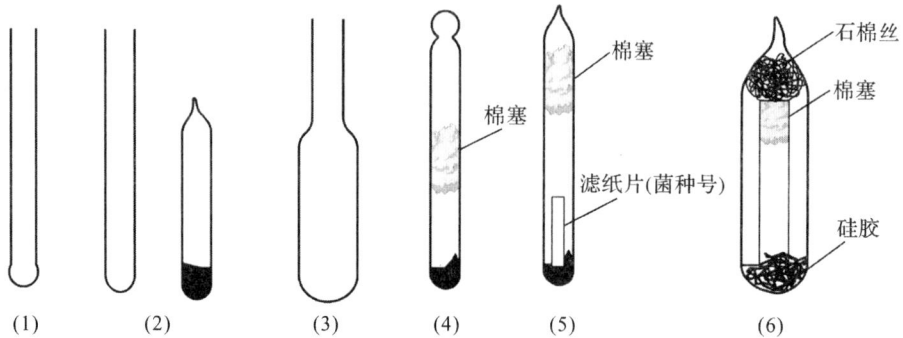

(1)滴泪型;(2)农业研究服务部菌种收藏馆使用;(3)英国国立工业细菌收藏所使用;(4)制备疫苗用;
(5)日本东京大学应用微生物研究所使用;(6)美国菌种保藏委员会使用

图 1-56 菌种冷冻安瓿示例

取质地均匀、壁厚(1mm)、无毛点、无气泡的硬质玻璃专用菌种冷冻安瓿。先用毛细滴管加入洗液浸泡过夜,第二天用自来水及蒸馏水洗净后干燥,瓶口加脱脂棉塞,在管内放置打印有菌种简略名称和编号的纸条标签,置于熔封区和装液区之间(见图 1-57)。套管式冷冻管置于内外管之间。冷冻管用牛皮纸包裹,于 121℃ 高压灭菌 30min。取出置 37℃ 孵育 24h。重复灭菌一次,105℃～110℃ 烤干(有硅胶指示剂的要使硅胶达到深蓝色),置干燥器内备用。

(3)制备分散剂

分散剂也称保护剂,可减少冷冻干燥对微生物引起的损伤。分散剂有氨基酸、有机酸、糖类等低分子化合物和蛋白质、多糖等高分子化合物两类,原则上是二者配合使用。常用的是脱脂牛奶和血清。脱脂牛奶的制作如下:

①脱脂:取市售新鲜、清洁、无抗生素污染的牛奶 200g,在 5000r/min 下离心 10min,除

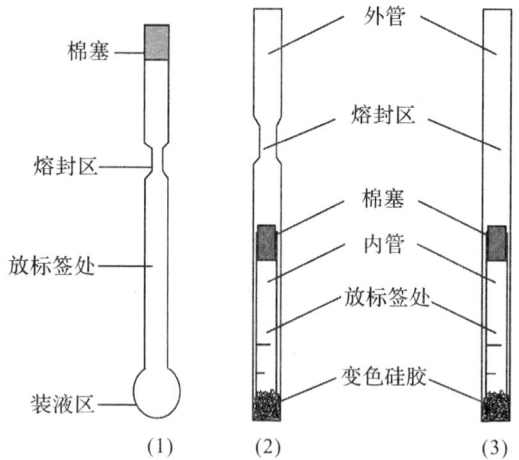

(1)单管式冷冻管(8mm×100mm,壁厚 1mm,球径 12mm);(2)、(3)套管式冷冻管(外管 12mm×100mm,壁厚 0.8mm～1mm;内管 9mm×50mm,壁厚 0.5mm)

图 1-57 单管式和套管式菌种冷冻管结构示意图

去上层奶皮,如此重复两次。

②分装灭菌:脱脂后的牛奶分装入两个250mL锥形瓶中,加棉塞并用牛皮纸包扎,在110℃下灭菌15min,冷却后备用。如灭菌后放置时间超过24h,则应弃用。也可以购买袋装或盒装的超高温灭菌优质脱脂牛奶直接使用,无需再灭菌。或将脱脂奶粉制成还原乳,同上灭菌后使用。血清要过滤除菌。因牛奶可加热灭菌且冷冻干燥后易形成均匀粉末而更为常用。

(4)制备菌悬液

①加分散剂:选生长饱满且无菌检查合格的新鲜菌种斜面或生长在小米或大米培养基上的孢子,加入适量灭菌脱脂牛奶(一般每支试管斜面加10.0mL脱脂牛奶,或每10.0mL脱脂牛奶中加1g孢子粒)。

②刮菌苔:用接种环将斜面上的菌苔轻轻刮下(注意不要刮坏琼脂表面),或在强力振荡器上将在小米或大米培养基上的孢子振落,摇匀。

③收集菌悬液:用灭菌吸管或长针注射器吸出牛奶菌悬液,置于预先灭菌的空安瓿内。以上操作应在无菌室内的超净工作台上进行。

(5)冷冻

装入菌悬液的安瓿应立即冷冻,不宜放置过久,因为时间长了会使菌体自行沉淀成为不均匀的悬液而不利冷冻,同时还会使分散剂起培养基的作用,使微生物再次生长或萌发孢子,这些情况都不利于长期保藏。冷冻的温度达到−30℃以下即可,有冷冻干燥机的可在冷冻架上进行,否则将安瓿在干冰中转动几下即可。冷冻后的安瓿应立即真空干燥。

①分装菌悬液:将牛奶菌悬液用长针注射器或长嘴毛细滴管,分装入灭菌冷冻管内(注意不要使牛奶沾污纸条标签),视冷冻管的大小每只装0.3mL～0.5mL(单管式冷冻管球形装液区内的装液量应为球体积的一半左右,套管式冷冻管内管的装液高度与管直径相当)。

②冷冻:取出棉签棒,留置棉花,置于冷冻干燥机内冷冻干燥24h左右。冷冻干燥机要先开机预冷30min以上再开泵。根据设备情况,有的在冷冻干燥前还要先用液氮或干冰对菌悬液进行预冻。另外,要根据冷冻干燥机的水分蒸发能力,确定一次放入的冷冻管数量。

(6)干燥

①真空干燥:真空干燥可用小箱式的冷冻干燥机,冷冻结束后立即启动真空泵,在15min内使小箱内真空度达到0.5托(Torr)以上,1Torr的真空度约为1mmHg(1mmHg=133.322Pa)。

随着真空度上升至0.1Torr以上,可以升高箱板的温度,使小箱内的温度升至25℃～30℃。此时由于升华还在继续,样品不会融化而能达到干燥的目的。如果有后干燥装置,可以利用油泵进行后干燥,真空箱内的真空度可达到0.01Torr以上,干燥效果更好。确认菌悬液是否已经干燥的方法一是看真空度,二是看冷冻室温度。当水分已经蒸发完,即水蒸气分压接近零时,真空度将达到最高值而不再上升;由于蒸发是一个吸热过程,在整个冷冻干燥过程中冷冻室的温度将会维持很低,使菌悬液一直处于冻结状态,当没有水分继续蒸发后,冷冻室不再吸热,温度开始自然上升。确认干燥后,要先开启冷冻室的进气阀,释放真空,然后停泵,打开冷冻室,将冷冻干燥管取出。为了确保冷冻干燥管内的菌粉不被污染,在冷冻室进气口应装有空气过滤器,这种装置每次可冷冻干燥大量安瓿,干燥度和真空度都较高,每次需要的时间较长,约在10h以上。

②离心式冷冻干燥机:另有一种带离心机的冷冻干燥机,其主要结构是在真空箱内设置了离心机,且有可插入安瓿管口棉塞的部件,还有预冷至-50℃～-30℃的小箱,用于放置需要处理的样品等。启动离心机及真空泵,约15min后真空度达0.1Torr时,样品已被冷冻。此时关闭离心机将样品抽干,如有加温装置,则在关闭离心机后逐步加温至25℃～30℃使样品加速干燥,这种装置可在数小时内完成全部过程。它的主要优点是在离心作用情况下抽真空,不会产生泡沫而影响冷冻干燥效果,但是安瓿数受离心插头号的限制,且污染的机会较多。冷冻干燥装置还有钟罩式等,其基本原理与操作均相同,不一一列举。

(7)熔封安瓿

熔封必须在第二次抽真空情况下,在多孔管道上进行。一般使用有两或三个喷嘴的煤气灯并由空气压缩机送入少量氧气。熔封技术需很熟练,因为既要达到熔封完全无任何泄漏,同时又要求外观完整均匀。熔封是在棉塞下部安瓿已拉细处。具体熔封包括手工熔封和机器熔封两类,具体操作步骤如下。

①手工熔封:取出冷冻干燥后的冷冻管,立即插入多歧管的硅胶管内(见图1-58)。

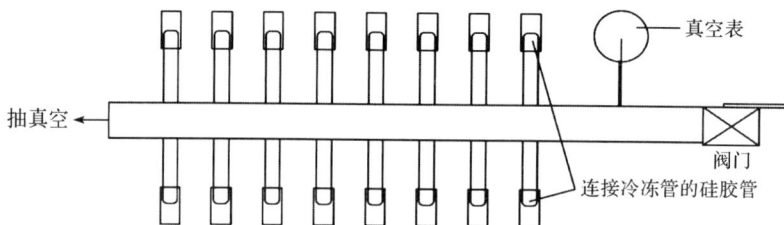

图1-58　手工真空熔封冷冻干燥管的多歧管示意图

连接并开启真空泵,确认达到最大真空。继续抽真空,用煤气喷灯(或天然气喷灯、丁烷气喷灯)对准冷冻管的熔封区熔融封口。

用电火花枪检查真空度合格后放4℃冰箱保存。这一封口过程技术难度较大,需要有经验的技术人员或技工操作。

②机器熔封:利用一边抽真空一边旋转的安瓿真空封口机,可以高质量地将冷冻干燥后的菌种管真空封口。安瓿真空封口机操作步骤如下:

ⅰ.将燃气瓶上的燃气软管与燃气连接口连接(设备后面混合三通右下方针型调节阀连接口);

ⅱ.将待熔封的安瓿插入安瓿夹具(配重夹具),轻轻旋紧螺旋夹,加上适当重量的配重砝码;

ⅲ.调节真空头的高度,使其与安瓿口的距离约为25mm。抬高安瓿和配重夹具使安瓿口与真空头相连;

ⅳ.插好电源插头,开启电源开关,同时启动真空泵和带动真空头旋转的单相电机。开启真空转换开关,使真空与安瓿连通,安瓿在旋转状态下抽真空;

ⅴ.转动燃气喷头使其离开安瓿,慢慢地开启燃气针型阀,用打火机点燃燃气;

ⅵ.开启气泵开关,分别调节空气调节阀和燃气调节阀使火焰大小适中并呈蓝色;

ⅶ.调节燃气喷头的位置,使两束火焰尖头指向安瓿熔封位置;

ⅷ.火焰很快将安瓿烧软,并在配重夹具重力的作用下拉伸,同时在真空的作用下收缩,最终完全熔封并被拉断,从而完成自动熔封过程;

ⅸ.将熔封后的安瓿从夹具上取下,把熔封拉断处的尖头置于火焰上烧圆并退火;

ⅹ.关闭真空转换开关,切断真空与安瓿的连通,用镊子取下真空头上的安瓿残端,插上新的安瓿,开始第二轮熔封。

（8）标签

安瓿的标签应当予以必要的注意,在大量保藏菌种时不允许有任何的差错。可以在灭菌前加入标有菌名、日期的小纸片,最简单的是在加悬液前加入标有菌名、日期的小胶布条。应当避免用水溶性的笔来写标签。

（9）保藏安瓿及质量检查

①检查外观:冷冻干燥结束后,冷冻管内的干燥物成疏松的固体团块,体积应保持与原液体体积相同,而且在长时间保藏后不收缩,变色硅胶呈深蓝色。每个月还要对冷冻干燥管定期检查一次,如发现硅胶蓝色变淡、变红,干燥菌粉吸潮收缩,则应予以淘汰,不能继续保藏。

②检查真空度:检查电火花真空枪可见淡蓝色电火花通过真空区,则真空合格,如为紫红色,则不合格。

③检查生产能力:每年抽取一支冷冻干燥管,接种斜面、摇瓶,进行生产能力试验。如发现生产能力明显下降,则应进行分离复壮,挑选高产菌株重新制备冷冻干燥管。

（10）启封安瓿

使用菌种时,取存放的安瓿,按图1-59（A）所示用锉刀或砂轮从上端打开安瓿,还可以按图1-59（B）所示将安瓿管口在火焰上烧热,立即加上1滴～2滴无菌蒸馏水或用酒精棉花轻擦一下,使玻璃裂开,稍予轻击口端的玻璃,即可断落。用无菌镊子取出滤纸片,放入最适生长的液体培养基,使管内干燥粉末溶解,用无菌吸管或毛细滴管吹打几次,使干燥物很快溶解后吸出,转入适当的培养基中培养,一般使用经过复壮的第二代菌种。

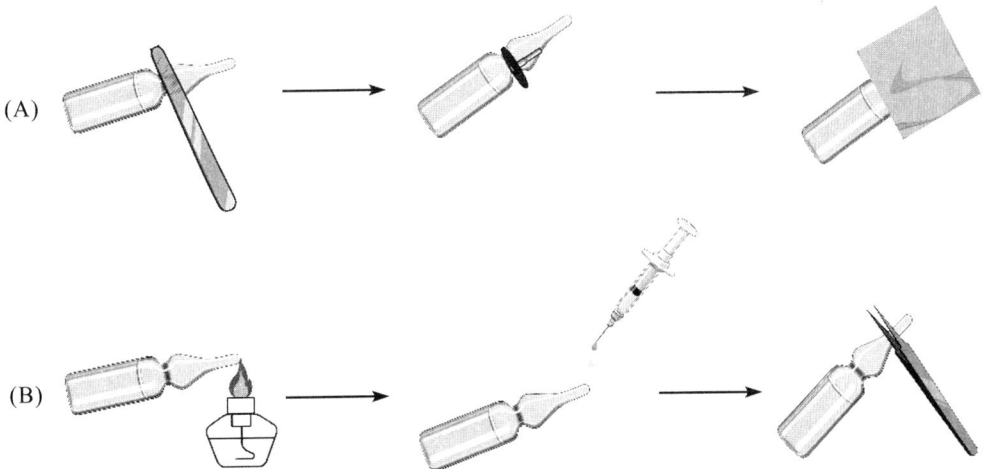

图1-59　安瓿的启封示意图

3.液体石蜡覆盖保藏技术

液体石蜡覆盖保藏技术流程见图1-60。

$$液体石蜡灭菌 \rightarrow 接种培养 \rightarrow 保藏 \rightarrow 恢复培养$$

图1-60 液体石蜡覆盖保藏技术流程

（1）液体石蜡灭菌

在250mL三角烧瓶中装入100mL液体石蜡，塞上棉塞，并用牛皮纸包扎，121℃湿热灭菌30min，然后于40℃恒温干燥箱中放置14d（或置于105℃～110℃烘箱中1h）以除去石蜡中的水分，备用。

（2）接种培养

同斜面传代保藏法。用无菌滴管吸取液体石蜡加到已长好的菌种斜面上，如图1-61所示，加入量以高出斜面顶端约1cm为宜。

（3）保藏

棉塞外包牛皮纸，将试管直立置4℃冰箱中保存。利用这种保藏方法，霉菌、放线菌、有芽孢细菌可保藏2年左右，酵母菌可保藏1～2年，一般无芽孢细菌也可保藏1年左右。

（4）恢复培养

用接种环从液体石蜡下挑取少量菌种，在试管壁上轻靠几下，尽量使油滴净，再接种于新鲜培养基中培养。由于菌体表面沾有液体石蜡，生长较慢且有黏性，故一般须转接2次才能获得良好菌种。

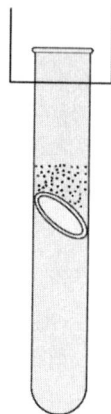

图1-61 液体石蜡覆盖保藏示意图

4.滤纸法菌种保藏技术

滤纸法菌种保藏技术流程见图1-62。

$$准备滤纸条 \rightarrow 配制保护剂 \rightarrow 菌种培养 \rightarrow 制备菌悬液 \rightarrow 分装样品 \rightarrow 干燥$$

图1-62 滤纸法菌种保藏技术流程

（1）准备滤纸条

将滤纸剪成0.5cm×1.2cm的小条，装入0.6cm×8cm的安瓿中，每管装2片，用棉花塞上后经121℃灭菌30min。

（2）配制保护剂

配制20%脱脂奶，装在三角烧瓶或试管中，112℃灭菌25min。待冷后，随机取出几份，分别置28℃、37℃培养过夜，然后各取0.2mL涂布在肉汤琼脂平板上或斜面上进行无菌检查，确认无菌后方可使用，其余的保护剂置4℃存放待用。

（3）培养菌种

将需保存的菌种在适宜的斜面培养基上培养，直到生长丰满。

（4）制备菌悬液

取无菌脱脂奶2mL～3mL，加入待保藏的菌种斜面试管内。用接种环轻轻地将菌苔刮下，制成菌悬液。

（5）分装样品

用无菌滴管（或吸管）吸取菌悬液滴在安瓿中的滤纸条上，每片滤纸条约 0.5mL，塞上棉花。

（6）干燥

将安瓿放入有五氧化二磷（或无水氯化钙）作吸水剂的干燥器中，用真空泵抽气至干。

（7）熔封与保存

安瓿熔封参见冷冻干燥保藏技术，封口后的安瓿置 4℃或室温存放。

（8）取用安瓿

使用菌种时，参见冷冻干燥保藏技术启封安瓿。用无菌镊子取出滤纸，放入液体培养基中培养或加入少许无菌水用无菌吸管或毛细滴管吹打几次，使干燥物很快溶解后吸出，转入适当的培养基中培养。

5. 沙土保藏技术

沙土保藏技术流程见图 1-63。

沙土前处理 → 装沙土管 → 无菌试验 → 制备菌悬液 → 加样 → 干燥 → 保藏 → 恢复培养

图 1-63　沙土保藏技术流程

（1）沙土前处理

取河沙加入 10％稀盐酸，加热煮沸 30min，以去除其中的有机质，倒去酸水，用自来水冲洗至中性。烘干，过 40 目筛，以去掉粗颗粒，备用。

另取非耕作层的不含腐殖质的瘦黄土或红土，加自来水浸泡洗涤数次，直至冲洗至中性。烘干，碾碎，过 120 目筛，以去除粗颗粒。

（2）装沙土管

一份黄土、三份沙的比例（或根据需要用其他比例，甚至可全部用沙或全部用土）掺和均匀，装入 10mm×100mm 的小试管或安瓿中，每管装 1g 左右，塞上棉塞，进行灭菌，烘干。

（3）无菌试验

每 10 支沙土管任抽 1 支，取少许沙土接入牛肉膏蛋白胨或麦芽汁培养液中，在最适温度下培养 2d～4d，确定无菌生长时才可使用。若发现有杂菌，需重新灭菌后，再做无菌试验，直到合格。

（4）制备菌悬液

用 5mL 无菌吸管分别吸取 3.0mL 无菌水至待保藏的菌种斜面上，用接种环轻轻搅动，制成悬液。

（5）加样

用 1mL 吸管吸取上述菌悬液 0.1mL～0.5mL 加入沙土管中，用接种环拌匀。加入菌液量以湿润沙土达 2/3 高度为宜。

（6）干燥

将含菌的沙土管放入干燥器中，干燥器内用培养皿盛 P_2O_5 作为干燥剂，如图 1-64 所示。也可再用真空泵连续抽气 3h～4h，加速干燥。将沙土管轻轻一拍，沙土呈分散状即达到充分干燥。

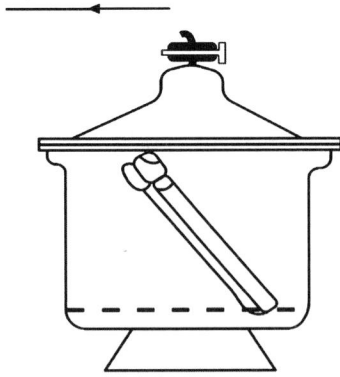

图 1-64　沙土管真空干燥示意图

（7）保藏

沙土管可选择下列方法之一来保藏：

①保存于干燥器中。

②用石蜡封住棉花塞后放入冰箱保存。

③将沙土管取出，管口用火焰熔封后放入冰箱保存。

④将沙土管装入有 $CaCl_2$ 等干燥剂的大试管中，塞上橡皮塞或木塞，再用蜡封口，放入冰箱中或室温下保存。

（8）恢复培养

使用时挑取少量混有菌种的沙土，接种于斜面培养基上，或液体培养基内培养即可，原沙土管仍可继续保藏。

6.液氮保藏技术

液氮保藏技术流程见图 1-65。

准备安瓿	→	加保护剂与灭菌	→	接入菌种	→	冻结	→	保藏	→	恢复培养

图 1-65　液氮保藏技术流程

（1）准备安瓿

用于液氮保藏的安瓿要求能耐受温度突然变化而不致破裂，因此，需要采用用硼硅酸盐玻璃制造的安瓿，通常使用 $75mm \times 10mm$ 或能容 $1.2mL$ 液体的安瓿。

（2）加保护剂与灭菌

保藏细菌、酵母菌或霉菌孢子等容易分散的细胞时，需将空安瓿塞上棉塞，121℃灭菌15min；若保藏霉菌菌丝体，则需在安瓿内预先加入保护剂，如 10%甘油蒸馏水溶液或 10%二甲基亚砜蒸馏水溶液，加入量以能浸没后期加入的菌落块为限，而后 121℃灭菌 15min。

（3）接入菌种

将菌种用 10%甘油蒸馏水溶液制成菌悬液，装入已灭菌的安瓿。霉菌菌丝体则可用灭菌打孔器，从平板内切取菌落块，放入含有保护剂的安瓿内，然后用火焰熔封，浸入水中检查有无漏洞。

（4）冻结

将已封口的安瓿以每分钟下降1℃的慢速冻结至－30℃。

（5）保藏

冻结至－30℃的安瓿立即放入液氮冷冻保藏器的小圆筒内，然后再将小圆筒放入液氮保藏器内。液氮保藏器内的气相为－150℃，液态氮内为－196℃。

（6）恢复培养

保藏的菌种需要用时，将安瓿取出，立即放入38℃～40℃的水浴中进行急剧解冻，直到全部融化为止再打开安瓿，将内容物移入适宜的培养基上培养。

7.噬菌体保藏技术

噬菌体保藏技术流程见图1-66。

繁殖噬菌体 → 保藏

图 1-66 噬菌体保藏技术流程

（1）繁殖噬菌体

一般繁殖噬菌体有两种方法，即液体培养法和软琼脂层板法。

①液体培养法：取用液体培养约12h的菌株接种于营养肉汤或其他液体培养基上，并加入足量的噬菌体（10微粒/mL），混合后于适温下振荡培养6h，离心（12000r/min）除去未溶解的细菌细胞，上清液即菌体悬液。

②软琼脂层板法：取营养肉汤或其他适宜的液体培养基加琼脂0.5%～0.7%，溶化后再冷却至45℃～48℃。取斜面培养12h的菌株，用2.0mL液体培养基制成悬液，用软琼脂作适当稀释，再加入足量噬菌体，混合后注入肉汤琼脂平板上使形成1mm～2mm的薄层。将平板培养12h，加入无菌的液体培养基于平板表面上，再用玻璃涂布器将软琼脂层刮下，并使其悬浮离心，去除琼脂和未被噬菌体溶解的细胞。为了使上清液内无菌，可采用细菌过滤器滤除细菌；或利用细菌和噬菌体对热耐力的差异，进行加热处理（如60℃ 30min）杀灭细菌；或用氯仿来杀灭细菌，用量为5mL悬液加0.1mL氯仿，摇动后静置，使氯仿自然下沉，取上清液分装入试管进行保存。

（2）保藏

①低温法：将噬菌体悬液分装入具塞的试管中，密封，以防水分蒸发，或者把噬菌体悬液制成稀的软琼脂（琼脂含量0.5%），分装入玻璃管中熔封，置5℃保存。

②液氮法：此方法使用的保护剂是无菌的20%脱脂乳（用量与噬菌体量相等），也可用甘油或二甲基亚砜等作保护剂，装入安瓿中，熔封。

应该注意的是，封闭安瓿时严格避免任何缝隙，否则液氮进入安瓿，再取出时就有破裂的危险。为了预防事故，安瓿应放入气相保存。为此，要经常补充液氮，使液面保持一定的水平。以液氮每周蒸发1/10量作为大体的标准，适当补充液氮即可，这样能很简便地进行噬菌体的保存。

③冷冻干燥法：具体操作参见前述。20%脱脂乳和噬菌体等量混合，制成菌悬液，分装入安瓿中，用干冰-乙二醇制冷剂使其冻结，冻结后真空冷冻干燥过夜，熔封后在5℃下保存。

④L-干燥法：这是使样品在不冻结的条件下进行真空干燥的方法。以3%谷氨酸钠与噬

菌体制成1∶1的菌悬液,涂抹在滤纸上,在37℃下干燥60min,将试管盖盖严,在5℃下进行保存。这种方法被应用于乳酸菌噬菌体的保藏。恢复培养时用由1%蛋白胨、0.2%酵母膏、0.2%氯化钠等组成的pH 7.0的培养液将干燥物复水,再用平板法加指示菌测定生存的噬菌体数。表1-22列出了保藏某些噬菌体常用的方法。

表1-22　各种噬菌体的保藏方法

寄主	噬菌体	保藏法
根瘤病土壤杆菌(*Agrobacterium tumefaciens*)	PB2	液氮法、冷冻干燥法
棕色固氮菌(*Azotobacter vinelandii*)	A41	液氮法、冷冻干燥法
蜡状芽孢杆菌(*Bacillus cereus*)	7064B	液氮法
巨大芽孢杆菌(*B. megaterium*)	11474B	冷冻干燥法
多粘芽孢杆菌(*B. polymyxa*)		冷冻干燥法
通罗芽孢杆菌(*B. siamensis*)	201	液氮法、冷冻干燥法
嗜热脂肪芽孢杆菌	2016-B	冷冻干燥法
枯草杆菌(*B. subtilis*)	Sa	液氮法、冷冻干燥法
产气夹膜杆菌(*Clostridium perfringens*)	8	液氮法、冷冻干燥法
产气肠细菌(*Enterobacter aerogenes*)	92	液氮法
明沟肠细菌(*E. cloacae*)	60	液氮法
梨火疫病欧氏杆菌(*Erwinia amylovoya*)	45	液氮法、冷冻干燥法
大肠埃希氏杆菌(*Escherichia coli*)	C^{36}	液氮法、冷冻干燥法
	fd	液氮法、冷冻干燥法、L-干燥法
	F2	液氮法、冷冻干燥法、L-干燥法
	If1	液氮法、冷冻干燥法
	If2	液氮法、冷冻干燥法
	M13	液氮法、冷冻干燥法、L-干燥法
	Phix174	液氮法、冷冻干燥法、L-干燥法
	R17	液氮法、冷冻干燥法、L-干燥法
	T1～T6	液氮法、冷冻干燥法、L-干燥法
	T7	液氮法、冷冻干燥法
	2IK/1	液氮法、冷冻干燥法
	2d	液氮法、L-干燥法
	53a	液氮法、冷冻干燥法
单核球增多性李氏杆菌(*Listeria monocytogenes*)	243	液氮法、冷冻干燥法
假结核巴氏菌(*Pasteurella*)	PSI	液氮法、冷冻干燥法
	PPT	
铜绿假单胞菌(*Pseudomonas aeruginosa*)	1	液氮法、冷冻干燥法
	2A	
恶臭假单胞菌(*P. putida*)	gh1	液氮法、冷冻干燥法
假单胞菌(*Pseudomonas*)	PM2	液氮法、冷冻干燥法
	PM7	液氮法
池沼红假单胞菌(*Rhodopseudomonas palustris*)	RP1	液氮法
乙型副伤寒沙门氏菌(*Salmonella*)	31	液氮法、冷冻干燥法

寄主	噬菌体	保藏法
鼠伤寒沙门氏菌（*S. typhimurium*）	P22	液氮法、冷冻干燥法、L-干燥法
志贺氏杆菌（*Shigella* sp.）	37	液氮法、冷冻干燥法
	K	液氮法、冷冻干燥法
金黄色葡萄球菌（*Staphylococcus aureus*）	15	液氮法、冷冻干燥法
	17	液氮法、冷冻干燥法
灰色链霉菌（*Streptomyces griseus*）	11984B	液氮法、冷冻干燥法、L-干燥法
霍乱弧菌（*Vibrio cholerae*）	138	液氮法、冷冻干燥法
	163	液氮法、冷冻干燥法
鼠疫耶氏杆菌（*Yersinia pestis*）	Y	液氮法、冷冻干燥法

8.厌氧性细菌保藏技术

用冷冻干燥法可以良好地保藏厌氧菌，而且能保存较长的时间，然而一般研究室不可能用冷冻干燥法保藏多种厌氧菌株。若采取−80℃～−20℃冻结，并加适当的保护剂，也能保存相当长的时间。不能用上述二法保存时也可采用定期移植法保存，但是用此方法必须经常检查保存菌株是否发生污染或变异。

（1）定期移植法

定期移植法保存厌氧菌所使用的培养基因种而异。为使培养基的氧化还原电位降低，常加入还原剂，有利于在有氧条件下培养厌氧菌。保存发酵碳水化合物产酸的菌种时，在培养基中加入少量 $CaCO_3$（0.1g/20mL）或加少许大理石碎片，一般使用无糖培养基或减少糖的含量。

移植时不宜采用接种针接种，这是因为用接种针接种菌株易死，宜用毛细滴管移植。通常取约 0.2mL 移植于培养基上。在移植时勿带入气泡。培养后放室温暗处保存。为防止培养基内水分蒸发，可用橡皮塞代替棉塞。用熟肉培养基时，加入 20% 甘油可不替换棉塞即能防止培养液蒸发，也可保存较长时间。

（2）冷冻干燥法

为了长期保存厌氧菌，最好用冷冻干燥法。液体培养 24h～48h 后离心收集菌体，将菌体细胞用保护剂制成浓厚悬液，再用无菌吸管分装入安瓿中（1mL 装量的安瓿每管装0.25mL），于−70℃干冰中转动使菌液在安瓿瓶壁上冻成薄层，置冷冻机中于−20℃干燥，真空封口后放置低温暗处保存。厌氧菌用冷冻干燥法几乎都能保存 5 年以上。

厌氧菌的保护剂需除氧，可参见本章第一节"培养基的配制与灭菌"中厌氧培养基的制备方法。冷冻干燥厌氧菌时，多采用含 10% 脱脂乳、7.5% 葡萄糖血清、0.1% 谷氨酸钠的 10% 乳糖溶液作保护剂。10% 脱脂乳和 10% 乳糖的组合在冷冻干燥过程中表现出极高的存活率。

实验十六　瘤胃微生物冻干粉的制备

一、实验目的

1. 了解反刍动物瘤胃液口腔取样技术。

2.掌握瘤胃微生物冻干粉的制备方法。

3.巩固微生物保藏技术。

二、实验原理

用冷冻干燥法可以良好地保藏厌氧菌,而且能保存较长的时间。为了长期保存厌氧菌,最好用冷冻干燥法。直接采集的微生物混合样本(如瘤胃液)或培养 24h～48h 后的液体培养物,离心收集菌体,在保护剂的保护下制成冻干粉,可很好地保持厌氧菌的活力。但厌氧菌的保护剂需除氧,且冷冻干燥后的冻干粉需进行厌氧菌活力的检测。

三、实验材料

1.实验动物

牛、羊等反刍动物数头、只。

2.实验试剂

CO_2 气体、脱脂奶粉、纤维素、纤维二糖、葡萄糖、麦芽糖、果胶、可溶性淀粉、木聚糖、木糖、甘油、K_2HPO_4、$(NH_4)_2SO_4$、$NaCl$、$MgSO_4 \cdot 7H_2O$、$CaCl_2 \cdot 2H_2O$、血红素、乙醇、$NaOH$、乙酸、丙酸、丁酸、异丁酸、正戊酸、异戊酸、DL-α-甲基丁酸。

3.实验器材

瘤胃液采集管(见图 1-67)、密封保温瓶、50mL 离心管、血清瓶、无菌纱布、100mL～200mL 注射器、250mL 离心杯、水浴锅、高速离心机、真空冷冻干燥机、−80℃超低温冰箱、厌氧手套箱等。

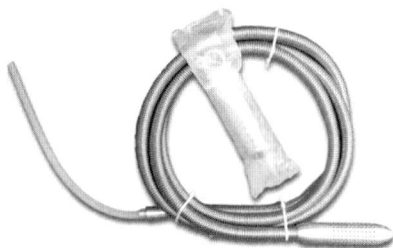

图 1-67　瘤胃液采集管

四、实验操作

1.配制冻干保护剂

称取 100g 脱脂奶粉,溶于 1L 煮沸的蒸馏水中,用微波炉再次煮沸去除溶氧,然后持续通入 CO_2 冷却备用。

2.制备碳水化合物厌氧固体培养基

培养基配方参考 Leedle 等(1980),配制完成后煮沸去除氧气,通入 CO_2 气体 30min～45min,使培养基变成无色。121℃高压蒸汽灭菌 15min,在厌氧培养基稍稍冷却后,加入 Na_2S/L-半胱氨酸盐酸盐溶液和 Na_2CO_3,倒入培养皿中冷却备用。培养基的配方见表 1-23。

表 1-23　碳水化合物厌氧培养基配方

配方	百分比(%)
碳水化合物[①]	0.45
胰酶解酪蛋白	0.20

续表

配方	百分比(%)
酵母提取物	0.05
矿物质Ⅰ②	4.0
矿物质Ⅱ③	4.0
血红素④	1.0
挥发性脂肪酸⑤	1.0
刃天青(0.1%)	0.1
瘤胃液⑥	40.0
琼脂	2.0
纯水	47.2
Na_2S/L-半胱氨酸盐酸盐溶液(2.5%)⑦	1.0
Na_2CO_3(8%)⑦	5.0

①碳水化合物:纤维素、纤维二糖、葡萄糖、麦芽糖、果胶、可溶性淀粉、木聚糖、木糖(W/V)和甘油(V/V)各0.05%。

②矿物质Ⅰ:0.6% K_2HPO_4。

③矿物质Ⅱ:0.6% KH_2PO_4、0.6% $(NH_4)_2SO_4$、1.2% NaCl、0.255% $MgSO_4 \cdot 7H_2O$、0.169% $CaCl_2 \cdot 2H_2O$。

④血红素溶于50mL乙醇和50mL 0.05mol/L NaOH溶液中。

⑤每100mL挥发性脂肪酸溶液包含17mL乙酸、6mL丙酸、4mL丁酸,以及异丁酸、正戊酸、异戊酸和DL-α-甲基丁酸各1mL,加蒸馏水混匀,用NaOH调节pH至7.5。

⑥瘤胃液以24000×g离心30min后储存在−80℃条件下。

⑦溶液过0.22μm Millipore®滤膜除菌,待培养基高压灭菌后添加。

3. 采集瘤胃液

使用瘤胃采集管通过口腔采集供体动物的瘤胃液。弃去前100mL瘤胃液(防止唾液污染),随后收集的瘤胃液于密封保温瓶中暂存。待所有供体动物瘤胃液采集完毕后,在CO_2气流保护下,将所有供体瘤胃液等体积混合。混合后的瘤胃液经四层纱布过滤,用离心管或血清瓶密封,置于39℃水浴备用。

1-1 口腔采集瘤胃液

4. 制备瘤胃微生物冻干粉

经四层纱布过滤后的瘤胃液装入250mL离心杯,并充入CO_2,室温下500×g低速离心5min以去除饲料大颗粒。将上清液继续装入离心杯并充入CO_2,室温下24000×g高速离心20min沉淀细菌菌体。弃去上清,加入1000mL冻干保护剂重悬菌体,充入CO_2密封后置−80℃硬化2h。使用真空冷冻干燥机将硬化后的菌体冻干,混合所有批次的瘤胃微生物冻干粉备用。

1-2 制备瘤胃液冻干粉

5. 检测微生物冻干粉活菌数

(1)计算瘤胃液冻干粉的平均得率

通过瘤胃液的使用量和最终获得的瘤胃液冻干粉重,计算瘤胃液冻干粉的平均得率。

(2)活菌计数

取0.5g微生物冻干粉,溶于1mL PBS缓冲液中,经10倍梯度稀释形成系列微生物溶液。取各浓度微生物溶液 $20\mu L$,均匀涂布于碳水化合物厌氧固体培养基上,39℃下培养48h。培养后,选择合适的稀释浓度计算活菌数。

6.测定残留挥发性脂肪酸浓度

取 2.5g 冻干粉,溶于 10mL PBS 缓冲液,以提取冻干粉中残留的挥发性脂肪酸,使用气相色谱测定挥发性脂肪酸的浓度。

思考题

1.如何提高菌种保藏存活率?

2.除前文提到的保存剂,还有哪些物质可以用作冷冻干燥菌种的保护剂?

3.在冷冻干燥过程中,如何确定保护剂的最佳浓度?

参考文献

[1] Leedle JA,Hespell RB. Differential carbohydrate media and anaerobic replica plating techniques in delineating carbohydrate-utilizing subgroups in rumen bacterial populations. Appl Environ Microbiol,1980,39(4):709-719.

[2] 王佳堃,杨斌,俞少博.瘤胃微生物移植//微生物组实验手册.2020.Bio-101:e2003560. Doi:10.21769/BioProtoc.2003560.

第二章 饲料和乳及乳制品中微生物毒素的测定

某些微生物的自身结构中含有有毒成分,或在食物和饲料生长繁殖的过程中产生毒素。当人和家畜采食了含有产毒微生物或毒素的食物和饲料后会引起不同程度的中毒。很多微生物可产生毒素,包括细菌、真菌,以及单细胞藻类。细菌毒素被认为是全球食源性疾病暴发的主要诱因之一。饲料中毒多为真菌性毒素引起,也就是我们常听到的霉菌毒素。谷物在田间生长、收获和储藏过程中均易感染霉菌。黄曲霉毒素 B_1、脱氧雪腐镰刀菌素和玉米赤霉烯酮是污染玉米、豌豆、花生、小麦、大麦、小米、坚果、油性饲料、饲草及其副产品等饲料原料的主要毒素,它们可通过饲料进入动物体内,引起动物急性或慢性中毒,损害机体的肝、肾、免疫系统、呼吸系统、消化系统及生殖系统等。

2-1 常见的霉菌毒素

2-2 饲料中霉菌毒素的限量标准

第一节 饲料中玉米赤霉烯酮的检测

一、目的与要求

1. 学习和掌握常见霉菌毒素的检测方法。
2. 掌握实验过程中相关仪器的原理及使用方法。
3. 提高防控霉菌毒素污染的意识。

二、原理

玉米赤霉烯酮(zearalenone,ZEN)又称 F-2 毒素,其主要产生菌为禾谷镰刀菌,串珠镰刀菌也可产生少量的玉米赤霉烯酮。加热处理不易破坏玉米赤霉烯酮。其作用类似雌激素,主要引起母畜发生流产与不孕。该毒素与呕吐毒素共存时可抑制胎儿发育,与赭曲霉毒素 A 共存时毒性作用叠加。目前,对家畜食入玉米赤霉烯酮尚无特效疗法。在饲养过程中应避免用霉变饲料喂家畜,特别是妊娠和后备母畜。一旦发现家畜出现中毒症状,应立即更换饲料,一般饲料替换后 2 周,中毒症状会消失。

目前,玉米赤霉烯酮毒素的分析测定一般采用薄层色谱法(TLC)、免疫法[如酶联免疫吸附试验(ELISA)等]、高效液相色谱法(HPLC)、高效液相色谱-荧光法(HPLC-FLD)、高效液相色谱-质谱联用法(HPLC-MS)、高效液相色谱-质谱-质谱联用法等。

1. 薄层色谱法

薄层色谱法又称薄层层析法,指将吸附剂均匀涂抹在支撑底板(如玻璃板、塑料片、金属片等)上形成分析层,样品处理后点在分析层点样处,然后用展开剂展开,根据各组分在展开剂中移动的速率不同,最终会在不同位置呈现出荧光点,根据荧光点的比移值(R_f)来确定组分的一种检测方法。此方法无需特殊仪器,成本低,操作简单,一般实验室均可进行;但其具有样品处理烦琐(样品要提纯)、分析时间长、特异性差、灵敏度差等缺点。国家标准《饲料中玉米赤霉烯酮的测定》(GB/T 19540—2004)介绍了薄层色谱法检测玉米赤霉烯酮的方法。该方法中样品首先经三氯甲烷提取,然后经液-液萃取,浓缩后进行薄层色谱分离,最后用薄层扫描仪来检测荧光点的吸收值,根据外标法定量,最低检测量为20ng。薄层色谱法操作步骤烦琐、费时,提取过程中需用到大量有机溶剂,且灵敏度、特异性较差,只适合定性或半定量检测。

2. 免疫学检测方法

免疫学方法检测玉米赤霉烯酮具有检测速度快、灵敏度高、特异性好、成本低、无需大型昂贵的仪器设备等优点,非常适用于大批量样品的现场快速检测。免疫学检测方法是基于抗原、抗体的特异性反应进行的分析方法。由于抗原抗体反应是建立在分子水平上的立体化学、电荷、氢键和偶极键的综合反应,所以该方法具非常高的特异性及灵敏度,是常规理化分析方法无法实现的,而且抗原抗体反应迅速,因此免疫学检测方法非常适用于复杂基质中痕量组分的快速分析。由于免疫学检测方法具有简便、快速、准确及灵敏等特点,所以是玉米赤霉烯酮检测最具有发展和应用潜力的技术之一,其中酶联免疫吸附试验和胶体金免疫层析试纸应用最为广泛。

酶联免疫吸附试验灵敏度高,特异性好,提取方法简单,无需大型仪器,对操作人员要求较低,非常适用于大批量样品的筛查,已经在玉米赤霉烯酮快速检测中得到了广泛的应用。国家标准《饲料中玉米赤霉烯酮的测定》(GB/T 19540—2004)中选用了酶联免疫吸附试验检测配合饲料和饲料用谷物原料中的玉米赤霉烯酮,该方法将羊抗玉米赤霉烯酮抗体的二抗包被在酶标板上,再依次加入玉米赤霉烯酮抗体、辣根过氧化物酶(horseradish peroxidase,HRP)标记的玉米赤霉烯酮、待检样品,在玉米赤霉烯酮抗体与固定在酶标板上的羊抗玉米赤霉烯酮二抗结合后,样品中的玉米赤霉烯酮与 HRP 标记的玉米赤霉烯酮竞争与吸附在酶标板上的玉米赤霉烯酮抗体结合,没有结合的 HRP 标记的玉米赤霉烯酮洗板时被洗去,然后加入显色液显色,最后加入终止剂,经酶标仪检测 OD_{450} 值,OD_{450} 的高低与样品中玉米赤霉烯酮的浓度成反比,该方法检测限为 0.25ng/kg。Gao 等(2012)在获得玉米赤霉烯酮单克隆抗体的基础上,利用间接竞争原理,建立了谷物和饲料中玉米赤霉烯酮的酶联免疫吸附快速检测方法,检测范围为 1.56μg/L～100μg/L,IC_{50} 为 233.35μg/L。孙亚宁(2017)利用玉米赤霉烯酮单克隆抗体 4A3-F9 研制了玉米赤霉烯酮酶联免疫吸附快速检测试剂盒,检测限为 0.2761ng/mL,IC_{50} 为 1.3315ng/mL,检测范围在 0.2761ng/mL～6.8362ng/mL,批内、批间变异系数均在 10% 以下;选用 75% 的甲醇为提取液,在玉米及饲料中的平均回收率大于 90%,检测限为 3.3132μg/kg。

胶体金快速检测技术是一种成本低廉、以硝酸纤维素膜(NC 膜)为固相载体、一次性、灵敏度高、特异性好的快速检测方法,它以胶体金作为示踪标志物,能为待检样品中是否存在靶标物质提供肉眼可见的标记。胶体金快速检测技术有两种形式,分别为胶体金免疫渗滤和胶体金免疫层析试纸。这两种形式所涉及的原理相同,只是形式不同,胶体金免疫层析试纸是应用最广泛的形式,因为其将所需试剂全部喷涂在试纸上,制作及使用都比较简易。胶体金免疫层析试纸快速检测技术又称胶体金侧流免疫检测技术,是综合了单克隆抗体技术、免疫技术、层析技术、材料标记技术等技术的一种新型免疫学快速检测技术,是 20 世纪 70 年代建立并迅速发展,被广泛使用的一种免疫学检测技术。该技术可半定量或借助扫描仪实现定量检测多种生物大分子或小分子化合物(如抗原、抗体以及半抗原等)。胶体金免疫层析试纸是基于膜免疫层析原理而建立的快速检测技术。检测过程中待检样品在虹吸作用下侧向流动,流动过程中与结合垫和层析膜上的生物材料(抗体、抗原或生物大分子)先后发生特异性反应,并在层析膜上形成肉眼可见的检测线(C 线)和质控线(T 线)。由于该技术拥有特异、灵敏、简单、快速、成本低、无需仪器、肉眼即可判定结果等优点,已经被广泛应用在疾病诊断、抗体评价、理化分析、微生物检测、违禁添加物及药物残留的监控等领域。孙亚宁(2017)利用玉米赤霉烯酮单克隆抗体 4A3-F9 组装的玉米赤霉烯酮胶体金免疫层析试纸的目测灵敏度为 20ng/mL;借助 BioDot-TSR3000 读条仪进行玉米赤霉烯酮的定量检测, IC_{50} 为 3.4632ng/mL,检测限为 0.8462ng/mL。玉米样品的添加回收率为 91.30%～97.07%,批内最大变异系数为 5.32%,批间最大变异系数为 4.84%,批内、批间变异系数均小于 10%。

3. 高效液相色谱法

高效液相色谱法指以液体为流动相,以色谱柱为固定相,采用高压输液系统,将进入色谱柱的成分进行分离的方法。该方法一般要搭载检测系统,将分离后的成分进行检测,从而可以做到样品的准确定量分析。高效液相色谱法灵敏度高、重复性好,但样品前处理复杂、仪器成本较高,分析时间长,一般为仲裁法,不适合大量样品筛查。高效液相色谱仪常包括分离系统及检测系统,常用的高效液相色谱仪往往搭配荧光检测仪使用。而高效液相色谱法与质谱(MS)联用,能够提高分析准确性,更准确地定量分析复杂样品基质中的微量化合物。质谱还可以呈现分析物的结构信息,在定性分析方面有很大的优势。单级质谱功能有限,只能提供相对分子质量,多级质谱功能增强,能提供的结构信息也更丰富。国家标准《谷物中玉米赤霉烯酮的测定》(GB/T 5009.209—2008)中选用高效液相色谱法检测谷物中的玉米赤霉烯酮,样品经乙腈-水(9+1)提取后,过免疫亲和柱进行净化,并浓缩,经液相色谱仪-荧光检测仪检测,外标法定量分析,此系统的检测限为 5μg/kg。《食品中玉米赤霉烯酮的测定　免疫亲和层析净化高效液相色谱法》(GB/T 23504—2009)中介绍了粮食和粮食制品、酒类、醋、酱油及酱制品中玉米赤霉烯酮的高效液相色谱检测方法,该方法的检测限,粮食、粮食制品和酒类为 20μg/kg,醋、酱油、酱及酱制品为 50μg/kg。龚珊等(2015)建立了高效液相色谱法检测谷物中玉米赤霉烯酮的方法,该法用甲醇-NaCl 水溶液为提取剂,C_{18} 固相萃取柱进行净化,用搭载有荧光检测器的超高效液相色谱仪检测,该方法的回收率为 89%～93%,检测限为 1μg/kg。徐飞等(2015)建立了液相色谱-串联质谱法检测粮食中玉米赤霉烯酮的方法,使用乙腈-水(84+16)为提取液,PriboFast 226 多功能净化柱净化,高效液相色谱分离,以电喷雾负离子模式进行质谱测定,该方法的回收率为 85.4%～93.7%,定量限为 0.2μg/kg。

三、操作流程

1. 薄层色谱法(仲裁法,GB/T 19540—2004)

试样中玉米赤霉烯酮用三氯甲烷提取,提取液经液-液萃取、浓缩,然后进行薄层色谱分离,酶联免疫法定量测定,或用薄层扫描仪测定荧光斑点的吸收值,外标法定量。薄层色谱法流程见图 2-1。

处理试样 → 点样 → 展开 → 观察与确证 → 定量测定 → 计算结果

图 2-1 薄层色谱法流程

(1)处理试样

①配制 40g/L 氢氧化钠溶液:称取 4g 氢氧化钠,加水适量溶解,用水稀释至 100mL。

②处理试样:称取约 20g 试样(精确至 0.01g),置于具塞锥形瓶中,加入 8mL 水和 100mL 三氯甲烷,盖紧瓶塞,在振荡器上振荡 1h,加入 10g 无水硫酸钠,混匀,过滤,量取 50mL 滤液于分液漏斗中,沿管壁慢慢加入 40g/L 氢氧化钠溶液 10mL,并轻轻转动 1min,静置使分层,将三氯甲烷相转移至第二个分液漏斗中,用 40g/L 氢氧化钠溶液 10mL,重复提取 1 次,并轻轻转动 1min,弃去三氯甲烷层,氢氧化钠溶液层并入原分液漏斗中,用少量蒸馏水淋洗第二个分液漏斗,洗液倒入原分液漏斗中,再用 5mL 三氯甲烷重复洗 2 次,弃去三氯甲烷层。向氢氧化钠溶液层中加入 6mL 磷酸溶液(1+10)后,再用磷酸溶液(1+19)调 pH 值至 9.5 左右,于分液漏斗中加入 15mL 三氯甲烷,振摇,将三氯甲烷层经盛有约 5g 无水硫酸钠的慢速滤纸的漏斗,滤于浓缩瓶中,再用 15mL 三氯甲烷重复提取 2 次,三氯甲烷层一并滤于浓缩瓶中,最后用少量三氯甲烷淋洗滤器,洗液全部并于浓缩瓶中,真空浓缩至小体积,将其全量转移至具塞试管中,在氮气流下蒸发至干,用 2mL 三氯甲烷溶解残渣。摇匀,供薄层色谱点样用。

(2)点样

①制备玉米赤霉烯酮标准储备溶液:称取适量玉米赤霉烯酮标准品,用甲醇配制成约 $100\mu g/mL$ 玉米赤霉烯酮标准储备溶液,避光,于 $-5℃$ 以下储存。

标定储备液的浓度,用 1cm 石英比色杯,以甲醇为参比,在玉米赤霉烯酮的最大吸收峰波长 314nm 处,测定吸光度 A。储备液中玉米赤霉烯酮的含量(X_1)以微克每毫升($1\mu g/mL$)表示,按下式计算:

$$X_1 = \frac{A \times M \times 100}{\varepsilon \times \delta} \tag{2.1}$$

式中:A——测定的吸光度;

M——玉米赤霉烯酮的摩尔质量(M=318g/mol);

ε——玉米赤霉烯酮在甲醇中的分子吸收系数($\varepsilon=600m^2/mol$);

δ——比色杯的光径长度,cm。

②制备玉米赤霉烯酮标准工作溶液:根据计算所得标准储备液的浓度,精密吸取标准储备液适量,用三氯甲烷稀释成浓度为 $20\mu g/mL$ 的标准工作溶液。

③制备薄层板:称取 4g 硅胶 G,置于乳钵中加 10mL 0.5%羧甲基纤维素钠水溶液研磨

至糊状,立即倒入薄层板涂布器内制成 10cm×20cm、厚 0.3mm 的薄层板,在空气中干燥后,用甲醇预展薄层板至前沿,吹干,标记方向,105℃~110℃活化 1h,置于干燥器内保存备用。

④点样:在距薄层板下端 1.5cm~2.0cm 的基线上,以 1cm 的间距,用点样器依次点标准工作溶液 2.5μL、5μL、10μL、20μL(相当于 50ng、100ng、200ng、400ng)和试样液 20μL。

注意:凡接触玉米赤霉烯酮的容器,需浸入 4%次氯酸钠(NaClO)溶液中,半天后清洗备用。为了安全,分析人员操作时要戴上医用乳胶手套。

(3)展开

①制备展开剂:三氯甲烷-丙酮-苯-乙酸(18+2+8+1)。

②展开:将薄层板放入有展开剂的展开槽中,展至离原点 13cm~15cm 处,取出,吹干。

(4)观察与确证

①制备显色剂:20g 氯化铝(AlCl$_3$·6H$_2$O)溶于 100mL 乙醇中。

②观察与确证:将展开后的薄层板置于波长 254nm 紫外光灯下,观察与玉米赤霉烯酮(50ng)标准点比移值相同处的试样的蓝绿色荧光点。若相同位置上未出现荧光点,则试样中的玉米赤霉烯酮含量在本测定方法的最低检测量 500μg/kg 以下。如果相同位置上出现荧光点,用显色剂对准各荧光点进行喷雾,130℃加热 5min,然后在 365nm 紫外光灯下观察荧光点由蓝绿色变为蓝紫色,且荧光强度明显加强,可确证试样中含有玉米赤霉烯酮。于荧光点下方用铅笔标记,待扫描定量测定。

(5)定量测定

①薄层扫描工作条件

光源:高压汞灯;

激发波长:313nm;

发射波长:400nm;

检测方式:反射;

狭缝:可根据斑点大小进行调节;

扫描方式:锯齿扫描。

②绘制标准曲线

以玉米赤霉烯酮标准工作溶液质量(ng)为横坐标,以峰面积积分值为纵坐标,绘制标准曲线。

(6)计算结果

根据试样液荧光斑点峰面积积分值从标准曲线上查出对应的玉米赤霉烯酮质量(ng),试样中玉米赤霉烯酮的含量(X)以微克每千克(μg/kg)表示,按下式计算:

$$X = \frac{m_1 \times V_1}{m_0 \times V_2} \tag{2.2}$$

式中:V_1——试样液最后定容体积,μL;

V_2——试样液点样体积,μL;

m_1——从标准曲线上查得试样液点对应的玉米赤霉烯酮质量,ng;

m_0——最后提取液相当于试样的质量,g。

计算结果保留小数点后一位有效数字。

注意:在重复性条件下获得的两次独立测试结果的相对差值不大于 10%。

2. 酶联免疫吸附测定法(快速筛选法,GB/T 19540—2004)

目前有专门测定玉米赤霉烯酮的酶联免疫吸附检测试剂盒。在分析时建议参考操作说明书。酶联免疫吸附测定法流程见图 2-2。

制备试样液 → 抗原抗体孵育 → 洗板 → 显色 → 终止显色 → 测定吸光度 → 结果计算

图 2-2 酶联免疫吸附测定法流程

(1)制备试样液

称粉碎好的样品 5g(精确至 0.01g),置于 50mL 具塞锥形瓶中,加入 25mL 70%甲醇溶液,加塞。用振荡器提取 10min。提取液通过快速滤纸过滤。取 1.0mL 滤液,加 19.0mL 蒸馏水稀释,摇匀,为试样液。

(2)抗原抗体孵育

①制备标准品溶液:精密吸取标定后的标准储备液(与前述薄层色谱法的制备方式相同)适量,用 70%甲醇溶液配制成玉米赤霉烯酮标准品溶液 1～5,浓度分别为 $0\mu g/L$、$5\mu g/L$、$15\mu g/L$、$45\mu g/L$ 和 $135\mu g/L$。

②制备酶标抗原溶液:玉米赤霉烯酮与辣根过氧化酶结合物。

③定位:根据需要设定限量法(限量法适用于快速筛查和大规模样本检测,通常指的是定性检测)(见表 2-1)和定量法(定量法更适合需要高精度测量和具体数值的场合,是指能够提供具体数值的检测)(见表 2-2)。取足够数量的微孔(包被抗体的聚苯乙烯微量反应板 24 孔或 48 孔)置微孔架上,标准品和试样做两个平行实验,记录标准品孔和试样孔的位置。限量法时控制标准品孔号中的浓度为限量值/稀释因子,并通过调节稀释因子使之浓度在 $0\mu g/L\sim135\mu g/L$ 范围内。

表 2-1 限量法微孔定位

孔号											
1	2	3	4	5	6	7	8	9	10	11	12
标准品溶液 1($0\mu g/L$)	标准品溶液 2($5\mu g/L$)	待测试样液									

表 2-2 定量法微孔定位

孔号											
1	2	3	4	5	6	7	8	9	10	11	12
标准品溶液 1～5					待测试样液						
$0\mu g/L$	$5\mu g/L$	$15\mu g/L$	$45\mu g/L$	$135\mu g/L$							

④加试剂:在相应微孔中依次加入 $50\mu L$ 标准溶液或试样液,$50\mu L$ 酶标抗原溶液,$50\mu L$ 玉米赤霉烯酮抗体。

⑤反应:将微孔板轻轻摇晃,使孔中的试剂摇匀,置 18℃～30℃孵育 10min。

(3)洗板

将微孔中液体倾入水池内,倒置微孔支架,在干净纸巾上轻拍,除去所有残留的液体,用移液枪加蒸馏水 $250\mu L$ 到每个微孔中,洗板,放置 2min,再排空液体,重复洗涤 3 次。

（4）显色

①配制底物溶液：

ⅰ.柠檬酸缓冲液：称取 10.1471g 柠檬酸钠（$Na_3C_6H_5O_7 \cdot 2H_2O$），13.7642g 柠檬酸（$C_6H_8O_7 \cdot H_2O$）加水溶解至 1L。

ⅱ.底物溶液甲：四甲基联苯胺，用柠檬酸缓冲液配成浓度为 0.4g/L。

ⅲ.底物溶液乙：取 1.5mL 30％过氧化氢溶液，用柠檬酸缓冲液稀释至 1L。

ⅳ.底物溶液：底物溶液甲与底物溶液乙 1：1 的混合液。

②显色：加 100μL 底物溶液到每个孔中，充分摇匀，置 18℃～30℃恒温箱中反应 5min。

（5）终止显色

①配制终止液：硫酸溶液（1＋17）。

②终止反应：加 100μL 终止液到每个孔中，摇匀。

（6）测定吸光度

与标准品的颜色比对来进行快速筛选和酶标仪 450nm 下精准定量。在 450nm 下，以空气为空白调零，测定吸光度。在 60min 内读数。

（7）结果计算

①限量法：若试样孔的吸光度小于标准品孔的吸光度，即 $A_{试样孔} < A_{标准孔}$，超过限量值，则判为阳性。若试样孔的吸光度大于或等于标准品孔的吸光度，即 $A_{试样孔} \geqslant A_{标准孔}$，小于或等于所设限量值，则判为阴性。限量值为标准值（μg/L）乘以稀释因子。按前述试样液制备操作，稀释因子为 100，若控制标准值为 5μg/L，则试样中玉米赤霉烯酮的限量在 500μg/kg。

②定量法：

ⅰ.百分吸光度：所得的标准品或试样的吸光度除以第一个标准（0 标准）的吸光度再乘以 100，作为百分吸光度 A％，按下式计算：

$$A\% = \frac{A}{A_0} \times 100 \tag{2.3}$$

式中：A——标准品或试样的吸光度；

A_0——空白的吸光度。

ⅱ.绘制标准曲线：所计算的百分吸光度对应玉米赤霉烯酮浓度（μg/L）的半对数坐标作标准曲线图，曲线在 5μg/L～135μg/L 范围内应当呈线性。根据试样的百分吸光度，通过标准曲线，查得相对应浓度。试样中玉米赤霉烯酮的含量（X）以微克每千克（μg/kg）表示，按下式计算：

$$X = \frac{c \times V \times n}{m} \tag{2.4}$$

式中：c——从标准曲线上查得相对应试样提取液中玉米赤霉烯酮浓度，μg/L；

V——试样提取液体积，mL；

n——试样稀释倍数；

m——试样质量，g。

计算结果保留小数点后一位有效数字。

注意：在重复性条件下获得的两次独立测试结果的相对差值不大于 15％。

3. 高效液相色谱法(房文苗等,2023)

用有机溶剂提取样品中的玉米赤霉烯酮,经免疫亲和柱净化后,用高效液相色谱-荧光检测器检测,以保留时间定性,外标法定量。高效液相色谱法流程见图2-3。

提取样品 → 净化样品 → 配制标准溶液 → 上机测定 → 结果计算

图2-3　高效液相色谱法流程

(1)提取样品

①配制提取液:量取420mL乙腈和80mL水,混合均匀备用。

②提取:取500g左右样品,去除样品中杂质,经锤式旋风磨粉碎(过40目筛),混合均匀,称取40g(准确到0.1g)均匀试样,加入4g氯化钠和100mL样品提取液,用涡旋混匀仪高速提取15min~20min,用定量滤纸过滤,移取10.0mL滤液,加入40mL水稀释混匀,经玻璃纤维滤纸过滤,取上清液备用。

(2)净化样品

取10mL样液过玉米赤霉烯酮免疫亲和柱,控制样液的过柱速度稳定在1滴/s~2滴/s,直至有空气进入;用5mL水淋洗免疫亲和柱,控制流速为1滴/s~2滴/s,直至有空气进入;用1.5mL甲醇洗脱免疫亲和柱,自然重力下收集全部洗脱液于试管中,用氮吹仪在55℃条件下吹至近干;加入1mL流动相溶解残留物,经涡旋混匀仪混匀,用有机滤膜(孔径0.22μm)过滤,收集滤液于进样瓶。

(3)配制标准溶液

准备50.0mg/L玉米赤霉烯酮标准物质溶液,准确移取1mL,用流动相定容到10mL容量瓶中,得到浓度为5μg/mL的标准溶液;再用流动相按梯度将5μg/mL的标准溶液配制成10.16ng/mL、50.80ng/mL、101.60ng/mL、203.20ng/mL和508.00ng/mL的标准工作液。

(4)上机测定

检测器:FLD荧光检测器;检测器波长:激发波长274nm,发射波长440nm;色谱柱:C_{18}柱(4.6mm×150mm,3.5μm);柱温:35℃;流动相:$V_{乙腈}:V_{水}:V_{甲醇}=46:46:8$;进样量:100μL;流速:1.0mL/min;样品采集时间:15min。

(5)结果计算

将配制的标准溶液上机检测,以玉米赤霉烯酮标准溶液的浓度为纵坐标、峰面积为横坐标,生成标准曲线图,拟合标准曲线方程。将样品净化后上机测得的峰面积带入标准曲线方程,计算样品净化液中的玉米赤霉烯酮浓度。

―――――――――――――――――　参考文献　―――――――――――――――――

[1] Gao Y,Yang M,Peng C,et al. Preparation of highly specific anti-zearalenone antibodies by using the cationic protein conjugate and development of an indirect competitive enzyme-linked immunosorbent assay. Analyst,2012,137(1):229-36. doi:10.1039/c1an15487g.

[2] 龚珊,党献民,任正东,等.C_{18}固相萃取柱净化-超高效液相色谱法检测谷物中玉米赤霉

烯酮[J].粮食与饲料工业,2015(6):60-62.

[3] 房文苗,王小兰,季德媛,等.高效液相色谱法测定玉米中玉米赤霉烯酮[J].现代食品,
　　2023,29(5):133-135.

[4] 孙亚宁.玉米赤霉烯酮免疫学快速检测技术研究[D].兰州:甘肃农业大学,2017.

[5] 徐飞,刘峰,张亚军,等.液相色谱-串联质谱法测定粮食中的玉米赤霉烯酮[J].中国食品
　　卫生杂志,2015(2):124-126.

[6] 张改平.免疫层析试纸快速检测技术[M].郑州:河南科学技术出版社,2015.

第二节　饲料和乳及乳制品中黄曲霉毒素的检测

一、目的与要求

1.学习和掌握黄曲霉毒素的检测方法。

2.了解饲料黄曲霉毒素在机体内的转化。

3.提高防控霉菌毒素污染意识。

二、原理

黄曲霉毒素(aflatoxin,AFT)是黄曲霉和寄生曲霉的某些菌株在适宜的条件下产生的毒素。这类毒素结构相似,均有二氢呋喃环、香豆素内酯环和戊烯酮环,是目前已知霉菌毒素中毒性最强的一类,引起家畜中毒的主要有 B_1、B_2、G_1 和 G_2 四种,其中 AFT B_1 毒性最大。AFT B_1 能抑制 DNA 的合成,抑制 RNA 酶的活性,阻碍信使 RNA 以及蛋白质的合成,还可以导致染色体异常、微核的产生、姐妹染色单体的交换、DNA 的无序合成、染色体链的断裂。肝是这类毒素的靶器官,可引起人和家畜急性、慢性中毒,中毒特征为全身性出血、消化功能障碍和神经系统功能紊乱。饲料受黄曲霉和寄生曲霉污染后,可产生 AFT B_1,由于 AFT B_1 是脂溶性的,且相对分子质量小,一旦被摄入后就会很快通过非典型被动机制被瘤胃壁和肠道吸收。肠道上皮组织、肝和肾是许多化合物发生生物转化的部位。AFT B_1 在这些部分转化为 AFT M_1,然后分泌到牛奶中。也就是在饲料原料加工和饲料储存中,一旦饲料被黄曲霉毒素 AFT B_1 污染,并被奶牛采食,就会引起牛奶和乳产品 AFT M_1 污染,引起食品安全问题。大多数试验表明,AFT M_1 乳汁的转移率介于 $0.1\%\sim6.0\%$ 之间,平均值为 1.7%。AFT M_1 非常稳定,在加工及贮藏过程中其毒性不变,巴氏杀菌、高温高压等均不能降低其毒性。

AFT 的检测方法有很多种,其中应用较广泛的有色谱法和免疫分析法。

1. 薄层色谱法

薄层色谱法(TLC)是根据黄曲霉毒素能在紫外区域发出特殊荧光的特点来检测黄曲霉毒素的。样品经过提取、柱层析、洗脱、浓缩及薄层色谱分离后,在 365nm 紫外光灯下照射,观察荧光。AFT B_1 及 AFT B_2 产生蓝色荧光,AFT G_1 及 AFT G_2 则产生黄绿色荧光。薄

层色谱是最早用于检测黄曲霉毒素的方法。我国国家标准中仍有少量标准使用薄层色谱法,根据样品前处理方法的不同,检测限在 $0.1\mu g/kg\sim 5\mu g/kg$ 之间。

2. 液相色谱或液质联用法

色谱分析方法有高效液相色谱法和液相-质谱联用法等。目前,我国国家标准或行业标准中使用较多的是高效液相色谱法,如《食品安全国家标准 食品中黄曲霉毒素 M 族的测定》(GB 5009.24—2016)、《饲料中黄曲霉毒素 B_1、B_2、G_1、G_2 的测定——免疫亲和柱净化-高效液相色谱法》(GB/T 30955—2014)、《饲料中黄曲霉毒素 B_1 的测定——高效液相色谱法》(GB/T 36858—2018)。《食品安全国家标准 食品中黄曲霉毒素 M 族的测定》(GB 5009.24—2016)代替了《食品安全国家标准 乳和乳制品中黄曲霉毒素 M_1 的测定》(GB 5413.37—2010)、《食品安全国家标准 食品中黄曲霉毒素 M_1 和 B_1 的测定》(GB 5009.24—2010)、《牛奶和奶粉中黄曲霉毒素 B_1、B_2、G_1、G_2、M_1、M_2 的测定 高效液相色谱法-荧光检测法》(GB/T 23212—2008)和《牛奶和奶粉中黄曲霉毒素 M_1、B_1、B_2、G_1、G_2 含量的测定》(SN/T 1664—2005),试样中的 AFT M_1 和 AFT M_2 用甲醇-水溶液提取,上清液用水或磷酸盐缓冲液稀释后,经免疫亲和柱净化和富集,净化液浓缩、定容和过滤后经液相色谱分离,串联质谱检测,同位素内标法定量。《饲料中黄曲霉毒素 B_1、B_2、G_1、G_2 的测定——免疫亲和柱净化-高效液相色谱法》(GB/T 30955—2014)将试样经过甲醇-水提取后,提取液经过滤、稀释,滤液经过含有 AFT 特异抗体的免疫亲和层析柱层析净化,经高效液相色谱分离,用荧光检测器检测柱后光化学衍生的 AFT B_1、AFT B_2、AFT G_1、AFT G_2 的含量。

3. 免疫分析法

免疫方法是利用抗原与抗体特异性识别为基础设计的检测方法,通常包括放射免疫分析法(RIA)、酶联免疫吸附试验(ELISA)和免疫层析法等。放射免疫分析法在 20 世纪 70 年代开始应用于 AFT B_1 的分析。Langone 等(1976)最早建立了双抗体夹心放射免疫分析法来检测血清、尿液、玉米和花生中的 AFT B_1,检测限达 $1\mu g/kg$。但放射免疫分析法需要使用同位素标记,有放射性污染,并且需要专门的仪器进行检测,因此这种方法的使用已越来越少。

由于 AFT 污染的广泛性及危害的严重性,越来越多的食品需要将 AFT 作为待测项目,快速、可靠、灵敏、简单和经济的分析方法成为研究的热点。酶联免疫吸附试验的灵敏度与仪器方法相比,有时检测限比仪器方法更低,并且前处理比仪器方法更简单,可进行高通量筛选。在过去 30 年里,由于酶联免疫吸附试验操作简单、可靠、灵敏、选择性高、适用范围广而在农作物 AFT 的检测中得到了快速的发展。酶联免疫吸附试验有直接法、间接法、双抗夹心法等。虽然有多种模式,但基本原理都是相同的。首先将抗原或抗体固定到某种固相载体上(现在多为酶标板),并保持其免疫活性,然后将待测样品和酶标物(酶标抗体或酶标抗原)按不同步骤与固定的抗原或抗体进行反应,通过洗涤将没有发生反应的物质洗去,最后加入酶的底物。底物在酶的催化下显色,最终根据显色的程度进行定性或定量测定。《食品安全国家标准 食品中黄曲霉毒素 M 族的测定》(GB 5009.24—2016)也采用了酶联免疫吸附试验。

目前,胶体金免疫层析法越来越受到分析测试人员的青睐。氯金酸在还原剂(如柠檬酸三钠、抗坏血酸等)作用下,可还原聚合成一定大小的金颗粒,形成带负电的疏水胶溶液。金颗粒之间由于静电排斥而成为稳定的胶体状态,故称胶体金。胶体金免疫层析法采用竞争抑制免疫层析原理。组装成条的胶体金检测卡如图 2-4 所示,在一长条形的背板上从左至右顺序贴上样品垫、金标垫、硝酸纤维素膜(NC 膜)及吸水垫。

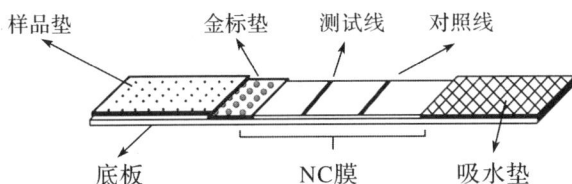

图 2-4　组装成条的胶体金检测卡

NC 膜上偶联有待测物的抗原(测试线,T 线)以及二抗(对照线,C 线),将抗体偶联纳米级的金颗粒放置在金标垫上。从样品垫处滴加样品,开始反应,随着样品液的流动,偶联抗体的金颗粒流向抗原处,当抗原抗体结合使偶联的金颗粒聚集到一定数量时,即可形成肉眼可见的红色条带。而当加样的液体中也含有待测物时,固定在固相载体上的抗原与样品中的抗原竞争性结合待测物抗体,从而使 NC 上聚集的金颗粒数目减少,进而使红色条带变浅直至无色(见图 2-5)。利用这种特性,可以在很短的时间内检测到 ng/mL 级的 AFT B_1 和 AFT M_1 等。

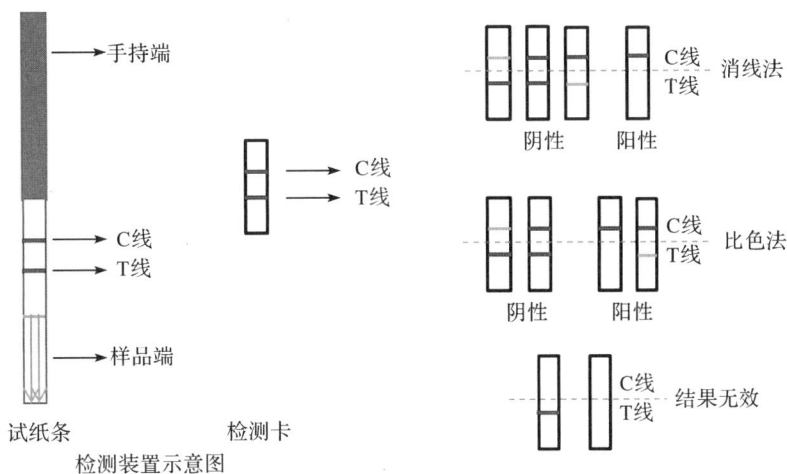

图 2-5　试纸条/检测卡目视判定示意图

三、操作流程

1. 饲料-液相色谱法(GB/T 36858—2018)

试样中的 AFT B_1 经 AFT B_1 提取溶液提取后,经三氯甲烷萃取、三氟乙酸衍生,衍生后的 AFT B_1 采用反相高效液相色谱-荧光检测器进行测定,外标法定量。饲料-液相色谱法流程见图 2-6。

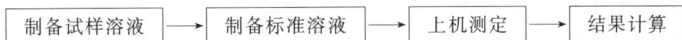

图 2-6　饲料-液相色谱法流程

(1)制备试样溶液(液相色谱法涉及的试剂应为色谱纯)

①AFT B_1 提取溶液:量取 84mL 乙腈,加入 16mL 水中,混匀。

②AFT B_1 衍生溶液:量取 20mL 三氟乙酸,加入 70mL 水中,混匀后加入 10mL 冰醋酸,混匀。临用现配。

③乙腈水溶液(90+10):量取 90mL 乙腈,加入 10mL 水中,混匀。

④制样:平行做两份试验。称取 5.00g(精确到 0.01g)试样置于 100mL 具塞锥形瓶中,加入 25.0mL AFT B_1 提取溶液,室温下 200r/min 振荡提取 1h,用中速滤纸过滤,取 10mL 滤液于 50mL 具塞离心管中,加入 10.0mL 三氯甲烷萃取,涡旋混匀 1min,静置分层后,取下层萃取液于 15mL 具塞离心管中,50℃水浴氮气吹干。加入 200μL 乙腈水溶液(90+10)复溶,然后加入 700μL AFT B_1 衍生溶液,加塞混匀,40℃下恒温水浴衍生反应 75min,经 0.22μm 微孔滤膜过滤后待测。

(2)制备标准溶液

①制备 AFT B_1 标准储备溶液(1000μg/mL):精确称取 AFT B_1 对照品(纯度≥98%)10.0mg,用 10mL 乙腈完全溶解,配制成 AFT B_1 含量为 1000μg/mL 的标准储备溶液,−20℃保存,有效期为 6 个月。或有证标准溶液。

注意:AFT B_1 是高致癌物质,应小心处理,分析操作过程应在通风橱内或指定区域内进行。分析中,操作者应采取相应的防护措施。分析结束后,接触过的器皿及 AFT B_1 溶液应使用浓度为 5%的次氯酸钠溶液浸泡过夜。

②制备 AFT B_1 标准工作溶液:取 1.0mL AFT B_1 标准储备溶液,用乙腈定容至 100mL,浓度为 100μg/mL。再取此稀释液 1.0mL,用乙腈定容至 100mL,则浓度稀释为 100ng/mL 的标准工作溶液。

③制备 AFT B_1 标准系列溶液:将 AFT B_1 标准工作溶液用乙腈分别稀释成 1ng/mL、2ng/mL、5ng/mL、10ng/mL、20ng/mL、50ng/mL 和 100ng/mL 的标准系列溶液。临用现配。

④制备标准溶液:分别取 0.9mL AFT B_1 标准系列溶液于 7 个 10mL 具塞离心管中,50℃水浴氮气吹干。加入 200μL 乙腈水溶液(90+10)复溶,然后加入 700μL AFT B_1 衍生溶液,加塞混匀,40℃下恒温水浴衍生反应 75min,经 0.22μm 微孔滤膜过滤后待测。

(3)上机测定

①高效液相色谱参考条件:

色谱柱:C_{18} 柱,4.6mm×250mm,填料粒径 5.0μm,或性能相当者;

流动相:分别量取 20mL 甲醇、10mL 乙腈和 70mL 水,混匀,经 0.22μm 微孔滤膜过滤后备用;

流速:1.0mL/min;

柱温:30℃;

进样量:20μL。

②测定:在上述液相色谱参考条件下,将衍生后的 AFT B_1 标准系列溶液、试样溶液注入高效液相色谱,测定相应的响应值(峰面积),采用单点或多点校正,外标法定量。

(4)结果计算

试样中 AFT B_1 的含量以质量分数 ω 表示,单位为微克每千克(μg/kg),按下式计算:

$$\omega = \frac{0.9 \times \rho \times V_1}{m \times V_2} \tag{2.5}$$

式中：ρ——试样衍生液在标准曲线上对应的 AFT B$_1$ 的含量，ng/mL；

V_1——提取液的总体积，mL；

V_2——用于萃取的提取液体积，mL；

m——试样的质量，g；

0.9——衍生后的试样液体积，mL。

以两个平行样品测定结果的算术平均值报告结果，结果保留至小数点后一位。

在重复性条件下，两次独立测定结果与其算术平均值的绝对差值不大于该平均值的20%。

2. 乳及乳制品-高效液相色谱法(GB 5009. 24—2016)

试样中的 AFT M$_1$ 和 AFT M$_2$ 用甲醇-水溶液提取，上清液稀释后，经免疫亲和柱净化和富集，净化液浓缩、定容和过滤后经液相色谱分离，荧光检测器检测，外标法定量。乳及乳制品-高效液相色谱法流程见图 2-7。

提取样品 → 净化样品 → 配制标准溶液 → 上机测定 → 结果计算

图 2-7　乳及乳制品-高效液相色谱法流程

(1)提取样品

①液态乳、酸奶：称取 4g 混合均匀的试样(精确到 0.001g)于 50mL 离心管中，加入 10mL 甲醇，涡旋 3min。置 4℃、6000r/min 离心 10min 或经玻璃纤维滤纸过滤，将适量上清液或滤液转移至烧杯中，加 40mL 水或 PBS 稀释，备用。

②乳粉、特殊膳食用食品：称取 1g 样品(精确到 0.001g)于 50mL 离心管中，加入 4mL 50℃ 热水，涡旋混匀。如果乳粉不能完全溶解，将离心管置于 50℃ 的水浴中，将乳粉完全溶解后取出。待样液冷却至 20℃ 后，加入 10mL 甲醇，涡旋 3min。置 4℃、6000r/min 离心 10min 或经玻璃纤维滤纸过滤，将适量上清液或滤液转移至烧杯中，加 40mL 水或 PBS 稀释，备用。

③奶油：称取 1g 样品(精确到 0.001g)于 50mL 离心管中，加入 8mL 石油醚，待奶油溶解，再加 9mL 水和 11mL 甲醇，振荡 30min，将全部液体转移至分液漏斗中。加入 0.3g 氯化钠充分摇动溶解，静置分层后，将下层转移到圆底烧瓶中，旋转蒸发至 10mL 以下，用 PBS 稀释至 30mL。

④奶酪：称取 1g 已切细、过孔径 1mm~2mm 圆孔筛混匀样品(精确到 0.001g)于 50mL 离心管中，加入 1mL 水和 18mL 甲醇，振荡 30min，置 4℃、6000r/min 离心 10min 或经玻璃纤维滤纸过滤，将适量上清液或滤液转移至圆底烧瓶中，旋转蒸发至 2mL 以下，用 PBS 稀释至 30mL。

(2)净化样品

①准备免疫亲和柱：将低温下保存的免疫亲和柱恢复至室温。

②净化：免疫亲和柱内的液体放弃后，将上述样液移至 50mL 注射器筒中，调节下滴流速为 1mL/min~3mL/min。待样液滴完后，往注射器筒内加入 10mL 水，以稳定流速淋洗免疫亲和柱。待水滴完后，用真空泵抽干亲和柱。脱离真空系统，在亲和柱下放置 10mL 刻度试管，取下 50mL 注射器筒，加入 2mL 乙腈(或甲醇)洗脱亲和柱 2 次，控制下滴速度在 1mL/min~3mL/min，用真空泵抽干亲和柱，收集全部洗脱液至刻度试管中。在 50℃ 下用

氮气缓缓地将洗脱液吹至近干,用初始流动相定容至1.0mL,涡旋30s溶解残留,用0.22μm滤膜过滤,收集滤液于进样瓶中以备进样。

注意:全自动(在线)或半自动(离线)固相萃取仪可优化操作参数后使用。为防止破坏AFT M,相关操作在避光(直射阳光)条件下进行。

（3）配制标准溶液

①准备标准品:

ⅰ.AFT M_1 标准品($C_{17}H_{12}O_7$,CAS:6795-23-9):纯度≥98%,或经国家认证并授予标准物质证书的标准物质。

ⅱ.AFT M_2 标准品($C_{17}H_{14}O_7$,CAS:6885-57-0):纯度≥98%,或经国家认证并授予标准物质证书的标准物质。

②配制标准储备溶液(10μg/mL):称取 AFT M_1 和 AFT M_2 各1mg(精确至0.01mg),分别用乙腈溶解并定容至100mL。将溶液转移至棕色试剂瓶中,在-20℃下避光密封保存。临用前进行浓度校准。

③校准 AFT M_1 和 AFT M_2 标准溶液:用分光光度计在340nm～370nm处测定 AFT M_1 和 AFT M_2 的实际浓度。经扣除溶剂的空白试剂本底校正比色皿系统误差后,读取标准溶液最大吸收波长(λ_{max})处的吸光度 A。校准溶液实际浓度 ρ 按下式计算:

$$\rho = A \times M \times \frac{1000}{\varepsilon} \tag{2.6}$$

式中:ρ——校准测定的 AFT M_1、AFT M_2 的实际浓度,μg/mL;

A——在 λ_{max} 处测得的吸光度;

M——AFT M_1、AFT M_2 的摩尔质量,g/mol;

ε——AFT M_1、AFT M_2 的摩尔吸光系数(见表2-3),m^2/mol。

表2-3　各种 AFT M 的摩尔质量及摩尔吸光系数

黄曲霉毒素名称	摩尔质量(g/mol)	溶剂	摩尔吸光系数(m^2/mol)
AFT M_1	328	乙腈	19000
AFT M_2	330	乙腈	21400

④混合标准储备溶液(1.0μg/mL):准确吸取 10μg/mL AFT M_1 和 AFT M_2 标准储备溶液各1.00mL于同一10mL容量瓶中,加乙腈稀释至刻度,得到1.0μg/mL的混合标准液。此溶液密封后避光4℃保存,有效期3个月。

⑤混合标准工作液(100ng/mL):准确吸取混合标准储备溶液(1.0μg/mL)1.00mL至10mL容量瓶中,加乙腈定容。此溶液密封后避光4℃保存,有效期3个月。

⑥系列标准溶液:分别准确吸取标准工作液 5μL、10μL、50μL、100μL、200μL 和 500μL 至10mL容量瓶中,用初始流动相定容至刻度,配制 AFT M_1 和 AFT M_2 的浓度均为0.05ng/mL、0.1ng/mL、0.5ng/mL、1.0ng/mL、2.0ng/mL 和 5.0ng/mL 的系列标准溶液。

（4）上机测定

①液相色谱参考条件:

ⅰ.液相色谱柱:C_{18}柱(柱长150mm,柱内径4.6mm,填料粒径5.0μm),或相当者。

ⅱ.色谱柱柱温:40℃。

ⅲ.流动相:A相为水,B相为乙腈-甲醇(50＋50)。等梯度洗脱条件:A相为70％,B相为30％。

ⅳ.流速:1.0mL/min。

ⅴ.荧光检测波长:激发波长360nm,发射波长430nm。

ⅵ.进样量:50μL。

②制作标准曲线:将系列标准溶液由低浓度到高浓度依次进样检测,以峰面积-浓度作图,得到标准曲线回归方程。

③测定试样溶液:待测样液中的响应值应在标准曲线线性范围内,超过线性范围的则应稀释后重新进样分析。

④空白试验:不称取试样,按提取样品和净化样品的步骤做空白试验。应确认不含有干扰待测组分的物质。

(5)结果计算

试样中 AFT M₁ 或 AFT M₂ 的残留量按下式计算:

$$X=\frac{\rho\times V\times f\times 1000}{m\times 1000} \tag{2.7}$$

式中:X——试样中 AFT M₁ 或 AFT M₂ 的含量,μg/kg;

ρ——根据进样溶液中 AFT M₁ 或 AFT M₂ 的色谱峰由标准曲线查得 AFT M₁ 或 AFT M₂ 的浓度,ng/mL;

V——样品经免疫亲和柱净化洗脱后的最终定容体积,mL;

f——样液稀释因子;

1000——换算系数;

m——试样的称样量,g。

计算结果保留三位有效数字。

在重复性条件下获得的两次独立测定结果的绝对差值不得超过算术平均值的20％。

注意:称取 4g 液态乳、酸奶时,本方法 AFT M₁ 检出限为 0.005μg/kg,AFT M₂ 检出限为 0.0025μg/kg,AFT M₁ 定量限为 0.015μg/kg,AFT M₂ 定量限为 0.0075μg/kg。称取 1g 乳粉、特殊膳食用食品、奶油和奶酪时,本方法 AFT M₁ 检出限为 0.02μg/kg,AFT M₂ 检出限为 0.01μg/kg,AFT M₁ 定量限为 0.05μg/kg,AFT M₂ 定量限为 0.025μg/kg。

3.乳及乳制品-同位素稀释液相色谱-串联质谱法(GB 5009.24—2016)

试样中的 AFT M₁ 和 AFT M₂ 用甲醇-水溶液提取,上清液用水或磷酸盐缓冲液稀释后,经免疫亲和柱净化和富集,净化液浓缩、定容和过滤后经液相色谱分离,串联质谱检测,同位素内标法定量。乳及乳制品-同位素稀释液相色谱-串联质谱法流程见图2-8。

图 2-8　乳及乳制品-同位素稀释液相色谱-串联质谱法流程

（1）提取样品

①液态乳、酸奶：

ⅰ.5ng/mL 同位素内标溶液（$^{13}C_{17}$-AFT M_1）：取 AFT M_1 同位素内标（0.5μg/mL）100μL，用乙腈稀释至 10mL。在 -20℃ 下保存，供测定固体样品时使用。有效期 3 个月。

ⅱ.称取 4g 混合均匀的试样（精确到 0.001g）于 50mL 离心管中，加入 100μL $^{13}C_{17}$-AFT M_1 内标溶液（5ng/mL），振荡混匀后静置 30min，加入 10mL 甲醇，涡旋 3min。置 4℃、6000r/min 离心 10min 或经玻璃纤维滤纸过滤，将适量上清液或滤液转移至烧杯中，加 40mL 水或 PBS 稀释，备用。

②乳粉、特殊膳食用食品：称取 1g 样品（精确到 0.001g）于 50mL 离心管中，加入 100μL $^{13}C_{17}$-AFT M_1 内标溶液（5ng/mL），振荡混匀后静置 30min，加入 4mL 50℃ 热水，涡旋混匀。如果乳粉不能完全溶解，将离心管置于 50℃ 的水浴中，将乳粉完全溶解后取出。待样液冷却至 20℃ 后，加入 10mL 甲醇，涡旋 3min。置 4℃、6000r/min 离心 10min 或经玻璃纤维滤纸过滤，将适量上清液或滤液转移至烧杯中，加 40mL 水或 PBS 稀释，备用。

③奶油：称取 1g 样品（精确到 0.001g）于 50mL 离心管中，加入 100μL $^{13}C_{17}$-AFT M_1 内标溶液（5ng/mL），振荡混匀后静置 30min，加入 8mL 石油醚，待奶油溶解，再加 9mL 水和 11mL 甲醇，振荡 30min，将全部液体移至分液漏斗中。加入 0.3g 氯化钠，充分摇动溶解，静置分层后，将下层转移到圆底烧瓶中，旋转蒸发至 10mL 以下，用 PBS 稀释至 30mL。

④奶酪：称取 1g 已切细、过孔径 1mm～2mm 圆孔筛混匀样品（精确到 0.001g）于 50mL 离心管中，加 100μL $^{13}C_{17}$-AFT M_1 内标溶液（5ng/mL），振荡混匀后静置 30min，加入 1mL 水和 18mL 甲醇，振荡 30min，置 4℃、6000r/min 离心 10min 或经玻璃纤维滤纸过滤，将适量上清液或滤液转移至圆底烧瓶中，旋转蒸发至 2mL 以下，用 PBS 稀释至 30mL。

（2）净化样品

①免疫亲和柱的准备：将低温下保存的免疫亲和柱恢复至室温。

②净化：免疫亲和柱内的液体放弃后，将上述样液移至 50mL 注射器筒中，调节下滴流速为 1mL/min～3mL/min。待样液滴完后，往注射器筒内加入 10mL 水，以稳定流速淋洗免疫亲和柱。待水滴完后，用真空泵抽干亲和柱。脱离真空系统，在亲和柱下放置 10mL 刻度试管，取下 50mL 注射器筒，加入 2mL 乙腈（或甲醇）洗脱亲和柱 2 次，控制下滴速度在 1mL/min～3mL/min，用真空泵抽干亲和柱，收集全部洗脱液至刻度试管中。在 50℃ 下用氮气缓缓地将洗脱液吹至近干，用初始流动相定容至 1.0mL，涡旋 30s 溶解残留，用 0.22μm 滤膜过滤，收集滤液于进样瓶中以备进样。

注意：全自动（在线）或半自动（离线）固相萃取仪可优化操作参数后使用。为防止破坏 AFT M，相关操作在避光（直射阳光）条件下进行。

（3）配制标准溶液

①准备 AFT M_1 标准品：AFT M_1 标准品（$C_{17}H_{12}O_7$，CAS:6795-23-9）的纯度 ≥98%，或经国家认证并授予标准物质证书的标准物质。

②准备 AFT M_2 标准品：AFT M_2 标准品（$C_{17}H_{14}O_7$，CAS:6885-57-0）的纯度 ≥98%，或经国家认证并授予标准物质证书的标准物质。

③配制标准储备溶液（10μg/mL）：称取 AFT M_1 和 AFT M_2 各 1mg（精确至 0.01mg），

分别用乙腈溶解并定容至 100mL。将溶液转移至棕色试剂瓶中，在−20℃下避光密封保存。临用前进行浓度校准。

④校准 AFT M$_1$ 和 AFT M$_2$ 标准溶液：用分光光度计在 340nm～370nm 处测定 AFT M$_1$ 和 AFT M$_2$ 的实际浓度。经扣除溶剂的空白试剂本底校正比色皿系统误差后，读取标准溶液最大吸收波长（λ$_{max}$）处的吸光度 A。校准溶液实际浓度 ρ 按下式计算：

$$\rho = A \times M \times \frac{1000}{\varepsilon} \tag{2.8}$$

式中：ρ——校准测定的 AFT M$_1$、AFT M$_2$ 的实际浓度，$\mu g/mL$；

A——在 λ$_{max}$ 处测得的吸光度；

M——AFT M$_1$、AFT M$_2$ 的摩尔质量，g/mol；

ε——AFT M$_1$、AFT M$_2$ 的摩尔吸光系数（见表 2-3），m^2/mol。

⑤混合标准储备溶液（1.0$\mu g/mL$）：准确吸取 10$\mu g/mL$ AFT M$_1$ 和 AFT M$_2$ 标准储备溶液各 1.00mL 于同一 10mL 容量瓶中，加乙腈稀释至刻度，得到 1.0$\mu g/mL$ 的混合标准液。此溶液密封后避光 4℃保存，有效期 3 个月。

⑥混合标准工作液（100ng/mL）：准确吸取混合标准储备溶液（1.0$\mu g/mL$）1.00mL 至 10mL 容量瓶中，加乙腈定容。此溶液密封后避光 4℃下保存，有效期 3 个月。

⑦系列标准溶液：分别准确吸取标准工作液 5μL、10μL、50μL、100μL、200μL 和 500μL 至 10mL 容量瓶中，加入 100μL 50ng/mL 的同位素内标工作液（取 0.5$\mu g/mL$ AFT M$_1$ 同位素内标 1mL，用乙腈稀释至 10mL。在−20℃下保存，供测定液体样品时使用。有效期 3 个月），用初始流动相定容至刻度，配制 AFT M$_1$ 和 AFT M$_2$ 的浓度均为 0.05ng/mL、0.1ng/mL、0.5ng/mL、1.0ng/mL、2.0ng/mL 和 5.0ng/mL 的系列标准溶液。

（4）上机测定

①液相色谱参考条件（见表 2-4）：

ⅰ.液相色谱柱：C$_{18}$柱（柱长 100mm，柱内径 2.1mm，填料粒径 1.7μm），或性能相当者。

ⅱ.色谱柱柱温：40℃。

ⅲ.流动相：A 相为 5mmol/L 乙酸铵水溶液，B 相为乙腈-甲醇（50＋50）。梯度洗脱。

ⅳ.流速：0.3mL/min。

ⅴ.进样体积：10μL。

表 2-4　液相色谱梯度洗脱条件

时间（min）	流动相 A（%）	流动相 B（%）	梯度变化曲线
0.0	68.0	32.0	—
0.5	68.0	32.0	1
4.2	55.0	45.0	6
5.0	0.0	100.0	6
5.7	0.0	100.0	1
6.0	68.0	32.0	6

②质谱参考条件：

ⅰ.检测方式：多离子反应监测（MRM）。

ⅱ.离子源控制条件见表 2-5。

表 2-5 离子源控制条件

电离方式	ESI⁺
毛细管电压(kV)	17.5
锥孔电压(V)	45
射频透镜 1 电压(V)	12.5
射频透镜 2 电压(V)	12.5
离子源温度(℃)	120
锥孔反吹气流量(L/h)	50
脱溶剂气体温度(℃)	350
脱溶剂气体流量(L/h)	500
电子倍增电压(V)	650

ⅲ.离子选择参数见表 2-6。

表 2-6 质谱条件参数

化合物名称	母离子 (m/z)	定量子离子(m/z)	碰撞能量(eV)	定性子离子(m/z)	碰撞能量(eV)	离子化方式
AFT M_1	329	273	23	259	23	ESI⁺
$^{13}C_{17}$-AFT M_1	346	317	23	288	24	ESI⁺
AFT M_2	331	275	23	261	22	ESI⁺

ⅳ.子离子扫描图见图 2-9。

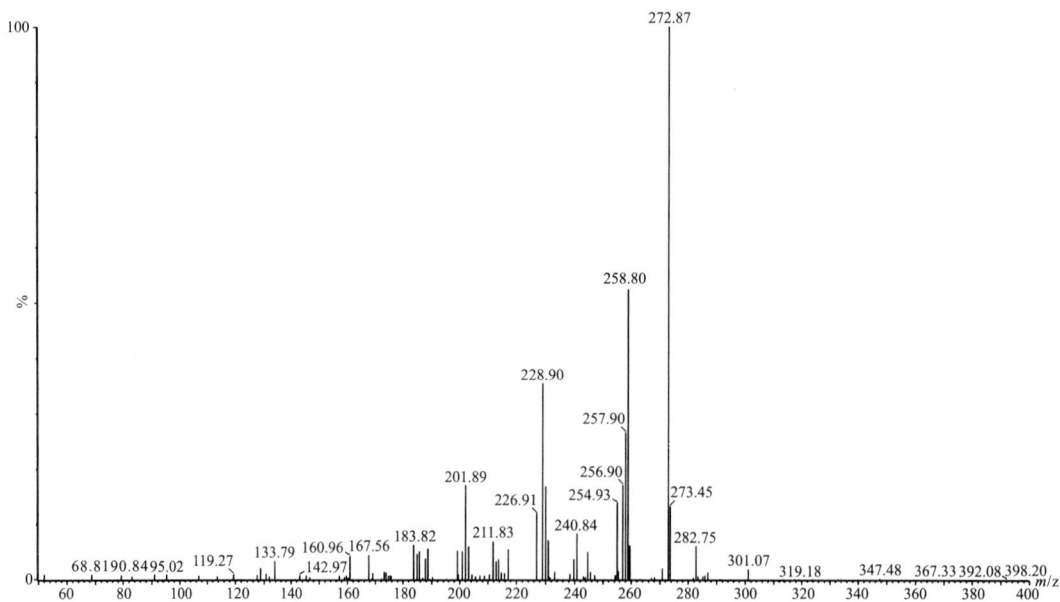

(a)AFT M_1子离子扫描图

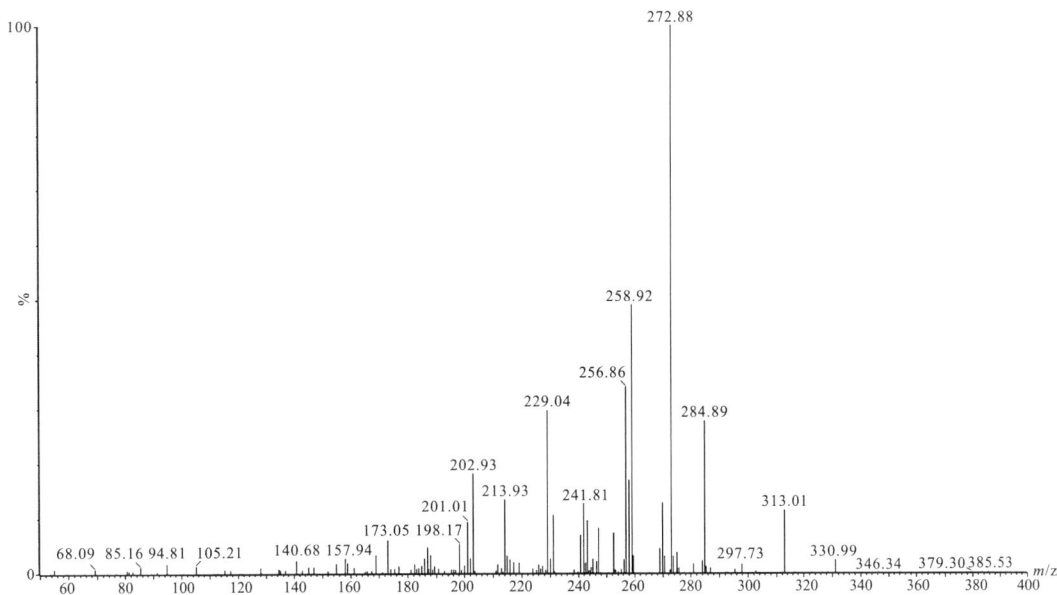

(b)AFT M₂子离子扫描图

图 2-9　子离子扫描图

③定性测定:试样中目标化合物色谱峰的保留时间与相应标准色谱峰的保留时间相比较,变化范围应在±2.5%之内。每种化合物的质谱定性离子必须出现,至少应包括一个母离子和两个子离子,而且同一检测批次,对同一化合物,样品中目标化合物的两个子离子的相对丰度比与浓度相当的标准溶液相比,其最大允许偏差不超过表 2-7 规定的范围。

表 2-7　定性时相对离子丰度的最大允许偏差

相对离子丰度(%)	>50	20~50	10~20	≤10
最大允许偏差(%)	±20	±25	±30	±50

④制作标准曲线:在上述液相色谱-串联质谱仪分析条件下,将系列标准溶液浓度由低到高进样检测,以 AFT M₁ 和 AFT M₂ 色谱峰与内标色谱峰¹³C₁₇-AFT M₁ 的峰面积比值-浓度作图,得到标准曲线回归方程,其线性相关系数应大于 0.99。

⑤测定试样溶液:取净化的待测样品溶液进样。

⑥空白试验:不称取试样,按提取样品和净化样品的步骤做空白试验。应确认不含有干扰待测组分的物质。

(5)结果计算

试样中 AFT M₁ 或 AFT M₂ 的残留量按下式计算:

$$X = \frac{\rho \times V \times f \times 1000}{m \times 1000} \tag{2.9}$$

式中:X——试样中 AFT M₁ 或 AFT M₂ 的含量,$\mu g/kg$;

　　　ρ——进样溶液中 AFT M₁ 或 AFT M₂ 按照内标法在标准曲线中对应的浓度,ng/mL;

　　　V——样品经免疫亲和柱净化洗脱后的最终定容体积,mL;

f——样液稀释因子；

1000——换算系数；

m——试样的称样量，g。

计算结果保留三位有效数字。

在重复性条件下获得的两次独立测定结果的绝对差值不得超过算术平均值的20%。

注意：称取4g液态乳、酸奶时，本方法AFT M_1检出限为0.005μg/kg，AFT M_2检出限为0.005μg/kg，AFT M_1定量限为0.015μg/kg，AFT M_2定量限为0.015μg/kg。称取1g乳粉、特殊膳食用食品、奶油和奶酪时，本方法AFT M_1检出限为0.02μg/kg，AFT M_2检出限为0.02μg/kg，AFT M_1定量限为0.05μg/kg，AFT M_2定量限为0.05μg/kg。

4. 乳及乳制品-酶联免疫吸附筛查法(GB 5009.24—2016)

乳及乳制品-酶联免疫吸附筛查法流程见图2-10。

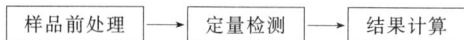

$$\boxed{\text{样品前处理}} \longrightarrow \boxed{\text{定量检测}} \longrightarrow \boxed{\text{结果计算}}$$

图2-10 乳及乳制品-酶联免疫吸附筛查法流程

(1)样品前处理

①液态样品：取约100g待测样品摇匀，将其中10g样品用离心机在6000r/min或更高转速下离心10min。取下层液体约1g于另一试管内，该溶液可直接测定，或者利用试剂盒提供的方法稀释后测定(待测液)。

②乳粉、特殊膳食用食品：称取10g待测样品(精确到0.1g)到小烧杯中，加水溶解，转移到100mL容量瓶中，用水定容至刻度。将其中10g样品用离心机在6000r/min或更高转速下离心10min。取下层液体约1g于另一试管内，该溶液可直接测定，或者利用试剂盒提供的方法稀释后测定(待测液)。

③奶酪：称取50g待测样品(精确到0.1g)，去除表面非食用部分，硬质奶酪可用粉碎机直接粉碎；软质奶酪需先在−20℃冷冻过夜，然后用粉碎机进行粉碎。称取5g混合均匀的待测样品(精确到0.1g)，按照试剂盒说明书进行提取，提取液即为待测液。

(2)定量检测

按照酶联免疫试剂盒所述操作步骤对待测试样(液)进行定量检测。

(3)结果计算

①绘制酶联免疫试剂盒定量检测的标准工作曲线：根据标准品浓度与吸光度变化关系绘制标准工作曲线。

②计算待测液浓度：将待测液吸光度代入标准工作曲线，计算得待测液浓度ρ。

③结果计算：食品中AFT M_1的含量按下式计算：

$$X = \frac{\rho \times V \times f}{m} \tag{2.10}$$

式中：X——食品中AFT M_1的含量，μg/kg；

ρ——待测液中AFT M_1的浓度，μg/L；

V——定容体积(针对乳粉、特殊膳食用食品、液态样品)或者提取液体积(针对奶酪)，L；

　　f——稀释倍数；

　　m——样品取样量，kg。

计算结果保留小数点后两位。

注意：阳性样品需用高效液相色谱法或同位素稀释液相色谱-串联质谱法进一步确认。

在重复性条件下获得的两次独立测定结果的绝对差值不得超过算术平均值的20%。

注意：称取10g液态乳时，方法检出限为$0.01\mu g/kg$，定量限为$0.03\mu g/kg$。称取10g乳粉和含乳特殊膳食用食品时，方法检出限为$0.1\mu g/kg$，定量限为$0.3\mu g/kg$。称取奶酪5g时，方法检出限为$0.02\mu g/kg$，定量限为$0.06\mu g/kg$。

―――――――――――――――― 参考文献 ――――――――――――――――

[1] Langone JJ, Van Vunakis H. Aflatoxin B：specific antibodies and their use in radioimmunoassay. J Natl Cancer Inst，1976，56(3)：591-595.

第三节　单端孢霉毒素的检测

一、目的与要求

1.学习和掌握单端孢霉毒素的检测方法。

2.巩固霉菌毒素测定的色谱法和免疫分析法。

3.提高防控霉菌毒素污染意识。

二、原理

　　镰刀菌属（*Fusarium*）中很多种真菌常引起禾谷类作物病害，并极易污染贮存的粮食和饲料产生毒素。镰刀菌产生的毒素种类很多，统称为镰刀菌素或镰孢素，其中影响家畜健康的主要有单端孢霉毒素、玉米赤霉烯酮、伏马菌素（fumonisins）、串珠镰刀菌素（moniliformin）和丁烯酸内酯（butenolide）等。

　　单端孢霉毒素是镰刀菌产生的以12,13-环氧基为基本结构的一类毒素，包括 T-2 毒素、脱氧瓜萎镰刀霉毒素（deoxynivalenol，DON）、蛇形霉毒素（diacetoxyscirpenol，DAS）、瓜萎镰刀霉毒素（nivalenol，NIV）等70多种。这些毒素通常会两种或多种同时存在于饲料中，产生协同致毒效应，如 T-2 毒素和蛇形霉毒素、T-2 毒素和脱氧瓜萎镰刀霉毒素共存时其毒性效应显著增强。另外，有镰刀菌污染的玉米中常发现脱氧瓜萎镰刀霉毒素和玉米赤霉烯酮同时存在，这种饲料可引起猪废食。单端孢霉毒素的靶器官是肝和肾，并可直接损伤消化道黏膜。家畜中毒后常表现为食欲减退，胃肠黏膜炎症、出血和坏死，呕吐，腹泻，血凝不良，白细胞计数减少，免疫功能下降和流产等。在这里主要介绍 T-2 毒素和脱氧瓜萎镰刀霉毒素的检测。

1. T-2 毒素

三线镰刀菌(*F. tricinctum*)是 T-2 毒素的主要产生菌,发霉玉米是 T-2 毒素的主要来源。当玉米收割时含水量高或遇阴雨天气,并贮存在潮湿的仓库内,则存在于玉米中的镰刀菌可迅速生长,产生 T-2 毒素。T-2 毒素的毒性强,可引起猪呕吐、脱毛、组织出血、流产等,可影响蛋鸡的产蛋率、孵化率,可造成牛体质衰弱脱毛、运动失调、胃溃疡、腹泻等。

(1)液相色谱法

①免疫亲和柱净化-高效液相色谱法:用提取液提取试样中的 T-2 毒素,经免疫亲和柱净化、衍生后,用高效液相色谱荧光检测器测定,外标法定量。采用此法,现行有效的国家标准有《食品安全国家标准 食品中黄曲霉毒素 B 族和 G 族的测定》(GB 5009.118—2016)和《饲料中 T-2 毒素的测定 免疫亲和柱净化-高效液相色谱法》(GB/T 28718—2012)。

②液相色谱-串联质谱法:用乙腈溶液提取试样,经正己烷脱脂及霉菌毒素多功能净化柱净化后,用氮气吹干,甲酸乙腈溶液溶解,液相色谱-串联质谱法测定。采用色谱保留时间和质谱碎片及其离子丰度比定性,外标法定量。采用此法,现行有效的农业标准有《饲料中黄曲霉毒素、玉米赤霉烯酮和 T-2 毒素的测定 液相色谱-串联质谱法》(NY/T 2071—2011)。

(2)免疫分析法

测定方法是基于竞争性酶联免疫反应,用甲醇/水振荡提取试样中的 T-2 毒素。处理后试样中的 T-2 毒素与 T-2 毒素酶结合物竞争结合至包被在微孔板上的 T-2 毒素偶联抗原。通过洗涤除去微孔上未结合的 T-2 毒素与 T-2 毒素酶结合物,然后加入反应底物,用酶标仪测定 450nm 波长下吸光度,根据吸光度得出试样中的 T-2 毒素含量。

2. 脱氧瓜萎镰刀霉毒素(DON)

脱氧瓜萎镰刀霉毒素是一种烯醇,能引起猪呕吐,因此也称呕吐毒素(vomitoxin)。禾谷镰刀菌(*F. graminearum*)是 DON 的主要产生菌,它易在阴凉、潮湿的条件下生长繁殖,如果谷物的含水量很高,该菌很快会产生大量的 DON。禾谷镰刀菌既产生 DON 又产生玉米赤霉烯酮(ZEN),因此在发霉的玉米或其制作的饲料中 DON 和 ZEN 同时存在。DON 的毒性较小,但可广泛存在温热地区的饲料中。当饲料发生霉变,DON 大量存在时,可引起家畜中毒,表现厌食、呕吐、腹泻,并影响免疫功能和繁殖性能。

(1)液相色谱或液质联用法

试样中呕吐毒素经乙腈提取,采用固相萃取柱净化,超高效液相色谱-串联质谱仪测定,内标法定量。现行有效的采用色谱法测定食品中呕吐毒素的团体标准有《食品中蜡样芽孢杆菌呕吐毒素的测定》(T/WSJD 57—2024)。

(2)免疫分析法

试剂盒采用间接竞争酶联免疫法,在酶标板微孔条上预包被呕吐毒素抗原,样本中的呕吐毒素和微孔条上预包被的抗原竞争抗呕吐毒素抗体(抗试剂),同时呕吐毒素抗体与酶标二抗(酶标物)相结合,经 3,3′,5,5′-四甲基联苯胺(tetramethylbenzidine,TMB)底物显色,样本吸光度值与其所含呕吐毒素量呈负相关,与标准曲线比较再乘以其对应的稀释倍数,即可得出样本中呕吐毒素的含量。现行有效的采用竞争酶联免疫法测定饲料中呕吐毒素的标准有《饲料中脱氧雪腐镰刀菌烯醇(呕吐毒素)的测定——竞争酶联免疫分析法》(DB45/T

607—2009)。

除竞争酶联免疫法外,胶体金法在饲料和食品中呕吐毒素的快速检测中较为常用。现行有效的采用胶体金法测定饲料和食品中呕吐毒素的团体标准有《奶牛饲料中呕吐毒素的测定 胶体金法》(T/JZNX 005—2019)。

三、操作流程

1. T-2 毒素

(1)免疫亲和柱净化-高效液相色谱法(GB/T 28718—2012)

免疫亲和柱净化-高效液相色谱法流程见图 2-11。

图 2-11 免疫亲和柱净化-高效液相色谱法流程

①样品提取:称取试样 50g(精确到 0.01g)于 500mL 烧杯中,加入 100mL 甲醇＋水(80＋20),高速均质 2min 或超声 30min,3000r/min 离心 5min,上清液经定量滤纸过滤,移取 10mL 滤液于 50mL 容量瓶中,加水定容至刻度,混匀,用玻璃纤维滤纸过滤至滤液澄清。

②净化:将免疫亲和柱与 10mL 注射器连接,准确移取①中制备的提取液 10mL,注入注射器中。将空气压缩机与注射器连接,调节压力,使溶液以每秒约 1 滴的流速通过免疫亲和柱,直至空气进入亲和柱中,再用 10mL 水淋洗免疫亲和柱,流速约为每秒 1 滴至 2 滴,直至空气进入亲和柱中,弃去全部流出液,抽干小柱。

③洗脱:准确加入 1.0mL 甲醇洗脱,流速约为每秒 1 滴,收集全部洗脱液于干净的玻璃试管中。

④配制标准溶液:

ⅰ.配制 T-2 毒素标准储备液:准确称取适量 T-2 毒素标准品(纯度≥98%,精确至 0.0002g),用乙腈配成浓度为 0.5mg/mL 的标准储备液,置－20℃冰箱中避光保存,有效期 3 个月。使用前用乙腈稀释成适当浓度的标准工作液。

ⅱ.配制 T-2 毒素标准工作液:根据使用需要,准确吸取一定量的 T-2 毒素标准储备液,用乙腈稀释,分别配成相当于 10ng/mL、50ng/mL、100ng/mL、150ng/mL 和 200ng/mL 的标准工作液,4℃保存,有效期 7d。

⑤衍生化:

ⅰ.配制 4-二甲基氨基吡啶(DMAP,0.325g/L):准确称取 0.0325g 4-二甲基氨基吡啶,用甲苯溶解并定容至 100mL。

ⅱ.配制 1-蒽腈(1-anthroylnitrile,1-AN,0.3g/L):称取 0.030g 1-蒽腈,用甲苯溶解并定容至 100mL。

ⅲ.T-2 毒素标准工作液的衍生化:取不同浓度的 T-2 毒素标准工作液各 1.0mL,在 50℃下用氮气吹干,加入 0.325g/L 4-二甲基氨基吡啶 50μL 和 0.3g/L 1-蒽腈 50μL,在涡旋混合器上混匀 1min,50℃水浴反应 15min,50℃下用氮气吹干,用 1.0mL 乙腈＋水(80＋20)

溶解。

ⅳ. 样品的衍生化:将试样提取、净化、洗脱后的洗脱液在 50℃ 下用氮气吹干,加入 0.325g/L 4-二甲基氨基吡啶 50μL 和 0.3g/L 1-蒽腈 50μL,在涡旋混合器上混匀 1min,50℃ 水浴反应 15min,50℃ 下用氮气吹干,用 1.0mL 乙腈+水(80+20)溶解。

⑥定量测定:

ⅰ. 高效液相色谱参考条件:

a) 液相色谱柱:C$_{18}$柱(柱长 150mm,柱内径 4.6mm,填料粒径 5μm),或性能相当者;

b) 色谱柱柱温:35℃;

c) 流动相:乙腈+水(80+20);

d) 流速:1.0mL/min;

e) 检测波长:激发波长 381nm,发射波长 470nm;

f) 进样体积:20μL。

ⅱ. 定量测定:根据样液中 T-2 毒素衍生物含量情况,分别取适量的标准工作液和试样溶液,按照保留时间进行定性,以标准工作液做单点或多点校准,并用色谱峰面积定量。

ⅲ. 平行试验:按以上步骤,对同一试样进行平行测定。

⑦结果计算:试样中 T-2 毒素含量按下式计算:

$$X = \frac{A_1 \times c \times V}{A_s \times m} \qquad (2.11)$$

式中:X——T-2 毒素的含量,μg/kg;

A_1——试样溶液中 T-2 毒素衍生物的峰面积;

c——标准工作溶液中 T-2 毒素衍生物的浓度,μg/mL;

V——试样溶液最终定容体积,mL;

A_s——标准工作溶液中 T-2 毒素衍生物的峰面积;

m——最终样液所代表的试样量,kg。

同一实验室由同一操作人员使用同一台仪器完成的两个平行测定结果的相对偏差不大于 10%。

(2)免疫分析法

目前有专门测定 T-2 毒素的酶联免疫检测试剂盒,在分析时适当参考操作说明书。免疫分析法流程见图 2-12。

制备试样液 → 抗原抗体孵育 → 洗板 → 显色 → 终止显色 → 测定吸光度 → 结果计算

图 2-12 免疫分析法流程

①制备试样液

称取 5g 试样(精确到 0.01g)至 50mL 聚苯乙烯离心管中,加入 25mL 甲醇-水提取液(50+50),用振荡器振荡 5min,于 20℃~25℃ 下,3000×g 以上离心 5min。取 500μL 上清液至 2mL 聚苯乙烯离心管中,加入 500μL 10% 氯化钠溶液,用振荡器振荡 1min,混匀,作为试样液待检。高浓度的样品,毒素含量如超出标准曲线范围,可进一步稀释,直至样品中毒素浓度在标准曲线范围以内。

②抗原抗体孵育

ⅰ.配制 T-2 毒素标准储备溶液：称取 10.0mg T-2 毒素标准物质，用甲醇定容至 10.0mL，配制成 1.0mg/mL 的标准储备溶液。避光保存于−20℃冰箱中，可使用 6 个月。

ⅱ.配制 T-2 毒素标准溶液：浓度分别为 1μg/L、3μg/L、9μg/L、27μg/L 和 81μg/L，用 T-2 毒素标准储备溶液和 PBS 缓冲液配制，以 PBS 缓冲液作为浓度为 0μg/L 的标准溶液。

ⅲ.配制酶结合物工作液：

a）配制酶结合物稀释液：牛血清白蛋白 1.0g，叠氮化钠 1.0g，加 1000mL PBS 缓冲液（磷酸二氢钾 0.2g、十二水合磷酸氢二钠 2.9g、氯化钠 8.0g、氯化钾 0.2g，加水定容至 1000mL）。

b）配制酶结合物工作液：根据需要量将浓缩酶结合物（抗 T-2 毒素单克隆抗体与辣根过氧化物酶的结合物）用酶结合物稀释液按照 1：10 的体积比进行稀释，配制成酶结合物工作液，现配现用。

ⅳ.定位：

a）制备微孔条：用包被缓冲液（碳酸钠 1.59g，碳酸氢钠 2.93g，加水定容至 1000mL）将 T-2 毒素偶联抗原稀释至 20μg/mL，每孔加入 100μL 包被微孔条，于 37℃避光放置 2h；将孔内液体甩干，用 PBST 溶液（吐温−20 0.5mL，加 PBS 缓冲液 1000mL）洗 1 次后拍干，每孔加入 150μL 封闭液（蔗糖 5.0g、小牛血清 20mL，加 PBS 缓冲液 100mL），于 37℃避光放置 2h，甩掉孔内液体后拍干。

b）将测定所需的微孔条插入微孔架，记录标准溶液和试样提取液在微孔架上的位置，每个标准溶液和试样提取液均做双孔测定。

ⅴ.加试剂：分别吸取 20μL T-2 毒素标准溶液（浓度分别为 0μg/L、1μg/L、3μg/L、9μg/L、27μg/L 和 81μg/L）和试样提取液至对应的微孔中。

ⅵ.吸取 100μL 酶结合物工作液至各微孔，混合均匀，以封口膜将微孔覆盖，防止试液挥发，放置于培养箱中，于 25℃±1℃避光孵育 10min。

③洗板

将微孔中液体倾倒到水池内，倒置微孔支架，在干净纸巾上轻拍，除去所有残留的液体，用移液枪加蒸馏水 250μL 到每个微孔中，洗板，放置 2min，再排空液体，重复洗涤 5 次。

④显色

ⅰ.配制底物溶液：

a）底物溶液 A：取 20mg 四甲基联苯胺，用 10mL 无水乙醇溶解，充分振荡，加水定容至 100mL。

b）底物溶液 B：一水柠檬酸 2.1g，磷酸氢二钠 2.82g，0.75％过氧化脲溶液 0.64mL，加水定容至 100mL。

ⅱ.显色：加入 50μL 底物溶液 A 液和 50μL 底物溶液 B 液至各微孔，放置于培养箱中，于 25℃±1℃避光孵育 5min。

⑤终止显色

ⅰ.配制终止液：量取 108.7mL 98％浓硫酸溶液，缓慢加入水中，冷却至室温后，加水定容至 1000mL。

ⅱ.终止反应:加 50μL 终止液到每个孔中,摇匀。

⑥测定吸光度

与标准品的颜色比对来进行快速筛选和酶标仪 450nm 下精准定量。在 450nm 下,以空气为空白调零,测定吸光度,在 60min 内读数。

⑦结果计算

ⅰ.计算百分吸光率:用所获得的标准溶液或试样提取液吸光度与浓度为 0μg/L 的标准溶液吸光度的比值进行计算,计算公式如下:

$$W=\frac{A}{A_0}\times100\%$$ (2.12)

式中:W——百分吸光率,%;

A——标准溶液或试样提取液的平均吸光度;

A_0——浓度为 0μg/L 的标准溶液的平均吸光度。

ⅱ.绘制标准曲线:以计算的百分吸光率(%)为纵坐标,标准溶液浓度的对数值($\log_{10}$)为横坐标绘制标准曲线。每次实验均需重新绘制标准曲线。

ⅲ.试样结果计算:将试样的百分吸光率代入标准曲线中,从标准曲线上读出试样所对应的浓度。试样中 T-2 毒素的含量按下式计算:

$$X=c\times\frac{2V}{m}\times f$$ (2.13)

式中:X——试样中 T-2 毒素的含量,μg/kg;

c——从标准曲线上查得的试样中 T-2 毒素的浓度,μg/L;

V——甲醇-水提取液体积,mL;

m——试样的称取量,g;

f——超出标准曲线浓度范围的样品的再次稀释倍数。

注意:也可以用各种酶标仪的数据处理软件进行计算,所得结果保留一位小数。本方法的测定低限为 10μg/kg。

2. 呕吐毒素

(1)超高效液相色谱-串联质谱法(T/WSJD 57—2024)

试样中蜡样芽孢杆菌呕吐毒素经乙腈提取,采用固相萃取柱净化。超高效液相色谱-串联质谱仪测定(流程见图 2-13),内标法定量。

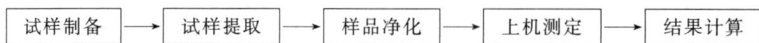

试样制备 → 试样提取 → 样品净化 → 上机测定 → 结果计算

图 2-13 超高效液相色谱-串联质谱法流程

①试样制备:采用多点取样法,取 250g 样品,按照 1:3 的比例加水均质,制成食糜状试样,于 -18℃ 以下冷冻保存;乳及乳制品混合均匀,于 -18℃ 以下冷冻保存,取样前恢复至室温。

②试样提取:

ⅰ.配制蜡样芽孢杆菌呕吐毒素内标标准中间液(1.0mg/L):准确吸取标准溶液($^{13}C_6$-蜡样芽孢杆菌呕吐毒素标准溶液,CAS 号:1487375-69-8,浓度为 20μg/mL,或经国家认证并授予标准物质证书的标准品)0.500mL,置于 10.0mL 棕色容量瓶中,用乙腈溶液定容至 10.0mL,即得浓度为 1.0mg/L 的标准中间液,于−18℃冷冻保存,有效期 3 个月。

ⅱ.配制蜡样芽孢杆菌呕吐毒素内标标准工作液(0.1mg/L):准确吸取内标标准中间液1.0mL,置于 10.0mL 棕色容量瓶中,并用乙腈溶液稀释成 0.1mg/L 的内标标准工作液,于−18℃冷冻保存,有效期 1 个月。

ⅲ.提取:称取 1g(精确至 0.01g)均质后的样品,置于 15mL 离心管中,加入内标标准工作液(0.1mg/L)20μL,静置 30min 后,准确加入 5.0mL 乙腈,涡旋混匀 30s,超声 30min。4℃下 12000r/min 离心 10min。转移全部上清液至 15mL 离心管中,加入 5.0mL 水,涡旋混合 30s,过新型反相固相萃取柱(HLB-P,200mg,6mL)或相当产品净化。

③样品净化:HLB-P 柱经 3.0mL 甲醇、3.0mL 纯水依次活化,取样品提取液上样(如果上柱溶液黏度较大,过滤较为缓慢,可以 1.2mL/min 速度抽滤过柱),待上样液完全过柱后,以 3.0mL 纯水淋洗小柱,5.0mL 甲醇洗脱,收集全部洗脱液,氮气浓缩至近干,残渣用1.0mL 初始流动相(流动相 A 与 B 体积比为 8∶2)复溶,过微孔滤膜供上机测定。

④上机测定:

ⅰ.超高效液相色谱参考条件:

a) 色谱柱:Waters ACQUITY UPLC Peptide BEH C_{18} Column,300Å 色谱柱(2.1mm×100mm,填料粒径 1.7μm)或性能相当者;

b) 流动相:A 相为 0.1% 甲酸乙腈溶液,B 相为 0.1% 甲酸-2.0mmol/L 乙酸铵水溶液;

c) 流速:0.35mL/min;

d) 柱温:40℃;

e) 进样量:5μL;

f) 梯度洗脱程序见表 2-8。

表 2-8　梯度洗脱程序

时间(min)	A 相(%)	B 相(%)
0.0	80	20
4.0	100	0
6.0	100	0
7.0	80	20
8.0	80	20

ⅱ.质谱参考条件:

a) 离子化模式:电喷雾电正离子模式(ESI[+]);

b) 质谱扫描方式:多离子反应监测(MRM);

c) 毛细管电压:3.5kV;

d) 离子源温度:150℃;

e) 脱溶剂温度:500℃;

f) 脱溶剂气体流量:1000L/h;

g）碰撞室压强：0.36Pa；

h）监测参数见表 2-9。

表 2-9 蜡样芽孢杆菌呕吐毒素监测参数

化合物	保留时间（min）	母离子（m/z）	子离子（m/z）	参考碰撞能量（eV）
蜡样芽孢杆菌呕吐毒素	3.9	1171.0	1126.0	35.0
			357.0*	58.0
$^{13}C_6$-蜡样芽孢杆菌呕吐毒素	3.9	1177.0	1131.0	40.0
			1160.0*	34.0

* 为定量离子。

ⅲ.配制蜡样芽孢杆菌呕吐毒素标准中间液（1.0mg/L）：准确吸取标准溶液（CAS 号：157232-64-9,浓度为 25μg/500μL 或经国家认证并授予标准物质证书的标准品）0.200mL，置于 10.0mL 棕色容量瓶中，用乙腈溶液定容至 10.0mL，即得浓度为 1.0mg/L 的标准中间液，于—18℃冷冻保存，有效期 3 个月。

ⅳ.配制蜡样芽孢杆菌呕吐毒素标准工作液（0.1mg/L）：准确吸取标准中间液 1.0mL（1.0mg/L）置于 10.0mL 棕色容量瓶中，并用乙腈溶液稀释成 0.1mg/L 的标准工作液，—18℃冷冻保存，有效期 1 个月。

ⅴ.配制标准系列工作液：准确吸取 0.1mg/L 标准工作液 10μL、50μL、100μL、200μL、500μL 和 1000μL，分别置于 10.0mL 容量瓶中，加入 200μL 0.1mg/L 内标标准工作液，用初始流动相（流动相 A 与 B 体积比为 8∶2）制成浓度分别为 0.1μg/L、0.5μg/L、1.0μg/L、2.0μg/L、5.0μg/L 和 10.0μg/L 的标准系列工作液，含内标浓度为 2.0μg/L,现用现配。

ⅵ.绘制标准工作曲线：将标准系列工作液分别注入超高效液相色谱-串联质谱系统，测定相应的蜡样芽孢杆菌呕吐毒素及其内标的峰面积，以各标准系列工作液的蜡样芽孢杆菌呕吐毒素浓度（μg/L）为横坐标，以蜡样芽孢杆菌呕吐毒素和 $^{13}C_6$-蜡样芽孢杆菌呕吐毒素内标的峰面积比为纵坐标，绘制标准曲线。

ⅶ.测定试样溶液：将试样溶液注入超高效液相色谱-串联质谱系统，测定相应的蜡样芽孢杆菌呕吐毒素及其内标的峰面积。试液中待测物的响应值应在标准曲线线性范围内，若超过线性范围，则应适当减少取样量后重新测定。

ⅷ.定性：试样中蜡样芽孢杆菌呕吐毒素色谱峰的保留时间与相应标准溶液中色谱峰的保留时间比较，变化范围应在±2.5％之内。选择的蜡样芽孢杆菌呕吐毒素质谱定性离子必须出现，至少应包括一个母离子和两个子离子，且试样中蜡样芽孢杆菌呕吐毒素的两个子离子的相对丰度比与浓度相当的标准溶液相比，其最大允许偏差不超过表 2-10（定性确证时相对离子丰度的最大允许偏差）规定的范围。

表 2-10 定性确证时相对离子丰度的最大允许偏差

相对离子丰度（％）	＞50	20～50	10～20	≤10
最大允许偏差（％）	±20	±25	±30	±50

⑤结果计算:试样中蜡样芽孢杆菌呕吐毒素含量按下式计算:

$$X = \frac{\rho \times V \times f}{m} \qquad (2.14)$$

式中:X——试样中待测蜡样芽孢杆菌呕吐毒素含量,$\mu g/kg$;

ρ——由标准曲线查得的试样溶液中待测毒素的浓度,ng/mL;

V——样品经净化洗脱后的最终定容体积,mL;

f——提取液稀释因子,$f=3$;

m——试样的称样量,g。

计算结果保留三位有效数字。

在重复性条件下获得的两次独立测定结果的绝对差值不得超过算术平均值的20%。

注意:样品取样量1.0g时,蜡样芽孢杆菌呕吐毒素的检出限为0.03$\mu g/kg$,定量限为0.1$\mu g/kg$。

(2)时间分辨荧光免疫层析定量法(DB32/T 4367—2022)

试样中脱氧雪腐镰刀菌烯醇与时间分辨荧光微球标记的特异性抗体结合,抑制了层析过程中标记抗体与试纸条 T 线脱氧雪腐镰刀菌烯醇抗原的免疫反应,使 T 线时间分辨荧光强度降低,质控线 C 线结合的荧光标记物浓度与样品中脱氧雪腐镰刀菌烯醇的浓度无关。层析结束后,通过仪器检测计算试纸条 T 线和 C 线的时间分辨荧光强度比和设定的标准曲线进行准确定量分析,流程见图2-14。

样品前处理 → 绘制标准曲线 → 荧光免疫定量分析 → 结果计算

图 2-14　时间分辨荧光免疫层析定量法流程

①样品前处理

ⅰ.配制提取液:800mL 甲醇用纯水定容至1L;

ⅱ.配制稀释液:在 1L 磷酸盐缓冲溶液(取 2.178g 磷酸氢二钠、0.144g 磷酸二氢钾、0.12g 氯化钾、4.8g 氯化钠,溶解于 1L 水中,用适量盐酸调 pH 至 6.8～7.2)中分别加入2.5g 蔗糖、1.0g 牛血清白蛋白(纯度≥98%)和 2.0g 吐温-20,混匀;

ⅲ.制备样品提取液:称取 1.0g±0.02g 样品于 10mL 离心管中,用移液枪加入 5mL 提取液,用涡旋振荡器振荡提取 5min,4000r/min 离心 1min,取上清备用;如果样品浓度过高,用提取液稀释;

ⅳ.制备样品稀释液:取 100μL 样品提取液,加入 600μL 稀释液,混匀后待点样检测。

②绘制标准曲线:

ⅰ.制备空白基质溶液:取 10g 阴性样品于 100mL 离心管中,加入 50mL 提取液,用涡旋振荡器振荡提取 5min,4000r/min 离心 1min,取上清备用;

ⅱ.配制标准储备液:取脱氧雪腐镰刀菌烯醇标准溶液(200mg/L)1mL 于 2mL 容量瓶中,用甲醇定容,混合均匀,制成 100mg/L 储备液;

ⅲ.配制标准工作液:分别吸取脱氧雪腐镰刀菌烯醇标准储备液 0.000mL、0.004mL、0.010mL、0.020mL、0.060mL、0.120mL、0.200mL、0.300mL 和 0.400mL 于 5mL 容量瓶中,用空白基质溶液定容,分别相当于 0ng/mL、20ng/mL、50ng/mL、100ng/mL、300ng/mL、600ng/mL、1000ng/mL、1500ng/mL 和 2000ng/mL 的标准工作液;

ⅳ.建立标准曲线:取 $100\mu L$ 标准工作液分别加入 $600\mu L$ 稀释液,混匀后由低浓度到高浓度进行检测。仪器软件可根据 T 线信号与 C 线信号的比(T/C)和标准工作液浓度的自然对数(lnc)建立标准曲线(同批次试纸条只需建立一次标准曲线)。

③荧光免疫定量分析:

开启干式恒温孵育器,设置温度 37℃,待温度升至 37℃后方可使用。

时间分辨荧光免疫定量分析仪预热 5min,插入试纸条所对应的 ID 卡。从铝箔袋中取出脱氧雪腐镰刀菌烯醇荧光免疫定量检测试纸条,水平置于干式恒温孵育器。用移液枪吸取 $100\mu L$ 经前处理的待测样品,加入试纸条的加样孔中,盖上孵育器盖开始计时孵育 6min。孵育结束后将试纸条插入时间分辨荧光免疫定量分析仪的试纸条插槽中,点击读数。

④结果计算:

样品中脱氧雪腐镰刀菌烯醇含量以质量分数 X 计,数值以微克每千克($\mu g/kg$)表示。仪器按如下公式自动计算:

$$X = \frac{P \times V \times n \times 1000}{m \times 1000} \tag{2.15}$$

式中:P——从标准曲线上查得的待测液中脱氧雪腐镰刀菌烯醇的含量,ng/mL;

$\quad\quad V$——样品待测液的体积,mL;

$\quad\quad n$——样品稀释倍数;

$\quad\quad m$——样品质量,g。

计算结果保留至小数点后两位。

注意:该方法的检出限为 $25\mu g/kg$,定量限为 $100\mu g/kg$,检测线性范围为 $100\mu g/kg\sim 10000\mu g/kg$。

📍 思考题

1.为何在霉菌毒素检测过程中多涉及母液、工作液的制备?

2.如何做好霉菌毒素检测过程中污染的防控?

第三章 微生物饲料制备及发酵工艺优化

当前,影响我国饲料业健康发展的一个最重要因素是优质饲料原料严重不足,如不采取有效措施,依赖进口的局面将长期存在。我国各类杂粮、糟渣、食品加工副产物等非常规饲料资源丰富,但由于其饲用价值不高,限制了其在饲料工业中的高效应用。因此,采用微生物发酵技术对多种饲料资源进行优质化处理,可以提高其饲用价值,在一定程度上丰富能量蛋白饲料原料供给,缓解我国优质饲料资源的供需矛盾。微生物饲料是指在人工控制的条件下生成的菌体蛋白,或采用已知有益的微生物与饲料混合,经发酵等工艺制成含活性益生菌的安全、无污染、无残留的优质饲料。微生物饲料是集微生物菌体蛋白、生物活性小肽、氨基酸、益生菌、复合酶为一体的生物饲料。严格上讲,微生物饲料分为单细胞蛋白饲料和其他微生物发酵饲料。单细胞蛋白饲料指由单细胞或简单多细胞生物组成的蛋白质含量较高的饲料。常用生产单细胞蛋白饲料的微生物有酵母菌、霉菌和藻类,这些微生物的细胞含有丰富的蛋白质及各种必需氨基酸,还有脂肪、碳水化合物、矿物元素等家畜所必需的营养物质。这些微生物可以利用酿造业的废水液、造纸木材水解液、亚硫酸废液、玉米淀粉水、糖蜜以及石油天然气中的副产品生长繁殖,可废物利用减少环境污染。其他微生物发酵饲料中根据发酵的饲料成分不同,分为全价发酵饲料、发酵浓缩、发酵豆粕、发酵棉粕、发酵菜粕、发酵糟渣。发酵豆粕的目的是通过微生物发酵产生更多的生物活性小肽、净化抗营养因子,起到代替鱼粉的作用,也就是通过高成本的投入产出更优质的蛋白饲料。发酵棉粕、菜粕的目的是通过微生物发酵生产更多的生物活性小肽,同时脱去棉粕和菜粕中的毒素,增加消化吸收率,使发酵后的产物在动物养殖中代替豆粕等蛋白饲料。

第一节 单细胞蛋白饲料的制备

一、目的与要求

1.培养和提高探索创新精神。
2.掌握常见单细胞蛋白饲料的制备方法。
3.掌握液态发酵技术。
4.掌握固态发酵技术。

二、原理

饲料酵母是将酵母菌培养在适当的工农业副产品上制成的一种饲料,常用的酵母菌有酵母属、球拟酵母属、假丝酵母属、红酵母属、圆酵母属中的一些菌株。这些酵母本身对营养要求不高,除了能利用己糖外,还可利用戊糖作为碳源,所以生产饲料酵母的糖通常来自廉价的原料,主要包括亚硫酸盐纸浆液,农业副产品如稻糠、谷糠、木屑、玉米芯、麦秸、废糖蜜等。在氮源方面,可利用各种廉价的铵盐。所以饲料酵母的原料特点主打一个"廉价"。饲用酵母的风干制品粗蛋白含量为50%～60%,其有效能值近似玉米,必需氨基酸含量及其生物学效价与优质豆粕相似,其中赖氨酸、蛋氨酸/胱氨酸水平与鱼粉相当,在矿物质元素中,锌、硒和铁的含量较高。

生产单细胞蛋白饲料的霉菌主要有地霉属、曲霉属、根霉属、木霉属、镰刀菌属和伞菌目的霉菌等,去除培养基后的霉菌细胞蛋白的营养价值与饲料酵母相似。

用于生产藻体饲料的主要藻种有小球藻属、栅藻属和螺旋藻属等,其中螺旋蓝藻的藻体很大,容易收获,不需要离心分离,用纱布过滤即可,是理想的藻种。一般去除培养基后,藻类的粗蛋白含量为40%～50%,富含必需氨基酸,还有10%～20%的脂肪及丰富的维生素和色素,因此不仅是优质的饲料,还可供人食用。

3-1 微生物饲料

三、操作流程

按照微生物发酵采用的培养基状态不同,微生物发酵可分为液态发酵和固态发酵。液态发酵是指微生物在液态培养基中进行的发酵过程。固态发酵是指在没有或几乎没有自由水存在的条件下,在有一定湿度的水不溶性固态基质中,用一种或多种微生物发酵的生物反应过程。固态厌氧发酵有较好的仿生效果,可以利用呼吸膜发酵袋控制发酵气压,实现厌氧发酵和产品长期保存,适合在广大养殖场推广。按照微生物对氧的需求,固态发酵方式可以分为好氧发酵、厌氧发酵和两段式发酵三种。

1. 液态好氧发酵

液态好氧发酵流程见图 3-1。

分析废液营养成分 → 添加氮、磷等营养素 → 接种单细胞 → 匀质 → 固液分离 → 干燥

图 3-1　液态好氧发酵流程

(1)分析废液营养成分

微生物生长需要适宜的营养素比例,因此在液态发酵前需对废液的总有机碳、总氮、矿物质等进行测定。

(2)添加营养素

基于废液营养成分,适量添加所培养微生物需要的营养素。

(3)接种单细胞

冷冻保存的微生物需提前从－80℃冰箱中取出复苏(经适宜的液体培养基培养至指数

增长期）。

（4）匀质

菌液在曝气、搅拌或摇床作用下处于完全混合状态。

（5）固液分离

通过可见光分光光度计检测微生物生长量达到最大生产量。在最大生产量时收取菌液，通过离心进行固液分离。

（6）干燥

收集离心后的沉淀，置120℃烘箱中烘15min，置65℃烘箱中烘8h～12h，然后回潮使其与周围环境条件下的空气湿度保持平衡。

2. 液态厌氧发酵

液态厌氧发酵流程见图3-2。

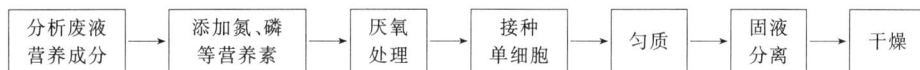

分析废液营养成分 → 添加氮、磷等营养素 → 厌氧处理 → 接种单细胞 → 匀质 → 固液分离 → 干燥

图3-2　液态厌氧发酵流程

液态厌氧发酵操作与液态好氧发酵近似，但在接种微生物及微生物培养过程中要保持厌氧状态，具体的厌氧操作详见厌氧培养基的制备及厌氧微生物的分离培养。

3. 固态发酵

固态发酵流程见图3-3。

抽取接种液 → 准备原料 → 适宜的料水比 → 接种 → 发酵 → 分离菌体 → 干燥和包装

图3-3　固态发酵流程

（1）制取接种液

根据发酵目标选择适宜的微生物菌种，如乳酸菌、酵母菌、芽孢杆菌等，并对菌种进行活化，确保菌种活性和数量充足。纯化好的存储于−80℃条件下的菌液或真菌孢子悬浮液加入适宜的液体培养基中，细菌置于37℃（真菌置于25℃～30℃）生化培养箱中培养，过夜的菌液再次扩大培养至对数生长阶段，即可获得接种菌液。

（2）准备原料

选择合适的原料是固态发酵的第一步。常用的原料包括大豆、玉米、小麦糠等。这些原料需经过粉碎、清洗、消毒等处理，以确保后续发酵过程的卫生和安全。若培养基中营养物质浓度过低，则不能满足微生物正常生长所需，若浓度过高则可能对微生物生长起抑制作用。另外，培养基中各营养物质之间的浓度配比也直接影响微生物的生长繁殖和（或）代谢产物的形成与积累，其中碳氮比的影响最大。

（3）适宜的料水比

水的存在保障了微生物的新陈代谢活动，也是一切生物化学反应和营养物质、信息成分传递的介质，但水分过高易出现污染杂菌和底物团结严重的现象。通常通过单因素试验设计确定适宜的料水比。

（4）接种

选择适宜的菌种对固态发酵的成功至关重要。菌种的制备和接种需要严格控制，以确保菌种的活性和纯度。接种是将菌液按一定的比例与一定含水量的饲料原料混合均匀。

（5）发酵

将处理好的原料和菌种混合后，经过一定时间的发酵，微生物会利用原料中的营养物质进行生长和代谢，产生所需的发酵产物。在发酵过程中定期进行过程监控，确保发酵在适宜的条件下进行。

（6）分离菌体

如果是制备单细胞蛋白，则需菌体分离环节。通常固态发酵后的产物直接用于饲料，不经过菌体分离过程。

（7）干燥和包装

发酵后的产品进行干燥处理，降低产品的水分含量，增加其稳定性和储藏期。然后对成品进行包装和存储，以确保产品在运输和储存过程中的安全性和品质稳定性。

实验十七　利用玉米秸秆生产酵母蛋白

一、实验目的

1. 培养非常规饲料资源利用意识。
2. 掌握液态发酵方法。
3. 思考如何确定最佳的发酵条件。

二、实验原理

玉米秸秆可以被纤维素酶水解产生还原糖。利用多酶协同酶解玉米秸秆粉制备玉米秸秆酶解液，以此为碳源加适量氮素营养后培养产朊假丝酵母。

三、实验材料

1. 实验试样

玉米秸秆粉：取无霉变玉米秸秆粉碎后过 40 目筛。

纤维素复合酶：木聚糖酶、纤维素酶和阿魏酸酯酶等的混合物。

氮素：尿素。

2. 实验试剂

麦芽汁培养基。

3. 实验器材

超净工作台、恒温培养箱、摇床、培养皿、移液枪、三角烧瓶、试管等。

四、实验操作

1. 制备玉米秸秆酶解液

（1）预处理底物

将 50g 样品浸入 300mL 2%（W/V）NaOH（固液比 1:6）溶液中，121℃处理 30min，冷却至室温。用蒸馏水反复冲洗处理后的样品至 pH 为 6.0～7.0，将冲洗后的样品置于托盘中，置 65℃烘箱中烘干，保存在密封的塑料袋中备用。

（2）制备酶解液

将 1mg/mL 木聚糖酶、纤维素酶和阿魏酸酯酶等粗酶液等体积混合，取 100mL 混合酶液加入 10g 玉米秸秆粉中，25℃孵育 48h。

2. 测定水解液还原糖含量

（1）配制 3,5-二硝基水杨酸（DNS）试剂

称取酒石酸钾钠 182.0g，溶于 500mL 蒸馏水中，加热（不超过 50℃），于热溶液中依次加入 3,5-二硝基水杨酸 6.3g、NaOH 21.0g、苯酚 5.0g、无水亚硫酸钠 5.0g，搅拌至溶解完全，冷却后用蒸馏水定容至 1000mL，储存于棕色瓶中，室温保存（7d 后使用）。

（2）制作标准曲线

配制 10mg/mL 葡萄糖母液，使用去离子水稀释至不同浓度（1mg/mL～5mg/mL），反应体系为 75μL，不同浓度的葡萄糖与 75μL DNS 混合，混匀后于 95℃显色 5min。取 100μL，测定 OD_{540}，反应一式 3 份。以葡萄糖浓度为横坐标，吸光度为纵坐标绘制标准曲线。

（3）测定水解液中还原糖含量

取酶解上清液 100μL，加入等体积 DNS 后于 95℃显色 5min，根据标准曲线计算还原糖生成量。

3. 产朊假丝酵母菌体的培养

取含还原糖 2% 的玉米秸秆酶解液 100mL，加入 0.25g 尿素，接种产朊假丝酵母，在 pH 5.5 条件下置 28℃下培养 60h。

4. 测定产朊假丝酵母菌体干重

将产朊假丝酵母菌体培养液离心得到菌体，经蒸馏水洗涤 3 次并抽滤后烘干至恒重，称重并计算每 100mL 酶解液的酵母细胞产量。

思考题

1. 改变发酵温度是否会影响酵母细胞的得率？

2. 将尿素换成硫酸铵、蛋白胨等氮素是否会影响酵母细胞的得率？

3. 在制备玉米秸秆酶解液之前，为何用氢氧化钠预处理？

第二节　微生物发酵饲料的制备

一、目的与要求

1. 培养和提高探索创新精神。
2. 掌握常见微生物发酵饲料的制备方法。
3. 掌握液态发酵技术。
4. 掌握固态发酵技术。

3-2 发展微生物饲料的必要性及其加工工艺

二、原理

　　常用于发酵饲料的微生物有乳酸菌、芽孢杆菌、曲霉菌和酵母菌等。细菌相对于真菌，生长速率更快，所需发酵时间更短。芽孢杆菌含丰富的生物酶系，分泌的蛋白酶一般为中性或碱性，可降低大豆抗原蛋白免疫原性。枯草芽孢杆菌是一种发酵大豆制品常用的芽孢杆菌属微生物，其安全性得到广泛认可。枯草芽孢杆菌发酵不仅可降低大豆抗原蛋白含量，同时能将大豆制品中大分子的蛋白、纤维素和脂类分解生成小分子的氨基酸、肽段、糖类和有机酸等，为机体提供多种营养和生理活性物质。但枯草芽孢杆菌发酵产品中吡嗪等物质会导致氨臭味较重，需进一步改善产品的风味。乳酸菌是一类能够利用碳水化合物的微生物，并且代谢的最终产物主要是乳酸。多种乳酸菌能以大豆基质为底物，在豆制品中良好生存，可以提高异黄酮的生物利用度和低聚糖的消化率，但其大部分酶的活性都很低。曲霉菌常用来发酵豆类产品，米曲霉和黑曲霉分布广泛，是曲霉属真菌中的常见种。米曲霉具有良好的分泌蛋白酶能力，是工业酿造食品的重要微生物，黑曲霉发酵生产酶的种类丰富，许多商品酶制剂都选用黑曲霉作为来源，两者均具有较强的降解大分子抗原蛋白的能力。酵母菌是真核生物，菌体蛋白含量高，氨基酸组成合理，其中，酿酒酵母能生成乙醇，降低大豆中大豆抗营养因子的含量，是常见的发酵菌种。

　　厌氧发酵和好氧发酵是微生物在有机物分解过程中常见的两种代谢方式。厌氧发酵是指在缺氧条件下，微生物利用有机物质进行能量代谢的过程，微生物通过不同的代谢途径将有机物质分解成有机酸、醇、二氧化碳和氢气等。厌氧发酵常见的代谢途径包括乳酸发酵、乙酸发酵、酒精发酵等。而好氧发酵则是指在氧充足的条件下，微生物通过氧化有机物来获得能量的过程，最终产生二氧化碳和水。好氧发酵的发酵速度快、周期短、物料转化率高，但有机物被大量氧化为二氧化碳和水，也就是耗损高；厌氧发酵将有机物分解成有机酸、醇等，所以香味浓厚且呼吸耗损少，但发酵周期长。将好氧培养和厌氧转化两个过程集成到一个系统中进行，采用先好氧后厌氧的两段式发酵方式效果往往会优于单一的好氧和厌氧发酵。

生产工艺条件影响着微生物发酵饲料的产量和质量。影响发酵工艺的因素主要包括物料的营养成分及粒度、发酵菌种组成、物料含水量和pH、温度以及发酵时间等。饲料微生物发酵条件通常由单因素试验结果确定,如发酵时间、接种量、液料比等单因素下的最佳点,然后通过响应面试验确定各条件的最优组合。通常通过发酵得率、可溶性蛋白含量、粗蛋白和氨基酸含量、抗营养因子的清除率等进行评价,并对发酵产品的促生长作用、消化道保护作用等进行在体评估。

3-3 微生物发酵饲料加工工艺的优化

三、操作流程

微生物发酵饲料制备流程见图3-4。

调制原料 → 接种 → 混菌耗氧发酵 → 接种 → 混菌厌氧发酵 → 干燥

图 3-4　微生物发酵饲料制备流程

微生物发酵饲料的生产以固态发酵为主。常采用厌氧发酵或先好氧后厌氧的两段式发酵,操作流程与单细胞蛋白制备的固态发酵过程相似,也涉及制取接种液、准备原料、适宜的料水比、接种、发酵和干燥。有些发酵饲料在干燥前或干燥后会加入研磨工艺,以提高发酵产品的均匀度。

实验十八　黄酒糟发酵饲料制备中料水比的筛选

一、实验目的

1.培养非常规饲料资源利用意识。
2.掌握固态发酵方法。
3.掌握如何确定最佳的发酵条件。

二、实验原理

黄酒糟的蛋白含量高,但缺乏赖氨酸等限制性氨基酸,直接用作蛋白质饲料可能导致日粮氨基酸营养不平衡。微生物固态发酵可用于提高饲料中小分子蛋白、游离氨基酸等含量,进而改善黄酒糟的饲用价值。

产朊假丝酵母发酵糟渣类饲料能提高糟渣粗蛋白和氨基酸含量。枯草芽孢杆菌具有生长速度快、生物酶活性高等特点。枯草芽孢杆菌分泌的生物酶可高效降解蛋白质为氨基酸等。

除发酵菌种外,发酵条件也是影响微生物固态发酵效果的重要因素,主要包括发酵初始水含量、发酵时间、发酵菌种接种比例、发酵温度以及翻料次数等。这些影响发酵的因素可以通过单因素和正交试验优化来确保微生物固态发酵酒糟达到最理想的效果。

3-4 黄酒糟发酵饲料制备工艺优化

三、实验材料

1. 实验试样

菌种:产朊假丝酵母和枯草芽孢杆菌。

发酵原料:豆粕、小麦麸、糖蜜、黄酒糟、木薯渣。

2. 实验试剂

酵母膏胨葡萄糖培养基(yeast extract peptone dextrose,YPD或YEPD):配制方法详见实验六;

牛肉膏蛋白胨培养基(beef extract peptone medium):配制方法详见实验二。

3. 实验器材

高压蒸汽灭菌锅、超净工作台、恒温培养箱、摇床、托盘、培养皿、移液枪、三角烧瓶、试管等。

四、实验操作

1. 制备发酵种子液

(1)制备产朊假丝酵母发酵种子液

从保存的菌种斜面挑取一环产朊假丝酵母接种到酵母膏胨葡萄糖培养基中,30℃,120r/min下培养24h,再将培养后的菌液重新接种到新的酵母膏胨葡萄糖培养基中,30℃,120r/min下培养24h,制成产朊假丝酵母发酵种子液。

(2)制备枯草芽孢杆菌发酵种子液

从保存的菌种斜面挑取一环枯草芽孢杆菌接种到牛肉膏蛋白胨培养基中,37℃,120r/min下培养12h,再将培养后的菌液重新接种到新的牛肉膏蛋白胨培养基中,37℃,120r/min下培养24h,制成枯草芽孢杆菌发酵种子液。

2. 准备发酵底物

基于倍比稀释法,于托盘中,将40g黄酒糟、50g麸皮、5g木薯渣和5g糖蜜充分混合。混合后的发酵底物分为十等份,每份10g置于培养皿中。其中一份直接制成风干样用于后续营养成分测定。另外九份,三个为一组,每组分别按料水比55∶45、50∶50和45∶55三个梯度加入8.2g、10g和12g水,即每个料水比有三个重复,一共三个料水比。加水混匀的发酵底物放入高压蒸汽灭菌锅,121℃灭菌30min。出锅冷却。

3. 接种

将5mL产朊假丝酵母发酵种子液和5mL枯草芽孢杆菌发酵种子液混合,取1mL混合液接种到10g发酵底物中混匀。

4. 发酵

接种后的发酵底物用纱布包裹,30℃下培养36h。

5.烘干及分析

发酵产物置 120℃烘箱中烘 15min,65℃烘箱中烘 8h~12h,然后回潮使其与周围环境的空气湿度保持平衡。风干样品基于 AOAC(1990)的凯氏定氮法测定粗蛋白;风干样品经 15％三氯乙酸溶液溶解振荡后,用凯氏定氮法测定多肽含量。通过单因素方差分析比较不同料水比的发酵效率。

📍 思考题

1.改变产朊假丝酵母和枯草芽孢杆菌的接种比例是否会影响发酵效率?

2.如何优化发酵参数提高黄酒糟发酵效率?

第四章 青贮饲料制备及质量评定

青贮饲料是指青玉米秸秆、牧草等青绿饲料经切碎,填入青贮塔或青贮窖中并压实,在密封条件下,经微生物发酵作用而调制成的一种多汁、耐贮存、质量基本不变的饲料。青贮饲料占反刍动物日粮的20%以上,是反刍动物养殖必不可少的重要饲料。青贮饲料是反刍动物养殖业性价比最高的优质粗饲料,没有青贮,饲养成本大大提高,效益将无法保证。也正因为这个改变全球畜牧业发展的发明,芬兰生物化学家阿尔图里·伊尔马里·维尔塔宁于1945年获得了诺贝尔化学奖。由于全株玉米青贮能够为家畜提供足量的有效纤维与淀粉,因此是反刍动物饲养中的理想粗饲料。到2020年,我国规模化奶牛场全株玉米青贮普及率已达到了99.0%。青贮饲料具有原料来源广泛的特点,除全株玉米外,养殖企业也可因地制宜选择水稻、桑树、构树、苋菜、竹笋壳、芦笋枝叶、茭白叶、甘蔗尾叶等作为青贮原料来降低饲料成本。利用青贮技术开发非常规饲料资源是解决我国饲料资源短缺,实现绿色健康养殖的重要思路。

4-1 青贮原理及原料类型

4-2 青贮饲料中的微生物

4-3 青贮的发酵过程

第一节 青贮饲料的制备

一、目的与要求

1. 培养非常规饲料资源利用意识。
2. 掌握青贮饲料的制备方法。
3. 掌握调控青贮饲料中微生物变化的技术。
4. 培养开发青贮饲料添加剂的意识。

二、原理

青贮的原理是在密封条件下青绿饲料中的碳水化合物通过微生物(主要是乳酸菌),厌氧发酵,产生有机酸(主要是乳酸),使青绿饲料的pH降到足以抑制腐败菌、霉菌等所有微生物活动的水平(pH<4.2),从而达到能长期完好地保存青绿饲料的目的。在正常情况下,只有少量乳酸菌存在于生长植物表面,但当植物被收割后能迅速增殖,在植物被切断或揉碎时数量更多。水溶性碳水化合物作为乳酸菌繁殖发酵的底物,可使乳酸菌在发酵前期大量繁殖产生乳酸,从而抑制霉菌、酵母菌、丁酸梭菌等杂菌生长,避免蛋白质分解与霉菌毒素产

生,因此为保证乳酸的大量繁殖和产生足够的乳酸,应确保青贮原料中水溶性碳水化合物含量占干物质的 10% 以上。适时收割的玉米、高粱、菊芋、大麦、向日葵植株以及饲用甘蓝、黑麦草、甘薯藤等,其水溶性碳水化合物含量占总干物质的 12%~20%,可制作成品质优良的青贮饲料。苜蓿、三叶草、草木樨、大豆、豌豆、马铃薯茎叶等豆科牧草和豆科饲料作物的水溶性碳水化合物含量较低,不适合单独青贮,应与水溶性碳水化合物储量高的禾本科牧草混贮,或在青贮饲料原料中加入适量可溶性碳水化合物提高青贮品质。糖蜜是常用的青贮添加剂之一。牧草通过乳酸菌发酵达到 pH 值 4.0~4.2,从而抑制其他微生物生长,这是青贮成功的前提条件。大多数牧草的 pH 值约为 6,乳酸菌发酵形成的酸不仅要中和牧草原有的碱性,而且牧草本身还具有缓冲 pH 值变化的能力。牧草缓冲 pH 值变化的能力越强,则需要形成的乳酸越多,同时也就需要更多的可发酵碳水化合物。牧草这种对 pH 值下降的自然缓冲能力称为牧草的缓冲容量。禾本科牧草缓冲容量比较低,而豆科牧草具有很高的缓冲容量,所以青贮时禾本科牧草较豆科牧草 pH 值降得更快,更易进入青贮稳定期,因此,豆科牧草青贮需要更多的可发酵碳水化合物作为乳酸菌发酵的底物。

按乳酸菌对糖发酵的特性不同,可分为同型发酵乳酸菌和异型发酵乳酸菌两大类。青贮饲料中常见的同型乳酸菌有干酪乳杆菌、棒状乳杆菌、弯曲乳杆菌、植物乳杆菌、嗜酸乳杆菌、乳酸片球菌、酵母片球菌、戊糖片球菌、粪肠球菌、屎肠球菌、干酪乳杆菌、鼠李糖乳杆菌,它们发酵后的产物 80%~90% 为乳酸,只有少量其他产物。青贮饲料中常见的异型乳酸菌有短乳杆菌、布氏乳杆菌、发酵乳杆菌、绿色乳杆菌、乳脂明串珠菌、肠膜明串珠菌、类肠膜明串珠菌和葡聚糖明串珠菌。它们发酵只能使 50% 的葡萄糖转化为乳酸,同时产生约 50% 的有机酸、醇、二氧化碳等发酵副产物。同型发酵乳酸菌可以产生较多的乳酸,能够提高青贮饲料发酵品质;而异型发酵乳酸菌在产生乳酸的同时产生有机酸,有机酸能够抑制好氧细菌的生长,提高青贮有氧稳定性。因此对于苜蓿,同型和异型发酵乳酸菌组合,对青贮饲料发酵品质和有氧稳定性应该能产生更好的效果。添加同型发酵乳酸菌对玉米、高粱和甘蔗青贮的 pH 不构成影响。添加布氏乳酸杆菌等异型发酵乳酸菌会增加发酵损耗,增加青贮成本,增加青贮保存时间,但对有氧稳定性的作用各种报道并不一致。

青贮的含水量和青贮原料的长度都直接影响青贮压实的程度。水分过高排汁损失大,当干物质含量<30%~35% 时,乳梭菌开始大量繁殖,将乳酸转化为丁酸;相反,水分过低,青贮料不易压实,且乳酸菌增殖受阻,易引起"二次发酵"。豆科牧草含水量应保持在 60%~70%,禾本牧草含水量应保持在 65%~75%。

多数化学制剂能够抑制包括乳酸菌在内几乎所有微生物的生命活动,减少由于微生物活动所导致的干物质损失。近年来常用的发酵抑制剂有单宁酸、山梨酸钾、甲酸以及其他有机酸。

4-4 青贮饲料的加工与调制

综上,青贮的制作就是努力创造乳酸菌增殖的环境,抑制霉菌、酵母菌、丁酸梭菌等杂菌生长的过程。

三、操作流程

实际应用中青贮饲料制作过程涉及饲草等的收割、切短、填窖、压实和密封等操作,此过程需要重型拖拉机等设备进行压实。实验室操作以小包装、抽真空的方式实现青贮的制作

（见图 4-1）。

收割 → 萎蔫 → 切碎或揉丝 → 混合添加剂 → 分装 → 抽真空 → 贮存

图 4-1　青贮饲料制作流程

（1）萎蔫

因为青贮时豆科牧草含水量应保持在 $60\%\sim70\%$，禾本牧草含水量应保持在 $65\%\sim75\%$，所以直接收割回来的青绿饲料，如茭白茎叶等，需要通过自然晾晒适当降低水分，或填充稻草、麦麸、甜菜渣等吸附剂，使青贮混合料的整体水分控制在适宜的含水量范围内。

（2）切碎或揉丝

避免切得过短或过长，一般以 1cm～2cm 为宜。揉丝更有利于微生物的黏附与发酵。

（3）混合添加剂

基于上述实验原理，选择适宜的发酵促进剂和发酵抑制剂。将添加剂混悬于水中，边搅拌边喷洒于饲料上，使其充分混匀。

（4）分装

将混匀的青贮料分装入聚乙烯袋或呼吸膜发酵袋中。为便于后续的抽真空，通常建议青贮料装袋量不超过袋子的 2/3。

（5）抽真空

清洁袋口处，用真空封口机抽真空并密封。在抽完真空后的当天和隔天检查袋子密封情况，确保没有漏气现象。

（6）贮存

抽真空后的青贮料可在室温下或恒温培养箱中发酵贮存。由于实验室条件下制作的是小袋青贮料，为了保障微生物生长繁殖过程中产生的热量不被快速扩散掉，建议小袋青贮在恒温培养箱中 30℃～37℃贮存。

实验十九　青贮柚皮

一、实验目的

1. 培养非常规饲料资源利用意识。
2. 掌握青贮饲料的制作方法。
3. 了解如何提高青贮品质。

二、实验原理

柚（*Citrus maxima*（Burm.）Merr.）别名为文旦等，为芸香科柑橘属常绿乔木。柚原产于中国、印度和马来西亚等地。在东南亚有较多国家栽种，在我国主要分布于长江以南地区，最北限见于河南省信阳及南阳一带。我国的柚品种资源和栽培面积均居世界首位，且近年来柚子产量逐年增加，柚皮是柚子食用和加工后的主要副产物，占到单果质量的 $40\%\sim$

50%。目前,柚皮以皮中有效成分的提取为主要利用方式,但柚皮不仅含有柚皮苷、柚皮精油和色素等生物活性成分,柚皮中水溶性碳水化合物占干物质的含量平均可达 41.77%,果胶含量约 12%～19%,且还富含粗蛋白、粗脂肪和纤维素,是很好的非常规饲料资源。另外,由于柚是常绿乔木,也常被用作行道树。行道树所产柚果苦涩,很少被利用,而这种口感并不影响反刍动物采食,为此可以通过青贮技术变柚皮为反刍动物饲料,或利用柚皮的营养特点,与其他非常规饲料资源混贮,提高其他非常规饲料的青贮品质。

三、实验材料

1. 实验试样

柚皮:新鲜无霉变的鲜剥柚皮。

2. 实验试剂

乳酸菌制剂:可选用成分和活菌数明确的市售乳酸菌粉剂,也可选用实验室保存的植物乳杆菌、乳酸片球菌等活化后的菌液。

3. 实验器材

超净工作台、恒温培养箱、移液枪、真空封装机、搅碎机、喷壶等。

四、实验步骤

(1)测定柚皮含水量

根据 AOAC 方法(AOAC,1990)测定柚皮的含水量。

(2)计数乳酸菌制剂的活菌数

利用 MRS 培养基对乳酸菌制剂中的乳酸菌进行平板计数。具体详见第一章第四节和实验十三。

(3)搅碎或切碎

将 1.2kg 柚皮搅碎或切碎至 $1cm^2$ 以下。

(4)接种乳酸菌

按 65% 的水分比例,将每克鲜重 10^6CFU 的乳酸菌与水混匀后,均匀喷洒到 0.6kg 柚皮上。另一组为不添加乳酸菌制剂组,即将与乳酸菌组等量的水均匀喷洒到柚皮上。

(5)分装后抽真空

按每袋 200g,将混匀的青贮装入聚乙烯袋中,用真空封装机抽真空后密封。

(6)贮存

37℃ 下可贮存 30d。

◎ 思考题

1.如果不添加乳酸菌制剂青贮效果又会如何?

2.如何利用柚皮提高秸秆的青贮品质?

第二节　青贮质量评定

一、目的与要求

1. 掌握青贮发酵品质评定方法。
2. 掌握青贮营养价值评定方法。
3. 掌握青贮安全性评定方法。

二、原理

青贮品质评定方法依据技术手段不同可分为感官评定与实验室评定。感官评定是通过触觉、视觉、嗅觉并结合青贮饲料水分、气味、颜色、疏松程度等多种物理性状对青贮饲料进行简单评定的方法。国内常用标准是 1996 年制定的《青贮饲料质量评定标准（试行）》，它依据 pH、水分、气味、色泽、质地 5 项指标将青贮饲料划分为 4 个等级。

实验室评定是对青贮饲料发酵品质、营养价值和安全指标进行综合评定。发酵品质评定指标包括 pH、有机酸浓度、氨态氮浓度等；营养价值评定指标包括青贮饲料干物质、淀粉、中性洗剂纤维、酸性洗剂纤维、粗蛋白等化学组成，及瘤胃降解率、表观消化率等；安全指标包括酵母菌、霉菌计数和霉菌毒素测定等。

随着奶牛养殖业的快速发展，全株玉米青贮逐步成为奶牛日粮的重要组分。玉米青贮是奶牛重要的粗饲料来源，也是发展我国奶业的支撑，全株玉米青贮更以营养价值高、保存效果好等优点，在奶牛生产中得到大量使用。对此，中国农业大学曹志军教授给出优质全株玉米青贮的标准是"335560"，即干物质大于 30%、淀粉含量大于 30%、中性洗剂纤维含量低于 50%、中性洗剂纤维消化率大于 50%、乳酸含量大于 6% 和丁酸含量为 0。

4-5 青贮饲料品质评定

三、操作流程

将 20g 青贮样品添加入 180g 无菌水中，利用搅拌机制得青贮匀浆，经四层纱布过滤制成青贮浸提液。

1. pH 值的测定

利用 pH 仪测定上清液 pH 值。

2. 挥发性脂肪酸（VFA）的测定

挥发性脂肪酸（VFA）测定流程见图 4-2。

单标测定各酸保留时间	→	混标制备标准曲线	→	样品中各酸浓度测定

图 4-2　挥发性脂肪酸（VFA）测定流程

(1)混标制备

按表 4-1 配制 6 个梯度的混合标样,用于制作标准曲线。

表 4-1　乙酸、丙酸和丁酸混合标样的配制　　　　　　　　(单位:$\mu mol/mL$)

成分	1	2	3	4	5	6
乙酸	10	20	40	80	160	320
丙酸	1	2	4	8	16	32
丁酸	1	2	4	8	16	32

(2)样品中各酸浓度测定

取前期分装好的浸提液 1mL(已提前加入 20μL 正磷酸),13000×g 离心 10min,取浸提液过 0.22μm 滤膜,过滤后的样品置于 2mL 气相小瓶中,自动进样至气相色谱仪(GC-2010;Shimadzu Corp.,Kyoto,Japan)的火焰离子化检测器(FID)进行测定。气相条件如下:

色谱柱:Restek 10623 Stabilwax Cap,30m×0.25mm×0.25μm;进样量:0.2μL;气化室温度:200℃;柱温:80℃,保持 1min;15℃/min,升温至 170℃,保持 1.5min;检测室温度(FID):220℃;载气及流速:载气为高纯氮,压强为 100kPa,总流量为 63.8mL/min,柱流量 1.19mL/min,线速度 31.1cm/s,分流比 50:1,吹扫流量 3mL/min,尾吹流量 30mL/min;检测室气体流速:氢气流量 40mL/min,空气流量 400mL/min。

3. NH₃-N 的测定

利用氯化铵比色法测定青贮样品中 NH_3-N 浓度。NH_3-N 测定流程见图 4-3。

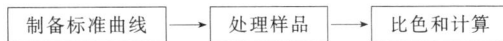

图 4-3　NH_3-N 测定流程

(1)制备标准曲线

①制备氨态氮标准系列溶液

ⅰ.准确称量 0.382g 氯化铵,用 0.2mol/L 盐酸(将 18mL 浓盐酸用蒸馏水稀释到 1000mL)溶解,并定容到 100mL,作为保存液,在冰箱中可存放数月。

ⅱ.取保存液 10mL,用蒸馏水稀释定容至 100mL,为工作液。含氮量为 10mg/100mL。

ⅲ.取工作液 0mL、1mL、2mL、4mL 和 6mL 置于 5 个编号的 50mL 容量瓶内,接着分别加入 10mL、9mL、8mL、6mL 和 4mL 蒸馏水,再用 0.2mol/L 盐酸定容。这就是每 100mL 中含氮量为 0mg、0.2mg、0.4mg、0.8mg 和 1.2mg 的标准系列溶液。

②比色与计算

ⅰ.配制 D 液:称取 0.08g 亚硝基铁氰化钠,溶解于 100mL 14%水杨酸钠溶液中。

ⅱ.配制 E 液:量取 2mL 次氯酸钠溶液(商品名安替福明,含活性氯 5.2%),混于 100mL 0.3mol/L 氢氧化钠溶液中摇匀。

ⅲ.准确量取标准系列溶液 0.4mL,分置于 5 个 10mL 试管内,各管中再依次加入 D 液和 E 液 2mL,摇匀,静置 10min 后比色。波长 700nm,0.5cm 比色皿,用不含氮的 0 号管液作空白对照。记录各消光值。

ⅳ.用消光值作自变量,溶液含氮量作因变量导出回归方程式。

（2）处理样品

量取 2mL 青贮浸提液，置于 15mL 试管内，再加入 8mL 0.2mol/L 盐酸至 10mL，摇匀（稀释倍数为 5 或 10）。

（3）比色和计算

准确量取各溶液 0.4mL 置于 10mL 试管内，各管内再依次加入 D 液和 E 液 2mL，摇匀，静置 10min 后比色。波长 700nm，0.5cm 比色皿，用不含氮的 0 号管液作空白对照。记录各消光值。把测得的消光值代入回归方程式，计算的结果乘以样品稀释倍数就是原样中氨氮的含量。

4. 乳酸的测定

利用于南京建成生物工程研究所购买的乳酸(lactic acid)测定试剂盒，采用比色法(流程见图 4-4)测定青贮样品中的乳酸浓度。

配制酶工作液 ⟶ 配制显色剂 ⟶ 反应与终止

图 4-4　乳酸测定流程

（1）配制酶工作液

临用前将试剂盒中试剂二(酶贮备液)和试剂一(醇稀释液)按 1∶100 的体积比混合，现用现配，2℃~8℃保存 24h 内有效。

（2）配制显色剂

使用前取试剂四(粉剂)1 支倒入 1 瓶试剂三(液体)中，待粉剂全部溶解后，用微量移液枪取少许液体打入小离心管中，反复颠倒离心管，再用微量移液枪将离心管中的液体转移到瓶中，如此反复 2~3 次，使两者充分混合，配成显色剂，2℃~8℃避光保存 2 周内有效。

（3）反应与终止

按表 4-2 添加试剂。

表 4-2　乳酸测定试剂盒添加

	空白管	标准管	测定管
蒸馏水	0.02		
3mmol/L 标准液(试剂六,mL)		0.02	
待测样本(mL)			0.02
酶工作液(mL)	1	1	1
显色剂(mL)	0.2	0.2	0.2
	混匀,37℃水浴准确反应 10min		
终止剂(试剂五,mL)	2	2	2

5. 营养成分分析

（1）常规成分分析

将青贮样品称重后置 65℃烘 48h，回潮后称重。用粉碎机粉碎后过 40 目筛，在空气中回潮后，放入自封袋中于 4℃冷库保存。根据 AOAC 方法(AOAC,1990)测定粉碎后的样品的干物质(DM)、粗蛋白(CP,method 988.05)、灰分(Ash,method 942.05)、粗脂肪(EE, method 954.02)和酸性洗涤纤维(ADF,method 973.18)等常规养分含量。NDF 成分根据 Mertens(2002)提供的方法进行测定,在测定过程中添加热稳定性的淀粉酶和亚硫酸钠。

(2)饲料中淀粉含量的测定(GB/T 42491—2023)

试样用 40%乙醇除去可溶性糖,经 90%二甲基亚砜溶液 100℃分散,用浓盐酸 60℃溶解并部分分解,试样中的淀粉再用淀粉葡萄糖苷酶进一步定量酶解为葡萄糖,葡萄糖的量用己糖激酶法测定,换算成淀粉含量。操作流程见图 4-5。

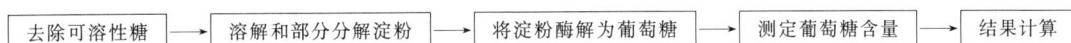

| 去除可溶性糖 | → | 溶解和部分分解淀粉 | → | 将淀粉酶解为葡萄糖 | → | 测定葡萄糖含量 | → | 结果计算 |

图 4-5　淀粉含量测定流程

①去除可溶性糖

平行做两份实验。称取试样约 0.2g,精确至 0.1mg,分别放入两支离心管(塑料或玻璃离心管,带盖,可密封,大于 20mL)中,加入 10mL 40%乙醇溶液,水平放置在振荡器上,以 100r/min 振荡 10min 后,1300r/min 离心 10min,弃上清液,残渣重复提取一次,弃上清液,残渣用于后续淀粉溶解和部分分解操作。

②溶解和部分分解淀粉

ⅰ.分散:向上述制得的残渣中加入 15 颗玻璃珠(直径 3mm),边涡旋边向试样中加入 10.0mL 二甲基亚砜水溶液(二甲基亚砜∶水＝9∶1),继续涡旋混合直至悬浮液均匀无结块,旋紧管盖。同时取一支洁净的离心管作为空白对照,除不加试样外,与试样平行进行操作。

注意:在添加二甲基亚砜的过程中,确保样品均质化,防止形成微凝胶和结块。微凝胶和结块会导致结果偏低。

ⅱ.部分水解:将离心管水平放置在水浴恒温振荡器中,100℃水浴 150r/min 振荡 30min,冷却后,加入 1.7mL 12mol/L 盐酸混匀,盖好管盖,置 60℃±1℃水浴 150r/min 振荡水解 30min。

ⅲ.调节 pH:

a) 配制 4mol/L 氢氧化钠溶液:称取氢氧化钠 40g,溶于约 50mL 水中,冷却后,定量转移至 250mL 容量瓶中,用水稀释至刻度,混匀。

b) 配制 2mol/L 乙酸溶液:量取 59mL 冰醋酸,用水稀释并定容至 500mL,混匀。

c) 配制 2mol/L 乙酸钠溶液:称取无水乙酸钠 82.0g,加水溶解并定容至 500mL,混匀。

d) 配制 2mol/L 乙酸钠缓冲溶液(pH 4.8):取 2mol/L 乙酸溶液 41mL,与 59mL 2mol/L 乙酸钠溶液混合,用乙酸或乙酸钠溶液调节 pH 至 4.8,临用现配。

e) 将ⅱ中离心管冷却后,内容物定量转移至 100mL 比色管(可用于复合玻璃电极测量 pH,宽颈,配备磨砂玻璃接头),加入 4mol/L 氢氧化钠溶液 5mL 和 2mol/L 乙酸钠缓冲溶液 2.5mL,混匀,用 pH 计准确测定溶液的 pH 后,用稀盐酸溶液或氢氧化钠溶液调节 pH 至 4.8±0.1,用水冲洗 pH 计电极,洗液并入比色管中,用水稀释至刻度。

③将淀粉酶解为葡萄糖

ⅰ.配制淀粉葡萄糖苷酶溶液(含量 160U/mL):称取适量淀粉葡萄糖苷酶(AMG)[EC3.2.1.3(源于黑曲霉)],溶于 9mL 水与 1mL 乙酸钠缓冲溶液(2mol/L,pH 4.8)混合溶液。应使用不含游离葡萄糖的 AMG 测定酶活力。不同供应商供应的酶酶活力定义不同，该方法中 AMG 的酶活力单位定义为：在 25℃、pH 4.75 条件下，1min 从糖原中释放 1μmol 葡萄糖的 AMG 的量即为 1 单位 AMG。

注意：AMG 酶活力测定方法如下：

a）样品测定：平行做两份实验，量取 0.2mol/L 乙酸钠缓冲溶液（取 2mol/L、pH 4.8 的乙酸钠缓冲溶液与水以 1∶9 的比例混合，用乙酸或乙酸钠溶液调节 pH 至 4.75，临用现配）0.54mL 和糖原溶液（称取牡蛎源糖原 80mg 溶于 10mL 水中，混匀）0.25mL，置具塞试管中，混合，置于 25℃ 水浴中预热 5min，加 AMG 试样 0.01mL，混合，置于 25℃ 水浴中精确计时反应 5min，迅速、准确地加入 0.3mol/L Tris 溶液（取三羟甲基氨基甲烷 363mg 溶于 10mL 水中，混匀）0.2mL，于沸水浴中加热 5min，停止反应。

b）空白测定：量取 0.2mol/L 乙酸钠缓冲溶液 0.54mL 和糖原溶液 0.25mL，置具塞试管中，混合，置于 25℃ 水浴中预热 5min，随后加入 0.3mol/L Tris 溶液 0.2mL，混合，加 AMG 试样 0.01mL，于沸水浴中加热 5min，停止反应。

c）测定葡萄的含量：参见下文"④测定葡萄糖含量"。

d）酶活力计算：试样中 AMG 酶活力以 X 表示，按下式计算：

$$X = \frac{(m_1 - m_0) \times N}{180 \times 5 \times 0.01 \times m} \tag{4.1}$$

式中：m_1——试样中葡萄糖的含量，μg；

m_0——空白溶液中葡萄糖的含量，μg；

N——酶的稀释倍数；

180——葡萄糖的摩尔质量，g/mol；

5——反应时间，min；

0.01——反应的酶液的体积，mL；

m——试样的质量或体积，mg，mL。

ⅱ．将调节 pH 后的比色管中的试样溶液充分摇匀，迅速用移液管取 5.00mL 置于干净离心管中，加入 0.125mL AMG 酶溶液，旋紧管盖，混匀，60℃±1℃ 水浴保温 16h 以上，于沸水浴中灭活 15min，取出冷却至室温，加入亚铁氰化钾溶液（称取三水合亚铁氰化钾 106g，加水溶解并定容至 1000mL，混匀）0.125mL，涡旋 1min，再加入乙酸锌溶液（称取二水合乙酸锌 219.5g 置于 1000mL 容量瓶中，加水溶解，加冰醋酸 30g 溶于水，用水稀释并定容至 1000mL，混匀）0.125mL，涡旋 1min。离心管中溶液的量为 5.375mL，6000r/min 离心 10min，取上清液备用。

向离心管剩余残渣中加入少量水，煮沸 10min，冷却，加碘-碘化钾溶液（称取碘 1.27g 和碘化钾 2.4g，用水溶解并稀释至 100mL，棕色瓶保存，临用前稀释 10 倍）0.2mL，若出现蓝色，说明淀粉酶解不完全，应重新所有实验操作步骤。

④测定葡萄糖含量

ⅰ．配制葡萄糖标准溶液Ⅰ（用于淀粉含量大于 20% 的试样）：葡萄糖标准溶液（ρ=3.5g/L）。称取 3 份 350mg 无水葡萄糖（精确至 1mg），分别置于 100mL 容量瓶中，用水稀释至刻度。临用现配。

ⅱ.配制葡萄糖标准溶液Ⅱ(用于淀粉含量在 4%~20% 的试样):葡萄糖标准溶液($\rho=$ 0.7g/L)。称取 3 份 350mg 无水葡萄糖(精确至 1mg)分别置于 500mL 容量瓶中,用水稀释至刻度。临用现配。

ⅲ.酶法测定:

a) 淀粉含量在 20% 以上的试样:分别准确移取试样溶液、试样空白溶液、3 个葡萄糖标准溶液Ⅰ和水空白溶液各 0.5mL,准确加水 9.5mL,混匀。

b) 淀粉含量在 4%~20% 的试样:分别准确移取试样溶液、试样空白溶液、3 个葡萄糖标准溶液Ⅱ和水空白溶液各 0.5mL,准确加水 1.5mL,混匀。

如果预期试样淀粉含量较低(<20%),酶解淀粉时,可用其他的稀释比例,以提高测定的灵敏度。此时需用相同比例稀释试样空白溶液及葡萄糖标准溶液,确保测定结果更加准确。

c) D-葡萄糖紫外测试试剂盒,用于定量测定葡萄糖含量。使用己糖激酶法,按试剂盒说明书进行配制、操作和保存。以水作对照,在 340nm 处测定吸光度(紫外可见分光光度计,带 1cm 石英比色皿;或酶标仪)。

⑤结果计算

ⅰ.标准校正:用下式计算每个葡萄糖标准溶液的校正吸光度:
$$E_1 = E_0 - E_{0wb} \tag{4.2}$$
式中:E_1——葡萄糖标准溶液的校正吸光度;

E_0——葡萄糖标准溶液的吸光度;

E_{0wb}——水空白溶液的吸光度平均值。

水空白溶液的平均校正吸光度(根据定义)等于零。

使用线性回归分析,根据校正后的吸光度与未稀释的标准葡萄糖溶液的葡萄糖含量(以 g/L 为单位)计算校正吸光度到葡萄糖含量的转换值 K(K 值等于未稀释的标准葡萄糖溶液的葡萄糖含量与校正吸光度的比值),3 个葡萄糖标准溶液所求得的 K 值取平均值进行试样溶液的葡萄糖含量(ρ)计算。

用下式计算每个试样溶液的校正吸光度:
$$E_1 = E_0 - E_{0sb} \tag{4.3}$$
式中:E_1——试样溶液的校正吸光度;

E_0——试样溶液的吸光度;

E_{0sb}——试样空白溶液的吸光度平均值。

用 E_1 从葡萄糖标准溶液线性校准图查出或线性回归方程计算得出试样溶液中葡萄糖的浓度 ρ。

校准曲线的可靠性评价,以及排除试样基质对试样吸收的影响:取稀释过的试样溶液,同时准备一个试样空白溶液于玻璃试管中,按测定方法将试样溶液和试样空白溶液分别与不含己糖激酶和葡萄糖-6-磷酸一脱氢酶的显色液(按试剂盒说明配制)混合,反应 30min~60min 后于 340nm 处测定其吸光度,试样溶液与试样空白溶液吸光度之差不应超过 0.002,如差异大于此值,则本方法不能用于该试样。

ⅱ.淀粉含量:淀粉含量 ω(%)按下式计算:

$$\omega = \frac{\rho \times \dfrac{V}{V_1} \times V_2 \times 0.9}{1000 \times m_0} \times 100 \tag{4.4}$$

式中:ρ——根据标准图或回归方程算出的试样溶液的葡萄糖含量,g/L;

    V——试样调节 pH 后定容的体积(100mL);

    V_1——将淀粉酶解为葡萄糖时所用淀粉溶液的体积(5.00mL);

    V_2——用酶将淀粉转化为葡萄糖时的溶液总体积(5.375mL);

    0.9——葡萄糖折算成淀粉的换算系数;

    m_0——试样质量,g。

6. 有氧稳定性的测定

有氧稳定性测定流程见图 4-6。

$$\boxed{\text{启窖}} \longrightarrow \boxed{\text{制备测定单元}} \longrightarrow \boxed{\text{记录温度变化}}$$

图 4-6　有氧稳定性测定流程

(1)启窖

青贮厌氧发酵结束后,根据青贮的原料特性,可选择 1 个月~2 个月的青贮开封时间。

(2)制备测定单元

将 2kg~3kg 样品混匀后松散地置于 18L 塑料桶中。这个过程要保证有足够的重复数。

(3)记录温度变化

样品中心插入温度计。另取两支温度计插入水中(其温度指示室温)。每隔 1h 记录一次温度,若样品温度超出室温 2℃ 即认为发生好氧变质(Ranjit 和 Kung,2000)。达到这个温度的时间越短,有氧稳定性越差;反之,则有氧稳定性越好。

7. 测定微生物数量

青贮安全性指标包括酵母菌、霉菌计数和霉菌毒素的测定等。青贮中乳酸菌、酵母菌、霉菌和好氧细菌的测定常采用平板计数法(参见第一章第四节"微生物计数"中的实验十三和实验十四,流程见图 4-7)。

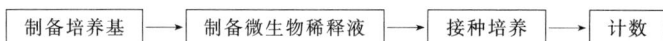

$$\boxed{\text{制备培养基}} \longrightarrow \boxed{\text{制备微生物稀释液}} \longrightarrow \boxed{\text{接种培养}} \longrightarrow \boxed{\text{计数}}$$

图 4-7　测定微生物数量流程

(1)制备培养基

乳酸菌采用 MRS 培养基,酵母菌和霉菌采用孟加拉红培养基,好氧菌采用 NA(nutrient agar)培养基进行平板计数。

(2)制备测定单元

取 10g 青贮鲜样置于灭菌的 250mL 锥形瓶中,加入 90mL 无菌生理盐水,充分混匀,置于摇床中 4℃,120r/min 振荡 2h,经 2 层无菌纱布过滤,制成 10^{-1} 的样品稀释液,之后用生理盐水逐级稀释。

(3)接种培养

分别取 $100\mu L$ 适宜梯度的样品稀释液加入无菌培养皿中。MRS 培养基置于厌氧手套箱中 37℃ 培养 48h。孟加拉红培养基和 NA 培养基置于 30℃ 培养箱中好氧培养 48h。

（4）计数

记录肉眼可见的菌落数。挑选菌落生长清晰，且数目在 30～300 之间的平板计数。最终微生物数量用如下公式计算：

$$微生物数量(CFU/gFM) = \frac{菌落数 \times 稀释倍数 \times 1000(\mu L)}{涂板取样量(\mu L)} \tag{4.5}$$

8. 体外产气技术评价青贮的发酵特性

常用的体外产气技术包括 Menke 体外产气法（Syringe 系统，流程见图 4-8）和压力读取式体外产气法（RPT 系统），两者的原理相同，但在人工唾液配制、底物与培养液比例上略有不同。

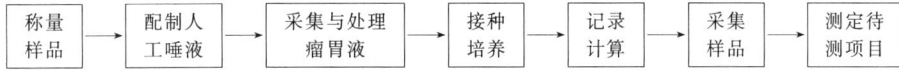

称量样品 → 配制人工唾液 → 采集与处理瘤胃液 → 接种培养 → 记录计算 → 采集样品 → 测定待测项目

图 4-8　Menke 体外产气法（Syringe 系统）流程

（1）Syringe 系统

① 称量样品

ⅰ. 试配产气管：在称量样品前需更换注入口处老化的塑胶管；试配外管和内塞，要求推拉自如又不过松；给产气管编号。

ⅱ. 称样：用自制的带长柄的称量纸，准确称取待测样品约 200mg（干物质，DM），置于体外产气管底部，注意不要让样品进入产气管注入口和沾染 30mL 以上管壁；样品称取完毕后，管塞上均匀涂抹凡士林，将管塞塞回对应的外管，扣好夹子。

② 配制人工唾液

ⅰ. 配制原液：正式实验前一天，配制好人工唾液中的微量元素溶液（A 液）、缓冲液（B 液）、常量元素溶液（C 液）和刃天青溶液（D 液）（可过量配制，常温下存放，配制方法见表 4-3）。

表 4-3　人工唾液原液配制

A. 微量元素溶液： $CaCl_2 \cdot 2H_2O$ 13.2g，$MnCl_2 \cdot 4H_2O$ 10.0g，$CoCl_2 \cdot 6H_2O$ 1.0g，$FeCl_3 \cdot 6H_2O$ 8.0g，加蒸馏水至 100mL	B. 缓冲液： NH_4HCO_3 4.0g，$NaHCO_3$ 35.0g，加蒸馏水至 1000mL
C. 常量元素溶液： $Na_2HPO_4 \cdot 12H_2O$ 9.45g，KH_2PO_4 6.2g，$MgSO_4 \cdot 7H_2O$ 0.6g，加蒸馏水至 1000mL	D. 0.1% 刃天青溶液： 100mg 刃天青溶解于 100mL 蒸馏水
E. 还原剂溶液（现用现配）： 1mol/L NaOH 溶液 4.0mL，$Na_2S \cdot 9H_2O$ 625mg，加蒸馏水 95mL	

ⅱ. 配制人工唾液：将恒温水浴摇床或多联水浴锅调温至 39℃±0.5℃；体外培养时每根产气管内微生物培养液的体积是 30mL，其中包括 10mL 瘤胃液和 20mL 人工唾液，依据试验设计的产气管数计算人工唾液和瘤胃液的需要量（预留 20%，以备后期分装时手法不当造成配制量不够用）；配制还原剂（E 液，见表 4-3）；按表 4-4 所示顺序和比例将配制好的各原液混合后，置入水浴摇床或水浴锅内，通入 CO_2 气体（气流不易过大），使人工唾液由蓝色转变

为粉红色,最终为无色。

表 4-4   人工唾液配制(1000mL)

顺序	原液	体积(mL)
1	蒸馏水	520.3
2	微量元素溶液(A 液)	0.1
3	缓冲液(B 液)	208.1
4	常量元素溶液(C 液)	208.1
5	0.1% 刃天青溶液(D 液)	1.0
6	还原剂溶液(E 液)	62.4

③采集与处理瘤胃液

为方便读取 12h 产气量,瘤胃液最好在 7:30 前取回。所取瘤胃液为晨饲前 2h 瘤胃液(具体取晨饲前还是晨饲后 3h 的瘤胃液取决于实验需求,晨饲前瘤胃液纤维分解菌占比较高,晨饲后 3h 是瘤胃代谢最活跃的阶段,微生物丰度更高)。

到牧场后,将热水倒入水桶,调节水温至 39℃±0.5℃,用于瘤胃液保温(应经常用热水调节);用真空泵抽取 3 只羊/牛的瘤胃液,混合,倒入收集保温瓶(最好每次将保温瓶装满,减少剩余气体空间,立即盖紧瓶盖,以防氧气对微生物的影响);回到实验室后,将收集瓶置于 39℃±0.5℃水浴锅内,四层纱布过滤(应尽量快,以保持微生物的活力),获得的滤液用 CO_2 气体饱和;用量筒量取所需量的无色人工唾液与瘤胃液混合,不间断地通入 CO_2 气体。

④接种与培养

用空的产气管吸取微生物培养液 30mL,通过三通管推入已经装有样品的产气管;将注入口处夹子打开的同时,用手下拉管塞,以防样品冲入塑胶管;摇晃产气管使样品与瘤胃液混合后,旋转管塞,排出管内空气(整个过程要尽量快,特别是注入培养液和排气,最好不要超过 15min)。

实验过程中要有至少 3 个空白对照和 3 个标准干草对照(样多时,对照一定要多,尤其是空白对照)。空白对照不加样品直接加入 30mL 微生物培养液,标准干草对照以 200mg 干草(DM,优质的过 80 目筛的羊草)为底物,加入 30mL 微生物培养液。为了消除操作顺序和恒温水浴摇床条件的差异,要求空白对照和标准对照平均分布于试验前期、中期和后期,放置于水浴摇床的不同位置。

⑤记录与计算

ⅰ.记录:将产气管竖直,注入口向下,读取刻度。排气后的产气管应随机置于恒温水浴摇床内培养(摇床在操作过程中处于摇动状态,以免温度上升)。精饲料分别在培养 2h、4h、6h、8h、12h、24h、36h、48h 和 72h 时记录产气管刻度读数(注意:轻摇产气管,旋动管塞,以管塞刻度的中部为准读数;如果产气量过多,下一时间点产气量可能超出刻度范围,则需放气,其操作与排气相同)。粗饲料分别在培养 3h、6h、9h、12h、24h、36h、48h 和 72h 时记录产气管刻度读数(精饲料一般培养到 48h 即可终止培养,若要计算产气常数,一般要 72h)。

ⅱ.产气量计算:

产气量计算公式如下:

$$GP_t = \frac{200}{W} \times (V_t - V_0) - GP_{空白} \tag{4.6}$$

式中:GP_t——样品在 t 时刻的产气量,mL;

$\quad$ V_t——样品发酵 t 小时后,产气管刻度读数,mL;

$\quad$ V_0——样品在开始培养时产气管刻度读数,mL;

$\quad$ W——样品干物质重,mg;

$\quad$ $GP_{空白}$——空白对照在 t 时刻的产气量,其计算方式与 GP_t 一致。

注意:要求体外产气试验至少培养两次,两次标准干草产气量相对偏差小于 10% (若标准干草产气量与实验室积累的平均值相差太大,应考虑重做,并检查动物状况)。

⑥采集样品

样品采集信息见表 4-5。

表 4-5　样品采集信息

测定项目	取样时间	取样部位	取样量	重复数	处理	保存温度
VFA	实际需要	上清液	1mL	—	加入 $20\mu L$ 正磷酸,$13000 \times g$ 离心 10min,取上清液过 $0.22\mu m$ 滤膜	4℃
NH_3-N	24 或 48h	混合液	5mL	—		−20℃
微生物蛋白	24 或 48h	混合液	24mL	—		−20℃

⑦测定待测项目

ⅰ.测定 VFA 和 NH_3-N:测定方法同前述青贮饲料中 VFA 和 NH_3-N 的测定。

ⅱ.测定微生物蛋白产量:微生物蛋白常采用嘌呤法测定,流程见图 4-9。

配制试剂 ⟶ 制作酵母 RNA 标准曲线 ⟶ 测定培养液中微生物蛋白浓度

图 4-9　微生物蛋白产量测定流程

a) 配制试剂,配方见表 4-6。

表 4-6　试剂配方

A	0.2mol/L 磷酸二氢铵溶液	23g 磷酸二氢铵溶解于 700mL 蒸馏水中,定容至 1000mL
B	pH=2 的蒸馏水溶液	在蒸馏水中加少许硫酸至 pH=2
C	0.4mol/L 硝酸银溶液	准确称取 1.6987g 硝酸银,溶解于 15mL 蒸馏水中,待完全溶解后定容至 25mL。溶液需用棕色瓶存放,避光保存,并外覆不透光的黑纸
D	0.5mol/L 盐酸溶液	用蒸馏水稀释 10mL 盐酸溶液(37%)至 240mL
E	28.5mmol/L 磷酸二氢铵溶液	用蒸馏水稀释 100mL 0.2mol/L 磷酸二氢铵溶液至 700mL
F	85% 磷酸溶液	
G	0.6mol/L 高氯酸溶液	用蒸馏水稀释 10mL 高氯酸溶液(70%,12mol/L)至 200mL

b) 制作酵母 RNA 标准曲线:

• 分别称取 5mg、15mg、25mg、35mg、45mg 和 55mg 酵母 RNA 于 10mL 离心管中,并加入 2mL 0.6mol/L $HClO_4$ 溶液,于 90℃~95℃ 水浴 1h,冷却;

• 再分别加入 6mL 28.5mmol/L $NH_4H_2PO_4$ 溶液,于 90℃~95℃ 水浴 15min,冷却后在 4℃ 3000×g 条件下离心 10min;

• 取 1.6mL 上清液,向上清液中加入 6mL 0.2mol/L $NH_4H_2PO_4$ 溶液,并用 85% 磷酸溶液调 pH 为 2~3(一般需 85% 磷酸 25μL);

• 取调整 pH 值后的溶液 3.8mL,并向其中加入 0.2mL 0.4mol/L $AgNO_3$ 溶液,混合,于 5℃ 条件下避光、过夜;

• 过夜后于 4℃ 3000×g 条件下离心 10min,弃上清液;用 4.5mL pH 2 的蒸馏水冲洗沉淀;再于 4℃ 3000×g 条件下离心 10min,弃上清液;

• 向沉淀中加入 5mL 0.5mol/L HCl 溶液,混匀,在 90℃~95℃ 条件下水浴 30min 后,以 3000×g 离心 10min;

• 上清液用 0.5mol/L HCl 溶液稀释 40 倍,以 0.5mol/L HCl 溶液作参比,在 260nm 下比色,根据光密度作标准曲线。

c) 测定培养液中微生物蛋白氮浓度:

• 取 8mL 均匀发酵液于 3 支 10mL 离心管,在 4℃ 20000×g 条件下离心 20min,弃上清液后加入 2.104mL 0.6mol/L $HClO_4$ 溶液,于 90℃~95℃ 水浴 1h,冷却;

• 按照制作标准曲线的步骤 b~g 操作;

• 以 0.5mol/L HCl 溶液作参比,在 260nm 下比色,根据光密度和标准曲线求出 RNA 测定值;

• 根据下式计算微生物蛋白氮产量:

$$微生物蛋白氮(mg/mL) = \frac{RNA\ 测定值(mg/mL) \times RNA\ 含氮量}{细菌氮中\ RNA\ 含氮量} \times 稀释倍数 \quad (4.7)$$

式中,RNA 含氮量为 17.83%,细菌氮中 RNA 含氮量为 10%。

ⅲ. 体外发酵干物质消化率:

将剩余发酵液倒入 50mL 离心管中,用去离子水将产气管冲洗两次,配平后 4000×g 离心 10min,弃上清液,65℃ 烘箱中制备风干样,转移至铝盒,置 105℃ 烘箱中,按 AOAC(1990)方法测定干物质含量,计算体外发酵的干物质消化率(由于 Syringe 系统所有底物量少,常采用 RPT 系统测定体外发酵干物质消化率)。

(2)RPT 系统

RPT 系统测定体外发酵干物质消化率流程见图 4-10。

图 4-10　RPT 系统操作流程

①称量样品

ⅰ. 量取瓶子体积:因为产气量的计算涉及瓶子体积,所以尽量保留原产气瓶编号,使用新瓶时要量取瓶子体积。RPT 系统的产气瓶体积一般在 180mL±2mL 测定的误差较小。

ⅱ. 称样:准确称取待测样品约 750mg(DM,适用 0.5mg~1.5mg DM),置于体外产气瓶底部。建议在每个产气瓶中加入磁力棒,以便在后期能在控温磁力搅拌机上完成待测样品采集,保障取样的均匀性。

②配制和分装人工唾液

ⅰ．配制原液：正式实验前一天，配制好人工唾液中的微量元素溶液（A液）、缓冲液（B液）、常量元素溶液（C液）和刃天青溶液（D液）（可过量配制，常温下存放，配制方法与Syringe系统相同）。

ⅱ．配制人工唾液：将恒温水浴摇床或多联水浴锅调温至39℃±0.5℃；依据试验设计的产气瓶数计算人工唾液和瘤胃液的需要量（体外培养时每个产气瓶内微生物培养液的体积是100mL，其中包括10mL瘤胃液和90mL人工唾液，一般需预留20%，以备后期分装时手法不当造成配制量不够用）；配制还原剂E液；按表4-7所示顺序和比例将配制好的各原液混合后，置入水浴摇床或水浴锅内，通入CO_2气体（气流不宜过大），使人工唾液由蓝色转变为粉红色，最终为无色。

表 4-7　人工唾液配制表（1000mL）

顺序	原液	体积（mL）
1	蒸馏水	520.3
2	缓冲液（B液）	208.1
3	常量元素溶液（C液）	208.1
4	微量元素溶液（A液）	0.1
5	0.1%刃天青溶液（D液）	1.0
6	还原剂溶液（E液）	62.4

ⅲ．分装人工唾液：不间断地将CO_2通入人工唾液瓶，用100mL注射器或产气管吸取人工唾液90mL，注入盛有样品的产气瓶，并用CO_2饱和（可通过三通管完成两路CO_2的同时输入）。盖紧橡胶塞后，39℃±0.5℃恒温培养箱内过夜（对于青贮类含酸较多的样品，一定要过夜，而且在正式培养前将里面所产气体排空，不计入产气量）。

注意：如果有厌氧手套箱，可将称好的样品提前一天放入厌氧手套箱除氧，而不进行人工唾液的分装。人工唾液可以在实验当天与瘤胃液按9∶1混合后直接分装入样品已除氧的产气瓶中，以减少瘤胃液接入前的无效产气。

③采集与处理瘤胃液

同Syringe系统。

④接种与培养

将密封的产气瓶从恒温箱中取出，用6.5号针头将产气瓶中多余气体放尽；用20mL注射器吸取瘤胃液10mL，通过另一6.5号针头注入产气瓶，将两根针头取下，产气瓶置于39℃±0.5℃恒温箱中培养。

实验过程中要有至少3个空白对照和3个标准干草对照。空白对照不加样品，只有90mL人工唾液和10mL瘤胃液；标准对照以750mg（DM）干草（优质的过80目筛的羊草）为底物，加入90mL人工唾液和10mL瘤胃液。为了消除操作顺序和恒温培养箱条件的差异，要求空白对照和标准对照平均分布于试验前期、中期和后期，放置于培养箱的不同位置。

⑤记录与计算

ⅰ．记录：精饲料分别在培养2h、4h、6h、8h、12h、24h、36h、48h和72h时用压力传感器读取产气瓶内压力,并放气(切忌大幅度摇晃产气瓶,以免饲料黏附在培养液以外的瓶壁上,无法接触微生物)。粗饲料分别在培养 3h、6h、9h、12h、24h、36h、48h 和 72h 时用压力传感器读取产气瓶内压力,并放气(精饲料一般培养到 48h 即可终止培养,若要计算产气常数,一般要 72h)。

ⅱ.产气量计算:根据下式计算各时间段产气量:

$$GP_t = \frac{P_t \times (V_0 - 50)}{101.3 \times W} \tag{4.8}$$

式中:GP_t——样品在 t 时间段的产气量,mL;

P_t——t 时间段读取的压强,MPa;

V_0——瓶子体积;

101.3——标准大气压,MPa;

W——样品干物质重。

积累产气量为各时间段产气量之和。

⑥采集样品

培养中途取样时,要求各试样取样同时,向产气瓶内通入 CO_2,并于 39℃水浴中操作;取混合液(发酵液及固体残渣)时要求在控温磁力搅拌机上操作。

实验二十　柚皮青贮饲料的发酵品质评定

一、实验目的

1. 了解青贮饲料发酵品质评定参数。
2. 掌握青贮饲料发酵品质评定方法。
3. 巩固青贮饲料发酵原理。

二、实验原理

青贮饲料的发酵是乳酸菌主导的生物化学过程,其关键是促进乳酸菌产生大量乳酸,迅速降低 pH 值。当乳酸积累到含量的 1.5%～2.0%,pH 为 4.0～4.2 时,青贮饲料在厌氧和酸性环境中成熟,进入稳定期。NH_3-N 与总氮的比值反映了青贮过程中蛋白质的损失情况,NH_3-N 产量越高,蛋白质损失越多。一定浓度的乙酸有利于抑制酵母活动,这有利于提高青贮有氧稳定性;但同时过高的乙酸含量也预示着可溶性碳水化合物的过度降解。丁酸浓度高于 0.1g/kg DM 表明青贮过程中有霉菌繁殖,并且更高浓度的丁酸将会减慢青贮过程中 pH 值的下降速率。

三、实验材料

1.实验试样

实验十九中的青贮柚皮。

2. 实验试剂

乙酸、丙酸和丁酸：阿拉丁分析纯；

乳酸测定试剂盒；

氯化铵、盐酸、亚硝基铁氰化钠、水杨酸钠、次氯酸钠、氢氧化钠、蒸馏水。

3. 实验器材

搅拌机、pH 计、0.22μm 滤膜、比色皿、可见光分光光度计、配有火焰离子化检测器的气相色谱仪、Restek 10623 Stabilwax Cap 色谱柱、18L 塑料桶、温度计等。

四、实验操作

青贮在各个时间点开包后，称取 20g 青贮样品于无菌三角烧瓶中，添加 180g 无菌水，利用搅拌机制得青贮匀浆，经四层纱布过滤制成青贮浸提液，用于测定 pH 值、NH_3-N 浓度、VFA 浓度和乳酸浓度。青贮厌氧发酵结束后，根据青贮的原料特性，选择 1 个月～2 个月的青贮开封时间，测定有氧稳定性。

(1)测定 pH 值

利用 pH 计测定上清液 pH 值。

(2)测定 NH_3-N 浓度

利用氯化铵比色法测定青贮浸提液中 NH_3-N 浓度。详见第四章第二节中实验操作部分。

(3)测定 VFA 浓度

利用气相色谱外标法测定青贮浸提液中乙酸、丙酸和丁酸浓度。详见第四章第二节中实验操作部分。

(4)测定乳酸浓度

利用购买的乳酸测定试剂盒，采用比色法测定青贮浸提液中的乳酸浓度。详见第四章第二节中实验操作部分。

(5)测定有氧稳定性

取 12kg 青贮样品，混匀后松散均分于 4 个 18L 塑料桶中。样品中心插入温度计。另取两支温度计插入水中(其温度指示室温)。每隔 1h 记录一次温度，记录样品温度超出室温 2℃时所需要的时间。详见第四章第二节中实验操作部分。

实验二十一 柚皮青贮饲料的营养品质评定

一、实验目的

1. 了解青贮饲料营养品质评定参数。

2. 掌握青贮饲料营养品质评定方法。

3. 巩固青贮饲料发酵原理。

二、实验原理

水溶性碳水化合物作为乳酸菌繁殖发酵的底物,可使乳酸菌在发酵前期大量繁殖产生乳酸,从而抑制霉菌、酵母菌、丁酸梭菌等杂菌生长,避免蛋白质分解与霉菌毒素产生。同时青贮饲料中碳水化合物含量与组成及其降解特性与饲料利用效率密切相关,因此营养价值评定指标包括青贮饲料干物质、淀粉、中性洗剂纤维、酸性洗剂纤维、粗蛋白等化学组成,及瘤胃降解率、表观消化率等。

体外产气系统中产气量与饲料的降解程度成正相关,饲料的可降解性越强,瘤胃微生物活性越强,产气量就越大。体外产气技术为测定体内营养物质的消化率等提供了一种更加快速、便捷的手段,已被广泛用于评估反刍动物饲料的营养价值。在体外产气过程中,瘤胃微生物首先将饲料中的纤维等可降解成分转化为丙酮酸,然后再转化成丙酸等挥发性脂肪酸,为反刍动物提供能量。因此,体外产气过程中除消化率的测定外,乙酸、丙酸和丁酸等挥发性脂肪酸的测定尤其重要。体外产气系统中 NH_3-N 浓度、微生物蛋白产量可反映饲料中氮的利用情况,也是体外产气技术中常测定的指标。

三、实验材料

1. 实验试样

实验十九中的青贮柚皮。

2. 实验试剂

乙酸、丙酸和丁酸:阿拉丁分析纯;

氯化铵、亚硝基铁氰化钠、水杨酸钠、次氯酸钠、$CaCl_2 \cdot 2H_2O$、$MnCl_2 \cdot 4H_2O$、$CoCl_2 \cdot 6H_2O$、$FeCl_3 \cdot 6H_2O$、NH_4HCO_3、$NaHCO_3$、蒸馏水、$Na_2HPO_4 \cdot 12H_2O$、KH_2PO_4、$MgSO_4 \cdot 7H_2O$、刃天青、$Na_2S \cdot 9H_2O$、标准干草、$NH_4H_2PO_4$、硫酸、85%磷酸、酵母 RNA、$HClO_4$、$AgNO_3$、40%乙醇溶液、12mol/L 盐酸溶液、4mol/L 氢氧化钠溶液、2mol/L 乙酸溶液、2mol/L 乙酸钠缓冲溶液(pH 4.8)、90%DMSO 水溶液、0.25mol/L 亚铁氰化钾溶液、1mol/L 乙酸锌溶液、葡萄糖标准溶液、淀粉葡萄糖苷酶溶液、D-葡萄糖紫外检测试剂盒。

3. 实验器材

分析天平、烘箱、粉碎机、pH 计、离心管、气相色谱、恒温培养箱、紫外可见分光光度计(带 1cm 石英比色皿)或酶标仪、恒温水浴锅、摇床、100mL 比色管(可用于复合玻璃电极测量 pH,宽颈,配备磨砂玻璃接头)、托盘、移液枪、三角烧瓶、试管、6.5 号针头、产气瓶、涡旋混合器、玻璃珠等。

四、实验操作

1. 常规成分分析

将青贮样品称重后 65℃烘 48h,回潮后再称重。用粉碎机粉碎后过 40 目筛,在空气中回潮后,放入自封袋中于 4℃冷库保存。根据 AOAC 方法(AOAC,1990)测定粉碎后样品的干物质(DM)、粗蛋白(CP,method 988.05)、灰分(Ash,method 942.05)、粗脂肪(EE,method 954.02)和酸性洗涤纤维(ADF,method 973.18)等常规养分含量。NDF 成分根据 van Soest 等(1991)提供的方法进行测定,测定过程中不添加热稳定性的淀粉酶和亚硫酸钠。

2. 淀粉含量测定

称取风干青贮样品约 0.2g(精确至 0.1mg),按青贮质量评定中淀粉的测定方法,通过 40％乙醇溶液除去可溶性糖,经 90％二甲基亚砜溶液 100℃分散,用浓盐酸 60℃溶解并部分分解,试样中的淀粉再用淀粉葡萄糖苷酶进一步定量酶解为葡萄糖,葡萄糖的量用己糖激酶法测定,换算成淀粉含量。详见第四章第二节的实验操作。

3. 体外产气实验

准确称取待测样品约 750mg(干物质,DM),置于体外产气瓶底部,利用压力读取式体外产气法(RPT 系统,详见第四章第二节的实验操作)进行体外产气实验。每个样品设置至少 3 个平行实验。在培养 3h、6h、9h、12h、24h、36h、48h 和 72h 时用压力传感器读取产气瓶内压力,并放气。依据表 4-8,在特定的培养时间取样。根据第四章第二节的实验操作测定表中指标及 72h 体外消化率。

表 4-8　体外产气取样

测定项目	取样时间	取样部位	取样量	重复数	处理	保存温度
VFA	实际需要	上清液	1mL	—	加入 20μL 磷酸溶液,13000×g 离心 10min,取上清液过 0.22μm 滤膜	4℃
NH₃-N	24 或 48h	混合液	5mL	—	—	−20℃
微生物蛋白	24 或 48h	混合液	24mL	—	—	−20℃

实验二十二　柚皮青贮饲料的安全性评定

一、实验目的

1. 培养饲料安全意识。
2. 掌握青贮安全性评定方法。
3. 巩固微生物平板计数操作。
4. 巩固霉菌毒素检测操作。

二、实验原理

刚收割的新鲜青绿饲料上存在着多种微生物,主要包括乳酸菌、肠杆菌、丁酸菌、酵母菌、霉菌等。这些微生物中有的能大量产生乳酸,有利于青贮,有的则消耗乳酸或进行蛋白质腐败分解等,影响青贮饲料的品质。厌氧发酵时牧草中的水溶性碳水化合物可在微生物的代谢下产生有机酸、醇、二氧化碳和氢气等,而在有氧情况下,芽孢杆菌、霉菌、酵母菌、乙酸菌等进一步将有机酸和醇氧化为水和二氧化碳,且霉菌存在时会伴有一定量的真菌毒素的生成。青贮中乳酸菌、酵母菌、霉菌和好氧细菌的测定常采用平板计数法。霉菌毒素的分析测定一般采用免疫法(酶联免疫吸附法等)、高效液相色谱法、高效液相色谱-荧光法、高效液相色谱-质谱联用法、高效液相色谱-质谱-质谱联用法等。虽霉菌毒素测定是青贮安全性评价的重要指标,但考虑到霉菌毒素的污染风险,本实验不进行霉菌毒素的测定,其操作方法详见第二章"饲料和乳及乳制品中微生物毒素的测定"。

三、实验材料

1. 实验试样

实验十九中的青贮柚皮。

2. 实验试剂

MRS 固体培养基、孟加拉红培养基。

3. 实验器材

超净工作台、恒温培养箱、摇床、培养皿、移液枪、三角烧瓶、试管、烧杯、剪刀、涂布棒等。

四、实验操作

1. 乳酸菌计数

(1)采集和稀释青贮饲料样品

用无菌操作方式从青贮窖或青贮袋的不同层级采集有代表性的样品 50g 左右,用无菌剪刀剪碎,混合均匀后取 10g 置于 90mL 盛有无菌生理盐水的三角烧瓶中(10^{-1} 稀释度),样品在摇床上 150r/min 振摇 20min。用无菌移液枪取 1mL 样品稀释液,加入盛有 9mL 无菌生理盐水的试管中,成 10^{-2} 稀释度,如此类推稀释出 10^{-3}、10^{-4}、10^{-5} 和 10^{-6} 稀释度。

(2)培养和计数乳酸菌

分别从 10^{-4}、10^{-5} 和 10^{-6} 样品稀释液中吸取 100μL 稀释液,均匀涂布于 MRS 固体培养基上,每个稀释度重复涂 3 个平皿,共做 9 个平皿。待凝固后分别标明相应稀释度和时间等信息,置 37℃恒温箱中倒置培养。经 1d~2d 的培养后,选择菌落数在 30 个~300 个范围内的平皿,计数每一块平皿上的所有菌落数。菌落数乘以稀释倍数除以青贮的重量即可获得每克青贮鲜样中乳酸菌的菌落数。

2. 酵母和霉菌计数

(1)采集和稀释饲料样品

准确称取 10g 青贮鲜样,置于 90mL 盛有氯霉素的无菌生理盐水的三角烧瓶中(10^{-1} 稀释度),样品在摇床上 150r/min 振摇 20min。用无菌移液枪从样品稀释液中取 1mL 加入盛有 9mL 氯霉素无菌生理盐水的试管中,成 10^{-2} 稀释度,如此类推稀释出 10^{-3}、10^{-4}、10^{-5} 和 10^{-6} 稀释度。

（2）培养和计数酵母菌和霉菌

分别取 500μL 适宜梯度的稀释液加入无菌培养皿中，每个稀释度重复涂 3 个平皿，共做 9 个平皿。待孟加拉红培养基冷却至 50℃ 左右，加入氯霉素，并倾注 15mL～20mL 至提前加入稀释后菌液的无菌培养皿中，立即轻轻摇匀平皿，让菌液与培养基混匀，待凝固后分别标明相应稀释度和时间等信息，置 25℃～28℃ 恒温箱中倒置培养 5d。其间定期观察菌落生长情况，分别计算酵母菌、霉菌的菌落数。菌落数乘以稀释倍数除以饲料的重量即可获得每克鲜样中酵母菌和霉菌的菌落数，参见实验十四。

思考题

1. 影响青贮发酵品质评定的关键因素有哪些？
2. 可否通过乳酸、VFA、pH 和 NH_3-N 的测定结果指示青贮的有氧稳定性？
3. 青贮过程中青贮原料营养成分如何变化？
4. 营养成分与干物质消化率有何关系？
5. 玉米青贮这些广泛使用的饲料是否也需要每批都进行安全性评价？

参考文献

［1］Association of Official Analytical Chemists（AOAC）．Official methods of analysis，1990，15th ed．AOAC，Arlington，VA．

［2］Van Soest PJ，Robertson JB，Lewis BA．Methods for dietary fiber，neutral detergent fiber，and nonstarch polysaccharides in relation to animal nutrition．J Dairy Sci，1991，74：3583-3597．

第五章　益生菌的筛选鉴定

微生物资源广泛分布在自然生态系统中,约占地球生物量的17%。微生物个体相对微小,种类繁多,具有繁殖速度快、代谢旺盛、生理功能多样、易改造等特征。在数量庞大的微生物中存在一类活性微生物,被称为益生菌(probiotic),其能在宿主体内定植,并摄入足够量后对机体产生有益影响。"益生菌"一词源于希腊语,指的是"有益于生命的菌"。Werner Kollath 最早使用"益生菌"一词,用于描述有助于恢复营养不良病人健康的各种含菌补充剂,之后"益生菌"首次被定义为由一种微生物产生的对其他微生物具促生作用的物质。而随着相关安全法规的完善,益生菌的定义最终被修改为:"严格选择的微生物菌株,如果给予足够的量,能够为宿主带来健康益处。"益生菌具有调节肠道微生物稳态、稳定胃肠道屏障功能、调节宿主免疫活性、提高宿主抗氧化能力、改善宿主营养代谢等功能。

随着现代生物技术的不断发展和人们健康意识的提高,益生菌产业得到了井喷式发展,越来越多的益生菌产品以膳食补充剂、乳制品、酶制剂或其他微生态制剂的形式相继问世。这些益生菌产品已被广泛应用于食品、种植业、畜牧业和医疗行业中,成为改善人类健康的有效手段。

5-1 益生菌的作用机制

第一节　益生菌的筛选鉴定

一、目的与要求

1. 了解益生菌的筛选策略。
2. 掌握分离纯化益生菌的方法。
3. 掌握保存分离到的益生菌的方法。
4. 学习益生菌的物种鉴定的方法。

二、原理

动物饲粮中使用的益生菌主要有乳酸菌、芽孢杆菌、酵母菌、米曲霉和黑曲霉等。目前,应用最多的乳酸菌主要有双歧杆菌属(*Bifidobacterium*)、乳杆菌属(*Lactobacillus*)、乳球菌属(*Lactococcus*)、肠球菌属(*Enterococcus*)、链球菌属(*Streptococcus*)、片球菌属(*Pediococcus*)、明串菌属(*Leuconostoc*)和魏斯氏菌属(*Weissella*)。我国 2013 年公布的《可用于食品的菌种名单》和《可用于饲料的菌种名单》中,乳酸菌分别有 32 种和 24 种。乳酸菌可以代谢产生乳酸、短链脂肪酸、γ-氨基丁酸、细菌素、有机酸、维生素、胞外多糖和乳糖酶等多种效应分子,赋予乳酸菌具有促进营养物质吸收、抗菌、抗感染、抗肿瘤、调控肠道菌群、调节免疫、代谢和生物修复等作用。

　　芽孢杆菌是一类可产生内生孢子的革兰氏阳性菌,以孢子和营养细胞的形式存在。营养细胞具有代谢活性,在适宜的环境条件下可以生长和繁殖。当环境条件不适宜生长和繁殖时,营养细胞便转变为芽孢形式。芽孢具有耐热、耐压、抗辐射和抗化学药物等特性。因此,在加工、储存过程中无需冷藏或进行特殊包装。美国食品药品管理局1989年批准使用的芽孢杆菌有凝结芽孢杆菌(*Bacillus coagulans*)、迟缓芽孢杆菌(*B. lentus*)、地衣芽孢杆菌(*B. licheniformis*)、短小芽孢杆菌(*B. pumilus*)和枯草芽孢杆菌(*B. subtilis*)。我国农业部2006年批准使用的芽孢杆菌有枯草芽孢杆菌和地衣芽孢杆菌。芽孢杆菌制剂因其是以内生孢子的形态被摄入,相较于其他益生菌制剂具有良好的贮藏稳定性、耐酸性,同时具有较为丰富的代谢酶活力等特点。芽孢杆菌不仅能够增强动物机体应对不良刺激的能力,减少死亡率,降低经济损失,还可提高产品品质,增加同类产品的经济价值和食用价值。

　　酵母菌是反刍动物饲养中应用较多的一类直接饲喂益生菌。常见的酵母包括红冬孢酵母(*Rhodosporidium*)、耶氏酵母(*Yarrowia*)和酿酒酵母(*Saccharomyces*)等。目前研究发现大部分酵母菌具有多种益生特性,如调节肠道平衡、促进饲料转化以及提高宿主免疫功能等。

三、操作流程

1. 乳酸菌的筛选鉴定

　　参见第一章第二节实验十的操作步骤进行乳酸菌的分离、纯化。根据《伯杰细菌学鉴定手册》,可以通过氧化氢酶试验、运动性试验、明胶液化试验、吲哚试验、H_2S试验、硝酸盐还原试验和温度试验将乳酸菌鉴定到属的水平(参见第一章第五节"微生物生理生化特征测定"),乳酸菌产酸速度和生长曲线主要用于观察菌株的不同产酸能力和生长特性。温度影响微生物生长,可以作为乳酸菌属的特征之一。了解不同细菌分解利用糖的能力及原理,从而根据细菌分解利用糖的能力的差异(是否产酸产气)来鉴定菌种,但进一步的分类则需要通过16S rDNA测序来完成,即利用细菌通用引物27F和1492R对分离纯化得到的菌株进行PCR扩增,并对PCR扩增产物进行测序,测序结果提交GenBank进行在线比对。

　　(1)PCR扩增反应体系

　　50μL体系中含1.25U Taq DNA聚合酶、20μL 10×缓冲液(Mg^{2+})、0.25μL dNTP(10mmol/L)、10pmol/L的引物各1.0μL和0.25mmol/L DNA模板,用无菌蒸馏水补足到50μL。

　　(2)PCR反应条件

　　95℃预变性5min;95℃变性2min,45℃退火30s,72℃延伸2min,30个循环;最后72℃再延伸7min,扩增产物4℃保存。

　　将PCR产物送测序公司测定。测序结果提交GenBank进行在线比对。

2. 酵母菌的筛选鉴定

参见第一章第二节实验十四,依据饲料中酵母菌和霉菌的计数方法,分离和纯化酵母菌。也可以采用酵母膏胨葡萄糖琼脂培养基和麦芽汁琼脂培养基平板完成酵母菌的分离和纯化。

酵母菌的鉴定可根据《酵母菌的特征与鉴定手册》中酵母菌的鉴定方法,将酵母菌鉴定到属,具体方法包括菌落形态特征观察、细胞形态显微镜观察、掷孢子显微镜检查、子囊孢子显微镜检查、葡萄糖发酵试验、硝酸盐同化试验、脲酶试验和重氮蓝 B 盐染色试验。若要将酵母菌鉴定到种,还需要进行糖类发酵试验、糖同化试验、醇同化试验、淀粉形成试验和维生素需要量试验。如果需要鉴定到种、亚种,甚至菌株的水平需要进行酵母菌的分子鉴定。酵母菌的分子鉴定可通过 ITS1(Fliegerova 等,2006)和 28S rDNA 的 D1/D2 测序(Dagar 等,2011)实现。

3. 芽孢杆菌的筛选鉴定

在无菌环境中称取 1g 待分离样本置于装有 9mL 无菌生理盐水的 20mL 试管中,振荡 30min 后,85℃水浴 15min 以杀死大部分的营养细胞及杂菌。取 1mL 充分混匀的菌液加入 9mL 灭菌生理盐水中依次进行 $10^{-2}\sim10^{-7}$ 梯度稀释,制成稀释液,再吸取各稀释液 0.1mL 均匀涂布于酪蛋白培养基平板(2%琼脂、0.5%酪素、0.1%葡萄糖、0.1%酵母膏、0.1%磷酸氢二钾、0.05%磷酸二氢钾、0.01%硫酸镁,pH 7.0~7.2,121℃高压蒸汽灭菌 20min),37℃培养 24h~36h,选出透明圈和菌落直径比较大的菌株在酪蛋白培养基表面进行划线分离纯化,重复操作 3~4 次,直到获得单一芽孢杆菌菌株。芽孢杆菌菌株的鉴定可通过 16S rDNA 测序来完成,即利用细菌通用引物 27F 和 1492R 对分离纯化到的菌株进行 PCR 扩增,并对 PCR 扩增产物进行测序,测序结果提交 GenBank 进行在线比对。

实验二十三　果蔬发酵物中乳酸菌的筛选鉴定

一、实验目的

1. 巩固乳酸菌分离纯化方法。
2. 巩固厌氧乳酸菌的保存方法。
3. 学习乳酸菌的物种鉴定方法。

二、实验原理

参见第一章第二节实验十介绍的操作步骤进行乳酸菌的分离、纯化。乳酸菌的分类鉴定可通过 16S rDNA 测序来完成。通过乳酸菌分解利用糖能力的差异评价乳酸菌产酸产气情况、产酸速度,通过生长曲线观察菌株的生长特性。

三、实验材料

1. 实验试样

第一章第二节实验十分离纯化得到的微生物。

2. 实验试剂

MRS培养基、牛肉膏、蛋白胨、氯化钠、$Na_2HPO_4 \cdot 12H_2O$、0.2％溴麝香草酸蓝溶液、乳糖、甘露醇、麦芽糖、纤维二糖、半乳糖、果糖、木糖、山梨醇、阿拉伯糖、甘露糖、松三糖、蜜二糖、棉籽糖、山梨糖、水杨苷、七叶苷、可溶性淀粉、RNase、酚-氯仿-异戊醇(25∶24∶1)溶液、异丙醇、70％乙醇。

CTAB裂解液(pH 8.0)：称取NaCl 40.908g，EDTA 3.7224g，CTAB 10g，Tris 6.057g，用蒸馏水溶解，定容到500mL，调节pH至8.0。

3. 实验器材

超净工作台、恒温培养箱、移液枪、接种环、涂布棒、高压蒸汽灭菌锅、研磨管、离心机、锆珠、3mm和2mm直径玻璃珠、珠磨仪、水浴锅等。

四、实验操作

1. 菌种16S rDNA分类鉴定

(1)在MRS液体培养基中活化、富集微生物纯培养物。

(2)利用第一章第四节微生物计数中的CTAB法提取富集后微生物的DNA。

(3)利用细菌通用引物，进行16S rDNA全长扩增(见本章乳酸菌的筛选鉴定)。

(4)将PCR产物送测序公司测定16S rDNA序列，将测序结果提交到GenBank数据库，进行在线比对分析。

2. 糖发酵试验

(1)制备液体糖发酵管

牛肉膏5.0g、蛋白胨10.0g、氯化钠3.0g、$Na_2HPO_4 \cdot 12H_2O$ 2.0g、0.2％溴麝香草酸蓝溶液12.0mL，用蒸馏水定容至1000mL；调节pH至7.4。其中0.2％溴麝香草酸蓝溶液的配制方法为溴麝香草酚蓝0.2g、0.1mol/L NaOH溶液5.0mL，用蒸馏水定容至100mL。

在此培养基中按0.5％加入相应糖类或醇类，每管分装3mL～4mL，如需测定发酵时是否产气，可在糖管中加入一个倒置的小管，115℃高压蒸汽灭菌20min。

(2)糖管接种培养

按照无菌操作要求，在供试菌种斜面上挑取少量培养物接种相应糖管，在适宜温度下培养24h。

(3)结果观察

观察糖管中培养基的颜色变化，如培养基由蓝色变为黄色，表示产酸，为糖发酵阳性。若倒置的小管中有气泡出现，表示发酵该种糖时产气。

3.产酸速率和生长曲线测定

将分离并鉴定的乳酸菌菌株分别按 3% 的接种量转接入 MRS 液体培养基中,37℃恒温培养。

(1)绘制产酸速率曲线

每隔 2h 测定不同菌株发酵液的 pH,基于不同发酵时间对应发酵液 pH 的变化,绘制产酸速率曲线。

(2)绘制生长曲线

用待测菌株的培养液,以 3% 的接种量接入 MRS 液体培养基中,于 37℃培养箱中培养,每隔 2h,以培养基为空白,620nm 下测定一次吸光度(由于前期分离纯化乳酸菌是在厌氧条件下操作的,所以此处测定需要选用自带试管测定装置的可见光分光光度计)。

思考题

1.如何筛选出适宜反刍动物直接饲喂的乳酸菌?
2.如何筛选制作青贮饲料的乳酸菌?

参考文献

[1] Fliegerová K,Mrázek J,Voigt K. Differentiation of anaerobic polycentric fungi by rDNA PCR-RFLP. Folia Microbiol (Praha),2006,51(4):273-277. doi:10.1007/BF02931811.

[2] Dagar SS,Kumar S,Mudgil P,et al. D1/D2 domain of large-subunit ribosomal DNA for differentiation of *Orpinomyces* spp. Appl Environ Microbiol,2011,77(18):6722-6725. doi:10.1128/AEM.05441-11.

第二节 益生菌的评价

一、目的与要求

1.培养和增强使用益生菌的安全意识。
2.掌握益生菌的益生性评价内容和方法。
3.掌握益生菌的安全性评价内容和方法。

二、原理

益生菌的核心特征,一是能活着到达肠内,二是达到一定数量,三是能发挥显著效果。益生菌的生存环境主要为肠道,它们可以在肠道中大量繁殖,通过代谢产物,如短链脂肪酸、细菌素等发挥益生作用。这就意味着被吃进机体的益生菌必须在肠道内存活,这也是保证其发挥有效作用的前提。

　　益生菌在进入肠道之前需要应对胃酸以及各类消化酶的摧残,益生菌对胃肠道环境的耐受能力以及产品形式都会影响其到达肠道的活性。因此,好的产品会选择优良的益生菌或给予包被等加工处理方式来保证它们能够活着到达机体的肠道。这包括低 pH 耐受评价、胆盐耐受评价、低 pH 与胆盐连续耐受评价和模拟胃肠液的耐受评价。

　　益生菌的肠道上皮黏附能力对其在肠道内定植、发挥益生作用至关重要。通过测定菌株的细胞表面疏水性及小肠上皮细胞黏附性,可评估备选菌株的黏附能力。细胞表面疏水性的强弱主要取决于细菌表面非极性基团的数量,通常被认为是细菌非特异性黏附的主要因素之一,并与细胞自动聚集能力相关。

　　益生菌进入肠道后,需要与肠道内已有的复杂菌群竞争,抑制潜在的肠道病原菌是其在肠道定植、发挥益生作用的主要途径之一。菌液抑菌活性是评定益生菌常用的指标,常采用牛津杯打孔法确定待测菌株菌液抑制病原菌的能力。

5-2 益生菌的益生特性评价

　　乳酸菌在食品发酵方面具有悠久的安全应用史,一直被认为具有高安全性。然而随着乳酸菌应用的日渐广泛,有研究发现,部分乳酸菌可能与菌血症、心内膜炎、尿道感染等疾病有关,因此安全性评价在进行新型益生乳酸菌筛选过程中是至关重要的。

5-3 益生菌的安全风险

　　安全性评价要求益生菌菌株为革兰氏阳性、过氧化氢酶阴性、非溶血性、无潜在毒力基因、对常用抗生素敏感。

　　革兰氏阴性细菌的细胞壁含有大量脂多糖(LPS),会诱发肠道炎症反应;而过氧化氢酶阳性细菌会将过氧化氢分解产生氧气,破坏肠道厌氧环境,导致肠道菌群紊乱等不良后果;缺乏溶血活性是益生菌菌株的重要安全要求之一,以确保菌株不会出现机会性毒性。

　　缺乏潜在的毒力因子同样是益生菌安全性评价的重要指标之一。由于毒性及感染性因子具有物种间转移能力和菌株特异性,因而每一株候选的益生乳酸菌都必须进行潜在毒力因子的检测。esp(肠球菌表面蛋白)、efaAfs(细胞壁黏附素)、asa(聚合物)、ace(黏附胶原蛋白)属于黏附型毒力因子,在病原菌侵入宿主组织、淋巴和血液系统时能够增强病原菌对宿主细胞的黏附能力、躲避宿主细胞的防御机制并调节自身的聚集,便于其感染宿主导致疾病。gelE(明胶酶)、cylA(细胞溶素)、hyl(透明质酸酶)属于分泌型毒力因子。病原菌会通过明胶酶降解宿主体内的胶原蛋白、纤维蛋白等在宿主体内转移和扩散,同时明胶酶也能够降解抗菌肽、补体、细胞因子和细胞因子受体等破坏宿主免疫系统,促进病原菌致病;透明质酸酶通过降解宿主结缔组织基质的透明质酸帮助病原菌实现体内转移和扩散,同时能够提高病原菌在巨噬细胞内的存活能力并促进宿主细胞促炎因子的表达;细胞溶素因其 β-溶血作用而对宿主红细胞、白细胞以及巨噬细胞具有毒性。hdc(组氨酸脱羧酶)、tdc(酪氨酸脱羧酶)、odc(鸟氨酸脱羧酶)会分别降解组氨酸、酪氨酸和鸟氨酸为生物胺,而动物肠道中过量的生物胺会进入全身循环,对宿主健康造成威胁。

　　理想的益生菌菌株还需对常用抗生素敏感、不具备获得性和可转移的抗生素抗性基因。

5-4 益生菌的筛选与安全性评价

三、操作流程

1.革兰氏染色

用接种环取少量待测菌液滴在洁净载玻片上,涂抹成直径约 1cm 的圆,风干后让载玻片通过酒精灯火焰 2～3 次进行热固定。涂片用结晶紫染色 1min,用去离子水轻轻冲洗去浮色;用碘-碘化钾溶液媒染 1min,水洗;在倾斜载玻片上逐滴滴上 95％乙醇 5s～10s 脱色,直到酒精内无多余浮色,水洗;用番红复染 45s,水洗;盖上盖玻片,置于光学显微镜下观察,菌体呈紫色即为革兰氏阳性菌,菌体呈红色则为革兰氏阴性菌。革兰氏染色流程见图 5-1。

彩图 5-1 革兰氏染色流程

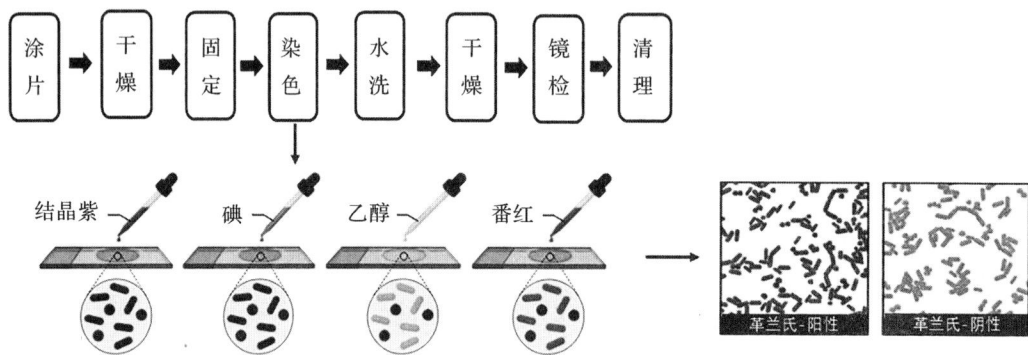

图 5-1　革兰氏染色流程

2.过氧化氢酶活性测定

用接种环将少量革兰氏阳性菌菌液滴在载玻片上,滴 1 滴 30％过氧化氢溶液,并混合,5s～10s 内氧气快速释放产生气泡即为过氧化氢酶阳性,反之即为阴性(见图 5-2)。

3.溶血性检测

配制 LB 琼脂培养基,高压灭菌后冷却至 45℃～50℃,加入预热到室温的 5％体积的无菌去纤维羊血,旋转三角烧瓶混匀,倒板。这个操作过程中应避免形成气泡。取适量待测菌液在血琼脂平板上划线,37℃培养 24h。菌落周围无变化为 γ-溶血,产生绿色区域为 α-溶血,γ-溶血和 α-溶血的菌株认定为非溶血性菌株,而在菌落周围产生血液裂解区域的菌株为 β-溶血,认定为溶血性菌株(见图 5-3)。

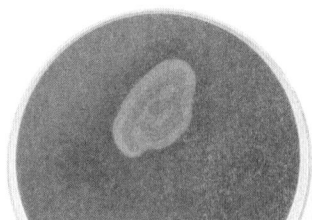

彩图 5-3 溶血性检测示例

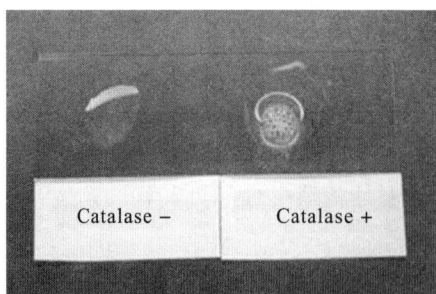

图 5-2　过氧化氢酶活性测定示例　　　图 5-3　溶血性检测示例

4.毒力基因筛查

(1)毒力基因PCR引物(见表5-1)

根据 Casarotti 等(2017)、Nagpal 等(2010)的报道,选择明胶酶、细胞溶素、肠球菌表面蛋白、细胞壁黏附素、透明质酸酶、聚合物、组氨酸脱羧酶、黏附胶原蛋白、酪氨酸脱羧酶及鸟氨酸脱羧酶毒力基因的特异性引物,通过菌液 PCR 扩增相应条带,检测各待测菌株基因组内是否携带毒力基因。

表 5-1　毒力基因引物

Virulence genes and products	Primers	Sequence (5'-3')	Product (bp)	T_m (℃)
gelE(Gelatinase)	gelE-F	ACCCCGTATCATTGGTTT	419	56
	gelE-R	ACGCATTGCTTTTCCATC		
cylA(Cytolysin)	cylA-F	TGGATGATAGTGATAGGAAGT	517	57
	cylA-R	TCTACAGTAAATCTTTCGTCA		
Esp(Enterococcal surface protein)	esp-F	TTGCTAATGCTAGTCCACGACC	933	62
	esp-R	GCGTCAACACTTGCATTGCCGAA		
efaAfs(Cell wall adhesins)	efaAfs-F	GACAGACCCTCACGAATA	705	52
	efaAfs-R	AGTTCATCATGCTGTAGTA		
Hyl(hyaluronidase)	HYLn1	ACAGAAGAGCTGCAGGAAATG	276	56
	HYLn2	GACTGACGTCCAAGTTTCCAA		
Asa(aggregation substance)	ASA11	GCACGCTATTACGAACTATGA	375	56
	ASA12	TAAGAAAGAACATCACCACGA		
Hdc(Histidine decarboxylase)	JV16HC	AGATGGTATTGTTTCTTATG	367	52
	JV17HC	AGACCATACACCATAACCTT		
Ace(adhesion of collagen)	ACE-F	GAATTGAGCAAAAGTTCAATCG	1008	55
	ACE-R	GTCTGTCTTTTCACTTGTTTC		
Tdc(Tyrosine decarboxylase)	P2-for	GAYATNATNGGNATNGGNYTNGAYCARG	924	52
	P1-rev	CCRTARTCNGGNATAGCRAARTCNGTRTG		
Odc(Ornithine decarboxylase)	odc-3	GTNTTYAAYGCNGAYAARACNTAYTTYGT	1446	52
	odc-16	ATNGARTTNAGTTCRCAYTTYTCNGG		

(2)PCR 扩增反应体系

50μL 体系中含 1.25U Taq DNA 聚合酶、20μL $10\times$缓冲液(Mg^{2+})、0.25μL dNTP(10mmol/L)、10pmol/L 的引物各 1.0μL 和 0.25mmol/L DNA 模板,用无菌蒸馏水补足到 50μL。

(3)PCR 反应条件

95℃预变性 5min;95℃变性 2min,45℃退火 30s,72℃延伸 2min,30 个循环;最后 72℃再延伸 7min,扩增产物 4℃保存。

5.抗生素敏感性评价

常采用药敏纸片琼脂扩散法进行。取过夜培养的乳酸菌菌液以 5000r/min 的速度离心10min 收集菌体,并用无菌 PBS 缓冲液洗涤 2 次,再用 PBS 缓冲液重悬为 10^7CFU/mL 的菌液。取 200μL 菌液均匀涂布于 MRS 琼脂,充分干燥后在表面放置抗生素药敏纸片,在 37℃ 厌氧条件下培养 24h。用游标卡尺测量药敏圈直径,比对 Charteris 等(1998)的抗生素抑制圈直径对应的敏感性表(见表 5-2),判定菌株抗生素敏感性。

表 5-2　用于药敏试验的抗生素及其抑制圈直径对应的敏感性

Antibiotic agent	Disc conc. (μg)	interpretative zone diameters(mm)*		
		R	MS	S
Rifampicin	5	≤14	15～17	≥18
Vancomycin	30	≤14	15～16	≥17
Gentamicin	10	≤12	—	≥13
Streptomycin	10	≤11	12～14	≥15
Kanamycin	30	≤13	14～18	≥18
Erythromycin	15	≤13	14～17	≥18
Amoxicillin	30	≤18	19～20	≥21
Ampicillin	10	≤12	13～15	≥16
Tetracycline	30	≤14	15～18	≥19
Chloramphenicol	30	≤13	14～17	≥18

* Susceptibility expressed as R(resistant), MS(moderately susceptible), or S(susceptible)

6. 低 pH 耐受评价

取过夜培养的乳酸菌菌液,以 5000r/min 的速度离心 10min 收集菌体,并用无菌 PBS 缓冲液洗涤 2 次,再用新鲜的 MRS 液体培养基重新悬浮菌体,并进行平板菌落计数。用 1mol/L 盐酸分别调节 MRS 液体培养基的 pH 至 4.0、3.0、2.0,同时以未进行 pH 调节的 MRS 液体培养基为对照。分别取 10mL 不同 pH 值的培养基,接种 100μL 由 MRS 液体培养基重悬的菌液,37℃厌氧培养 3h,进行平板菌落计数,计算乳酸菌的存活率。存活率的计算公式如下:

$$存活率(\%)=N_t/N_0×100 \qquad (5.1)$$

式中:N_0——测试菌株 0h 时的活菌数,CFU/mL;

N_t——测试菌株处理 3h 后的活菌数,CFU/mL。

通过测试菌株处理 3h 前后的比值可以计算出存活率。

通常,胃液 pH 值在 1.3～1.8 之间,餐后胃液被稀释时,胃液 pH 值可升高到 3.5,因此一般以 pH=3 时测得的存活率筛选益生菌。

7. 胆盐耐受评价

方法与低 pH 耐受评价相同。配制胆盐含量分别为 0.1%、0.5%,1% 的 MRS 液体培养基,以未添加胆盐的 MRS 液体培养基为对照组,计算乳酸菌在不同胆盐浓度的培养基中的存活率。

8. 低 pH 与胆盐连续耐受评价

用新鲜 MRS 液体培养基重新悬浮菌体,接种 100μL 至 10mL pH 3.0 的 MRS 培养基中,37℃厌氧培养 3h,再取其中 100μL 菌液接种至 10mL 含有 1%胆盐的 MRS 培养基中,

37℃厌氧培养 3h,进行菌落计数。计算低 pH 与胆盐连续处理后测试菌株的存活率。

9. 模拟胃肠液的耐受评价

将胃蛋白酶溶解于无菌 PBS 缓冲液至浓度为 3g/L,同时调节 pH 值至 3 制备模拟胃液;将胆盐和胰蛋白酶溶解在无菌 PBS 缓冲液中,使胆盐浓度为 1%,胰蛋白酶浓度为 1g/L,调节 pH 值至 8.0 制备模拟肠液。测试菌株对模拟胃肠液耐受的方法同前述。

10. 菌株细胞表面疏水性评价

Nagpal 等(2010)测定了菌株的细胞表面疏水性。取过夜培养的乳酸菌菌液以 5000r/min 的速度离心 10min,收集菌体,用灭菌 PBS 缓冲液洗涤沉淀 2 次。用 PBS 缓冲液重悬菌体,在 600nm 处调节初始吸光度为 0.7(A_0)。将 3mL 细胞悬液与 0.6mL 正十六烷混合,涡旋 2min,再在室温下温育 1h。水油分离后,小心分离出水相,在 600nm 处测定其吸光度(A_1)。疏水率的计算公式如下:

$$疏水率(\%)=(1-A_1/A_0)\times 100 \qquad (5.2)$$

11. 上皮细胞黏附力评价

过夜培养的乳酸菌菌液以 5000r/min 的速度离心 10min 收集菌体,用 PBS 缓冲液洗涤 2 次后悬浮于无抗生素、无血清的 DMEM 中,调整浓度至 1×10^8 CFU/mL。将肠上皮细胞接种于放置了细胞爬片的 12 孔板内,5% CO_2 培养箱 37℃培养至细胞覆盖 80% 以上。吸出孔内旧培养液,用灭菌 PBS 缓冲液清洗 2 次,加入 2mL 无抗生素、无血清的 DMEM,于 37℃温育 0.5h。加入 100μL 悬浮菌液,再于 5% CO_2 培养箱 37℃温育 2h。温育后,吸出孔内培养液,每个孔用无菌 PBS 缓冲液洗涤 5 次,充分除去未黏附的细菌。取出细胞爬片,置于 65℃的培养箱内干燥使细胞固定,然后用番红染色,置于油镜下(100×)观察测试菌株黏附细胞情况并拍照。

12. 竞争抑制肠道病原菌能力

(1)活菌菌液抑菌活性

应用牛津杯打孔法确定待测菌株菌液抑制病原菌能力。先在培养皿中倒入约 5mL 灭菌 LB 琼脂培养基,待其凝固后在上方放置无菌牛津杯,倒入 10mL 混有病原菌(10^7 CFU/mL)的温热(45℃)LB 琼脂培养基。培养基凝固后,取掉牛津杯,在孔内加入 150μL 过夜培养的待测乳酸菌菌液,同时在孔内加入无菌 MRS 培养基作为阴性对照。培养皿在 37℃下恒温培养 16h~18h,培养结束后观察有无抑菌圈生成并测量抑菌圈大小,确定菌株菌液的抑菌性能。

(2)抑菌成分分析

将过夜培养的乳酸菌菌液以 12000r/min 离心 10min,吸取上清并用 0.22μm 滤头过滤,获得无细胞上清。

①使用过氧化氢检测试纸测定无细胞上清是否含过氧化氢,确定其抑菌功能是否由过氧化氢介导。

②将无细胞上清置于 70℃水浴处理 1h,再根据牛津杯打孔法进行抑菌性能的测定,确定其抑菌功能是否由热稳定因子介导。

③用 1.0mol/L NaOH 溶液调节无细胞上清的 pH 值至 6.2,用牛津杯打孔法进行抑菌

性能的测定,确定其抑菌功能是否由有机酸介导。

④在无细胞上清内加入蛋白酶 K 至终浓度为 0.1mg/mL,37℃下温育 2h 后,用牛津杯法确定其抑菌功能是否由蛋白质因子介导。

通常以 10mm 为评判标准,抑菌圈大于 10mm 的认为有抑菌效果。也可以通过候选菌与病原菌共培养的方法,通过候选菌与病原菌在不同培养时间下的菌落数来评价候选菌的抑菌效果。需要注意的是,不同的菌有其特异的培养基和培养条件,所以培养和计数时要把这个因素考虑进去。

实验二十四　果蔬发酵物中乳酸菌的安全性评价

一、实验目的

1. 培养益生菌筛选的安全意识。
2. 掌握益生菌的安全性评价内容。
3. 掌握益生菌的安全性评价方法。

二、实验原理

乳酸菌在食品发酵方面具有悠久的安全应用史,一直被认为具有高安全性,然而随着乳酸菌应用的日渐广泛,有研究发现,部分乳酸菌可能与菌血症、心内膜炎、尿道感染等疾病有关,因此安全性评价至关重要。安全性评价要求乳酸菌菌株为革兰氏染色阳性、过氧化氢酶阴性、非溶血性、无潜在毒力基因、对常用抗生素敏感。

三、实验材料

1. 实验试样

第五章实验二十三中鉴定为乳酸菌的菌株。

2. 实验试剂

MRS 培养基、草酸铵结晶紫染液、革氏碘液、95％乙醇、番红染色液或石炭酸复红染色液、香柏油、二甲苯、无菌水、30％过氧化氢溶液、PCR master mix、琼脂糖、电泳缓冲液、抗生素药敏纸片、PBS 缓冲液。

血琼脂平板:LB 琼脂作为血琼脂基质,高压灭菌后冷却基质至 45℃～50℃时,加入预热到室温的 5％体积的无菌去纤维羊血,旋转三角烧瓶以彻底混匀,同时避免形成气泡,倒板冷却。

3. 实验器材

超净工作台、接种环、载玻片、盖玻片、酒精灯、擦镜纸、吸水纸、普通光学显微镜、PCR 仪、电泳槽、离心机、游标卡尺、恒温培养箱等。

四、实验操作

1. 革兰氏染色

用接种环挑取少量待测菌液滴在洁净载玻片上,涂抹成直径约 1cm 的圆,风干后让载玻片通过酒精灯火焰 2 到 3 次进行热固定。涂片用结晶紫染色 1min,用去离子水轻轻冲洗去浮色;用碘-碘化钾溶液媒染 1min,水洗;在倾斜载玻片上逐滴滴上 95％乙醇 5s～10s 脱色,直到酒精内无多余浮色,水洗;用番红复染 45s,水洗;盖上盖玻片,置于光学显微镜下观察,菌体呈紫色即为革兰氏阳性菌,呈红色则为革兰氏阴性菌。结果判断详见第五章第二节的实验操作。

2. 过氧化氢酶活性测定

用接种环将少量革兰氏阳性菌菌液滴在载玻片上,滴 1 滴 30％过氧化氢溶液,并混合,5s～10s 内氧气快速释放产生气泡即为过氧化氢酶阳性,反之即为阴性。结果判断详见第五章第二节的实验操作。

3. 溶血性检测

取适量待测菌液在血琼脂平板上划线,37℃培养 24h。菌落周围无变化为 γ-溶血,产生绿色区域为 α-溶血,γ-溶血和 α-溶血的菌株认定为非溶血性菌株,而在菌落周围产生血液裂解区域的菌株为 β-溶血,认定为溶血性菌株。结果判断详见第五章第二节的实验操作。

4. 毒力基因筛查

基于第五章第二节实验操作中的毒力基因引物表设计引物,进行 $50\mu L$ 体系的 PCR 扩增,通过菌液 PCR 是否扩增出相应条带检测各待测菌株基因组内携带毒力基因的情况。

5. 抗生素敏感性评价

取过夜培养的乳酸菌菌液,以 5000r/min 的速度离心 10min 收集菌体,并用无菌 PBS 缓冲液洗涤 2 次,再用 PBS 缓冲液重悬为 10^7 CFU/mL 的菌液。取 $200\mu L$ 菌液,均匀涂布于 MRS 琼脂平板,充分干燥后在表面放置抗生素药敏纸片,在 37℃厌氧条件下培养 24h。用游标卡尺测量药敏圈直径。结果判断详见第五章第二节的实验操作。

实验二十五　果蔬发酵物中乳酸菌的益生性评价

一、实验目的

1. 巩固益生菌益生作用机理。
2. 掌握益生菌的益生性评价内容。
3. 掌握益生菌的益生性评价方法。

二、实验原理

益生菌的益生特性评价包括低 pH 耐受评价、胆盐耐受评价、低 pH 与胆盐连续耐受评价、模拟胃肠液的耐受评价、益生菌的细胞表面疏水性及小肠上皮细胞黏附性评价，以及竞争抑制肠道病原菌能力的评价。

三、实验材料

1. 实验试样

第五章实验二十三中鉴定为乳酸菌的菌株，以及都柏林沙门氏菌、大肠杆菌 K99 菌液。小肠上皮细胞。

2. 实验试剂

MRS 培养基、LB 培养基、PBS 缓冲液、1mol/L 盐酸溶液、1mol/L NaOH 溶液、胆盐、胃蛋白酶、胰蛋白酶、蛋白酶 K、正十六烷、无抗生素和血清的 DMEM、番红。

SS 琼脂培养基(Salmonella-Shigella medium)：5g/L 牛肉膏、5g/L 脉胨、3.5g/L 三号胆盐、17g/L 琼脂，加热溶化后，按比例加入 10g/L 乳糖、8.5g/L 柠檬酸钠、8.5g/L 硫代硫酸钠、10％柠檬酸铁溶液 10mL，充分混合均匀，校正至 pH 7.0，加入 1％中性红溶液 2.5mL、0.1％煌绿溶液 0.33mL，倾注平板。

注意：制好的培养基宜当日使用，或保存于冰箱内于 48h 内使用；煌绿溶液配好后应在 10d 以内使用。

伊红亚甲蓝琼脂培养基：将 10g 蛋白胨、2g 磷酸氢二钾和 20g～30g 琼脂溶解于 1000mL 蒸馏水中，校正 pH，分装于三角烧瓶内，121℃高压灭菌 15min 备用。临用时加入 10g 乳糖并加热溶化琼脂，冷至 50℃～55℃，加入 2％伊红水溶液 20mL 和 0.5％亚甲蓝水溶液 13mL，摇匀，倾注平板。

3. 实验器材

超净工作台、接种环、普通光学显微镜、离心机、游标卡尺、恒温培养箱、pH 计、厌氧手套箱、可见光分光光度计、涡旋仪、细胞爬片、12 孔板、5％CO$_2$ 培养箱、牛津杯、培养皿、0.22μm 滤头、过氧化氢检测试纸、水浴锅等。

四、实验操作

1. 低 pH 耐受评价

取过夜培养的乳酸菌菌液以 5000r/min 的速度离心 10min 收集菌体，并用无菌 PBS 缓冲液洗涤 2 次，再用新鲜的 MRS 液体培养基重新悬浮菌体，并进行平板菌落计数。用 1mol/L 盐酸分别调节 MRS 液体培养基的 pH 至 4.0、3.0、2.0，同时以未进行 pH 调节的 MRS 液体培养基为对照。分别取 10mL 不同 pH 值的培养基，接种 100μL 由 MRS 液体培养基重悬的菌液，37℃厌氧培养 3h，进行平板菌落计数，计算乳酸菌的存活率。存活率的计算公式详见第五章第二节的实验操作。

2. 胆盐耐受评价

配制胆盐含量分别为 0.1%、0.5%、1% 的 MRS 培养基,以未添加胆盐的 MRS 液体培养基为对照组,计算乳酸菌在不同胆盐浓度的培养基中的存活率。

3. 低 pH 与胆盐连续耐受评价

新鲜 MRS 液体培养基重新悬浮菌体接种 100 μL 至 10mL pH 3.0 的 MRS 培养基中,37℃ 厌氧培养 3h,再取其中 100 μL 菌液接种至 10mL 含有 1% 胆盐的 MRS 培养基中,37℃ 厌氧培养 3h,进行菌落计数。计算低 pH 与胆盐连续处理后测试菌株的存活率。

4. 模拟胃肠液的耐受评价

将胃蛋白酶溶解于无菌 PBS 缓冲液至浓度为 3g/L,同时调节 pH 值至 3 制备模拟胃液;将胆盐和胰蛋白酶溶解在无菌 PBS 缓冲液中,使胆盐浓度为 1%,胰蛋白酶浓度为 1g/L,pH 值调节至 8.0 制备模拟肠液。测试菌株对模拟胃肠液耐受的方法同前述。

5. 菌株细胞表面疏水性评价

取过夜培养的乳酸菌菌液以 5000r/min 离心 10min,收集菌体,用灭菌 PBS 缓冲液洗涤沉淀两次。用 PBS 缓冲液重悬菌体,在 600nm 下,调节初始吸光度为 0.7(A_0)。将 3mL 细胞悬液与 0.6mL 正十六烷混合,涡旋 2min,再在室温下温育 1h。水油分离后,小心分离出水相,在 600nm 下测定其吸光值(A_1)。疏水率的计算第五章第二节的实验操作。

6. 上皮细胞黏附力评价

过夜培养的乳酸菌菌液以 5000r/min 的速度离心 10min 收集菌体,用 PBS 缓冲液洗涤 2 次后悬浮于无抗生素、无血清的 DMEM 中,调整浓度至 10^8CFU/mL。将肠上皮细胞接种于放置了细胞爬片的 12 孔板内,5% CO_2 培养箱 37℃ 培养至细胞覆盖 80% 以上。吸出孔内旧培养液,用灭菌 PBS 缓冲液清洗 2 次,加入 2mL 无抗生素、无血清的 DMEM,于 37℃ 温育 0.5h。加入 100 μL 悬浮菌液,再于 5% CO_2 培养箱 37℃ 温育 2h。温育后,吸出孔内培养液,每个孔用无菌 PBS 缓冲液洗涤 5 次,充分除去未黏附的细菌。取出细胞爬片,置于 65℃ 的培养箱内干燥使细胞固定,然后用番红染色,置于油镜下(100×)观察测试菌株黏附细胞情况并拍照。

7. 活菌菌液抑菌活性测定

先在培养皿中倒入约 5mL 灭菌 LB 琼脂,待其凝固后在上方放置无菌牛津杯,倒入 10mL 混有病原菌(10^7CFU/mL)的温热(45℃)LB 琼脂培养基。培养基凝固后,取掉牛津杯,在孔内加入 150 μL 过夜培养的待测乳酸菌菌液,同时在孔内加入无菌 MRS 培养基作为阴性对照。培养皿在 37℃ 下恒温培养 16h~18h,培养结束后观察有无抑菌圈生成并测量抑菌圈大小,确定菌株菌液的抑菌性能。

7. 抑菌成分分析

将过夜培养的乳酸菌菌液以 12000r/min 离心 10min,吸取上清并用 0.22 μm 滤头过滤,获得无细胞上清。

(1)使用过氧化氢检测试纸测定无细胞上清的抑菌功能是否由过氧化氢介导。

(2)将无细胞上清置于 70℃ 水浴处理 1h,再根据牛津杯打孔法进行抑菌性能的测定,确定其抑菌功能是否由热稳定因子介导。

(3)用 1.0mol/L NaOH 溶液调节无细胞上清的 pH 值至 6.2,用牛津杯打孔法进行抑菌性能的测定,确定其抑菌功能是否由有机酸介导。

(4)在无细胞上清内加入蛋白酶 K 至终浓度为 0.1mg/mL,37℃下温育 2h 后,用牛津杯法确定其抑菌功能是否由蛋白质因子介导。结果判定详见第五章第二节的实验操作。

思考题

1.什么流程更易快速完成益生菌安全性和益生特性评价?

2.如何通过共培养方法,评价候选乳酸菌对都柏林沙门氏菌和大肠杆菌 K99 的抑制作用?

参考文献

[1] Casarotti SN，Carneriro BM，Todorov SD，et al. In vitro assessment of safety and probiotic potential characteristics of *Lactobacillus* strains isolated from water buffalo mozzarella cheese. Ann Microbiol,2017,67(4):289-301.

[2] Charteris WP，Kelly PM，Morelli L，et al. Antibiotic susceptibility of potentially probiotic *Lactobacillus* species. J Food Protect,1998,61(12):1636.

[3] Nagpal R，Kumar A，Arora S. In vitro probiotic potential of *Lactobacilli* isolated from indigenous fermented milk products. Int J Probiotics Prebiotics,2010,5(2):103-110.

第六章　消化道及饲料中微生物多样性分析

　　回答动物消化道中共生着哪些微生物,传统的微生物分析测定方法包括对微生物形态、大小、染色特性、菌毛和鞭毛、运动性、芽孢形状及位置、细胞内含物等形态特征的显微镜观察,选择性培养基计数、纯种分离后进行碳源和氮源、营养类型、代谢产物、细胞壁成分、氧气需求、发光性、最适温度等的生理生化特性分析,从而对照《常见细菌系统鉴定手册》和《乳酸杆菌的分类鉴定与实验操作》等进行属与种的鉴定。但菌株分离鉴定本身是件耗时费力的工作,且消化道中的微生物多为严格厌氧的微生物,其分离纯化需要厌氧操作,这更增加了分离纯化的难度。

　　21 世纪初,人们运用微生物生物化学分类的一些生物标记,包括呼吸链泛醌、脂肪酸和核酸来进行生境样品中的微生物种群分析,其中以 16S rRNA/DNA、18S 及 18S 和 28S 间的可变区(ITS)为基础的分子生物学技术已成为研究人员普遍接受的方法。该技术主要利用不同微生物在核糖体小亚基 16S/18S/ITS 基因序列上的差异来进行微生物群落的组成和多样性分析,从中挖掘微生物和生境的关系信息。

第一节　微生物群落分析技术

一、目的与要求

1.了解微生物多样性分析的 DNA 指纹技术。

2.了解高通量测序的原理及其技术的发展。

3.了解微生物多样性评价的常用指标。

4.学习如何进行微生物多样性分析。

二、原理

　　多种 DNA 指纹技术,又称为多态性分析,如变性梯度凝胶电泳(DGGE)、温度梯度凝胶电泳(TGGE)、单链构象多态性分析(SSCP)、限制性片段长度多态性分析(RFLP)和末端限制性片段长度多态性分析(T-RFLP)等可将混合物中的不同源 DNA 片段以不同电泳条带和特征峰形式分开。混合物中序列的多样性和不同序列的丰度在一定程度上反映了原始样品中微生物种群的多样性和不同物种的丰度。变性梯度凝胶电泳、温度梯度凝胶电泳和末端限制性片段长度多态性分析均是通过电泳对 PCR 产物进行分析,可研究生境中相对丰度＞1％的优势微生物的多样性和相对丰度。

1. 变性梯度凝胶电泳和温度梯度凝胶电泳

双链 DNA 在尿素或甲酰胺等变性剂浓度或温度梯度增高的凝胶中电泳，随变性剂浓度或温度升高，由于熔解温度（melting temperature，T_m）不同，DNA 的某些区域解链，降低其电泳泳动性，导致迁移率下降，以致停留在其相应的不同变性剂/温度梯度位置，染色后可以在凝胶上呈现分开的条带。每个条带代表一个特定序列的 DNA 片段。在不同泳道中停留在相同位置的条带，一般可视为具有相同的 DNA 序列。为取得好的分离效果，通常在 DNA 片段上连接一段长度为 30 个～50 个碱基富含 GC 的核苷酸序列，该序列被称为 GC 夹板（GC-clamp），这样理论上可以分辨相差一个碱基的序列。

2. 末端限制性片段长度多态性分析

末端限制性片段长度多态性分析其中一条引物的 5′端用荧光物质标记。提取待分析样品的总 DNA，以它为模板进行 PCR 扩增，所得到的 PCR 产物一端就带有这种荧光标记。然后将 PCR 产物用合适的限制性内切酶消化。由于在不同细菌的扩增片段内存在核苷酸序列的差异，酶切位点就会存在差异。酶切后会产生许多不同长度的限制性片段。对酶切产物用自动测序仪进行检测，只有末端带有荧光标记的片段能被检测到。因为不同长度的末端限制性片段必然代表不同的细菌，这些末端标记片段可以反映微生物群落组成情况。但对于复杂的消化道微生物群落，上述基于电泳的分析分辨率过低。

3. 扩增子测序技术

在高通量测序之前基于 Sanger 测序的克隆文库技术是研究微生物群落的基本方法。目前它很少用于复杂微生物群落的多样性分析，但在微生物绝对荧光定量中仍是标准曲线绘制过程中重要的一个环节。传统的 Sanger 测序，测序长度在 750bp～1000bp，测序质量高，缺点在于不能直接对混合序列进行测序。测序前需建立克隆文库，即将目标序列转移到寄主大肠杆菌细胞中培养形成单菌株，再对单菌株中的目标序列进行测序，因而通量很低。

二代测序在 Sanger 方法的基础上，以微生物目标基因 PCR 产物为样本，使用有着不同颜色荧光标记的四种 dNTP 进行合成测序：当 DNA 聚合酶合成互补链时，每增加一个 dNTP 就会释放相应颜色的荧光，通过捕捉即时荧光信号，获得待测 DNA 的序列信息。常用二代测序方法有 2 种，一种是 Roche 公司的 454 焦磷酸测序（已于 2015 年停止运营），另一类是 Illumina 公司开发的 MiSeq/HiSeq 测序。Illumina 公司开发的 HiSeq 测序目前的读长可达 250bp，所以通常细菌的多样性分析是通过 HiSeq 双端测序技术测定 16S rRNA/DNA 的 V3～V4 区。

现今已经发展到第三代测序技术。第三代测序技术也叫从头测序技术，是指单分子测序技术。DNA 测序时，不需要经过 PCR 扩增，实现了对每一条 DNA 分子的单独测序。第三代测序技术第一大阵营是单分子荧光测序，代表性技术为美国螺旋生物公司（Helicos）的 SMS 技术和美国太平洋生物公司（Pacific Bioscience）的 SMRT 技术。脱氧核苷酸用荧光标记，显微镜可以实时记录荧光的强度变化。当荧光标记的脱氧核苷酸被掺入 DNA 链的时候，它的荧光就同时能在 DNA 链上探测到。当它与 DNA 链形成化学键的时候，它的荧光基团就被 DNA 聚合酶切除，荧光消失。这种荧光标记的脱氧核苷酸不会影响 DNA 聚合酶的活性,并且在荧光被切除之后,合成的 DNA 链和天然的 DNA 链完全一样。第二大阵营为纳米孔测序,代表性公司为英国牛津纳米孔公司。新型纳米孔测序法(nanopore sequencing)是采用电泳技术,借助电泳驱动单个分子逐一通过纳米孔来实现测序的。由于纳米孔的直径非常细小,仅允许单个核酸聚合物通过,而 ATCG 单个碱基的带电性质不一样,通过电信号的差异就能检测出通过的碱基类别,从而实现测序。由于具有长读长的特点,SMRT 测序平台在基因组测序中能降低测序后的 Contig 数量,明显减少后续的基因组拼接和注释工作量,节省大量的时间。

6-1 微生物群落分析技术 1

4. 基因微列阵技术

目前,微生物生态学研究中常用的系统发育芯片(PhyloChip)与功能基因芯片(GeoChip)均属于基因微列阵技术。系统发育芯片通过检测特异性的 16S rRNA 等系统发育标记基因,反映不同物种在特定环境的分布情况。而功能基因芯片则通过检测功能基因来反映功能基因的多样性、功能微生物的活性,以及微生物群落中的功能类群的分布情况。微列阵(microarray)是指排满探针的芯片。探针的本质是用于和样品 DNA 进行杂交的已知短序列。当样品序列(DNA/RNA)的荧光标记 PCR 产物与探针进行杂交后,可通过计算与探针匹配序列的相对荧光比例,获得微生物的多样性和相对丰度信息。基因微列阵具有通量高、准确度高、定量性好的优点,但只能设计已知基因序列探针,在鉴别新基因和新物种同源功能基因上具有局限性。

5. 荧光原位杂交

荧光原位杂交(fluorescence in situ hybridization,FISH)是一种利用荧光标记的寡核苷酸或多核苷酸探针直接在染色体、细胞或组织水平定位靶序列的分子生态学技术。FISH 在本质上是以荧光标记取代同位素标记形成的一种新的原位杂交方法。自 1980 年首次报道了荧光标记的 cDNA 进行的原位杂交后,FISH 成为环境微生物学中最常用的方法之一。FISH 的原理是以荧光素或生物素、地高辛等其他报告分子,直接或间接标记核酸探针,再与待测样本中的核酸序列按照碱基互补配对的原则进行杂交,若两者同源互补,即可形成靶DNA 与核酸探针的杂交体,经洗涤后直接在荧光显微镜下观察,可对待测 DNA 进行定性、定量或相对定位分析。FISH 的优点在于快速、原位且能够对复杂环境样品中未培养微生物进行菌种鉴定、丰度测量和细胞形态分析,但也存在检测灵敏度和空间分辨率不足等缺点。

基于传统 FISH 技术发展而来的沉积荧光原位杂交技术(catalyzed reporter deposition-fluorescence in situ hybridization,CARD FISH),可以检测微生物的 DNA、rRNA、mRNA上的目标基因,获得环境微生物的群落及功能信息,具有更高的灵敏度、稳定性和检测效率。其原理是在探针上连接辣根过氧化物酶(horseradish peroxidase),在与样品细胞中的 DNA或 RNA 完成杂交并洗去游离探针后,加入荧光标记的酪胺进行荧光信号扩增。在扩增过程中,被荧光标记的酪胺在辣根过氧化物酶的催化下,会大量沉淀在有探针结合的细胞内,起到放大荧光信号的作用。沉积荧光原位杂交技术目前已被应用于土壤、海洋、沉积物等环境中。另外,在与稳定性同位素探针技术、纳米离子探针、扫描电子显微镜、流式细胞仪方法联用后,沉积荧光原位杂交技术不仅可以研究复杂环境中微生物的物种组成、数量及其高分辨形态学信息,而且可以获得微生物在单细胞水平的生理代谢及活性信息,对在单细胞水平认识原位环境微生物的生理生态功能具有重要意义,已成为微生物生态学研究领域中的重要技术手段。

微生物 FISH 杂交中应用的特异寡核苷酸探针见表6-1。用于标记的常用荧光素见表6-2。

表 6-1　荧光原位杂交常用寡核苷酸探针

目标微生物	探针名称	探针序列
所有微生物	UNIV1392	ACGGGCGGTGTGTRC
真细菌	EUB338	GCTGCCTCCCGTAGGAGT
古菌	ARCH915	GTGCTCCCCCGCCAATTCCT
α_2 亚纲变型菌	ALF1B	CGTTCGYTCTGAGCCAG
β_2 亚纲变型菌	BET42a	GCCTTCCCACTTCGTTT
γ_2 亚纲变型菌	GAM42a	GCCTTCCCACATCGTTT
β 变型菌门中 *Rhodocyclus* 相关的 PAO	PAO651	CCCTCTGCCAAACTCCAG
硝化杆菌属	NIT3	CCTGTGCTCCATGCTCCG

表 6-2　用于标记的常用荧光素

荧光素	激发波长(nm)	发射波长(nm)
氨甲香豆素乙酸(AMCA)	351	450
德克萨斯红(Texas Red)	578	600
异硫氰酸盐荧光素(FITC)	492	528
Cy3	550	570
Cy5	651	674
六氯荧光素(HEX)	535	553
羧基荧光素(FAM)	494	518

6. 稳定性同位素探针技术

2000 年,英国 Murrell 等人使用^{13}C-甲醇培养森林土壤,通过获得的^{13}C-DNA 证明目标微生物具有甲醇同化能力,开创了利用稳定性同位素示踪复杂环境中微生物 DNA、RNA 或蛋白质的分子生态学技术。目前,技术最成熟的是稳定性同位素核酸探针技术(DNA-SIP),主要是在培养环境样品时添加稳定性同位素标记的底物,利用微生物自身合成代谢,标记底物进入微生物细胞并合成带有稳定性同位素标记的 DNA。培养后提取环境微生物总DNA,将标记 DNA 通过超高速密度梯度离心分离后再进行测序分析。其实验结果能揭示样品中哪些微生物同化了标记底物,将特定的物质代谢过程与环境微生物群落组成直接耦合,揭示复杂环境中特定微生物生理代谢过程的分子机制。此技术难点在于同位素标记DNA 和非标记 DNA 的分离。DNA 样品中 GC 含量和同位素标记程度均影响分离效果。理论上浮力密度差大于 0.012g/mL 的 DNA 能被有效离心分离,^{13}C取代轻同位素导致DNA 分子量增加约 2.8%～3.1%,浮力密度增加约 0.051g/mL;但因为 DNA 氮原子数远低于碳原子,^{15}N标记导致浮力密度仅增加约 0.02g/mL。因此,^{13}C标记丰度达到 15%～20%,^{15}N标记丰度达到 30%以上才能满足敏感性需求。可通过将离心产物与双苯酰亚胺混合后进行二次离心,去除重浮力密度梯度区带中高 GC 含量的非标记 DNA 污染,获得高质量^{15}N-DNA。

除稳定性同位素 DNA 探针技术外,还有磷脂脂肪酸-稳定性同位素示踪联用技术、稳定性同位素 RNA 探针技术和蛋白质-稳定性同位素示踪技术。磷脂脂肪酸-稳定性同位素示踪联用技术只区分较大的分类群,稳定性同位素 RNA 探针技术和蛋白质-稳定性同位素示踪技术可以指示代谢活性,但 RNA 和蛋白质易分解,在样品中提取难度相对较高。近 20 年来,稳定性同位素 DNA 探针技术在生物技术和微生物生态学领域得到广泛应用,是耦合微生物遗传多样性与代谢多样性最有力的工具之一。但要注意的是,在微环境中进行的稳定性同位素示踪技术实验不能完全代表微生物生长的实际环境条件,另外如果培养时间较长,会存在微生物交叉取食偏差,例如 ^{13}C-次级代谢产物被其他微生物同化。稳定性同位素示踪技术等分子生物学技术可以从群落水平将微生物的种类、组成与功能联系起来,但依然难以揭示微生物单细胞水平的代谢活性以及不同种类微生物细胞代谢活性的差异等信息。

6-2 微生物群落分析技术 2

三、操作流程

1. 变性梯度凝胶电泳和温度梯度凝胶电泳

变性梯度凝胶电泳和温度梯度凝胶电泳流程见图 6-1。

提取菌群总 DNA → PCR → DGGE → 图谱分析 → 切胶回收 → PCR → 测序

图 6-1　变性梯度凝胶电泳和温度梯度凝胶电泳流程

（1）提取菌群总 DNA

采用 CTAB 法提取消化道样本中菌群总 DNA,具体实验操作详见第一章第四节核酸定量法中的微生物 DNA 提取操作。

（2）PCR

①扩增引物:细菌 PCR 扩增区域常用的有 16S rDNA 的 V3 区和 V6～V8 区。扩增 V3 区的上游引物为 GC341F(5′-CGC CCG CCG CGC CCC GCG CCC GTC CCG CCG CCC CCG CCC G CCT ACG GGA GGC AGC AG-3′),下游引物为 518R(5′-ATT ACC GCG GCT GCT GG-3′),下划线部分为 GC 夹(刑德峰等,2006)。扩增 V6～V8 区的上游引物为 U968-GC (5′-CGC CCG GGG CGC GCC CCG GGC GGG GCG GGG GCA CGG GGG G AAC GCG AAG AAC CTT AC-3′),下游引物为 L1401(5′-CGG TGT GTA CAA GAC CC-3′),下划线部分为 GC 夹(Hou 等,2014)。

②PCR 反应体系:50 μL 的 PCR 体系包括 rTaq 酶 0.25 μL、10×PCR buffer 5.00 μL、2.5 mmol/L dNTP 3.2 μL、20 μmol/L 的上游和下游引物各 1.0 μL、模板 DNA 50 ng,补灭菌蒸馏水至 50 μL。

③PCR 扩增程序:95℃预变性 5 min;95℃变性 1 min,65℃退火 45 s,之后每个循环降低 0.5℃,一共 20 个循环,72℃延伸 1 min;最后 10 个循环参数是 95℃变性 1 min,55℃退火 45 s,72℃延伸 1 min;最后 72℃延伸 8 min。PCR 产物经 1.5％琼脂糖凝胶电泳检测后,置 −20℃冰箱保存备用。

（3）DGGE

根据表 6-3,细菌 16S rDNA V3 区和 V6～V8 区的扩增产物一般采用 8％的凝胶浓度。

表 6-3　凝胶浓度与最佳分离片断长度对应

凝胶浓度	片段长度
6％	300bp～1000bp
8％	200bp～400bp
10％	100bp～300bp

①试剂配制

ⅰ.50×TAE 缓冲液:242g Tris-碱,57.1mL 冰醋酸,100mL 0.5mol/L 乙二胺四乙酸(EDTA,pH 8.0),加蒸馏水至 1000mL。

ⅱ.100％变性剂浓度的 8％聚丙烯酰胺凝胶贮存液:100mL 40％丙烯酰胺/双丙烯酰胺(37.5:1),200mL 40％甲醛胺,5mL 50×TAE 缓冲液,10mL 甘油和 210.8g 尿素,在 37℃水浴中搅拌,溶解,加蒸馏水至 500mL,室温暗处保存。

ⅲ.0％变性剂浓度的 8％聚丙烯酰胺凝胶贮存液:100mL 40％丙烯酰胺/双丙烯酰胺(37.5:1),5mL 50×TAE 缓冲液,10mL 甘油,在 37℃水浴中搅拌,溶解,加蒸馏水至 500mL,室温暗处保存。

ⅳ.配制要求浓度的胶液:通过 100％变性剂浓度的 8％聚丙烯酰胺凝胶贮存液和 0％变性剂浓度的 8％聚丙烯酰胺凝胶贮存液,配制不同浓度的胶液,如 0％变性剂浓度的 8％聚丙烯酰胺凝胶贮存液 7.7mL 与 100％变性剂浓度的 8％聚丙烯酰胺凝胶贮存液 3.3mL 混合即可配成总体积为 11mL 的 30％变性剂浓度的胶液;0％变性剂浓度的 8％聚丙烯酰胺凝胶贮存液 5.5mL 与 100％变性剂浓度的 8％聚丙烯酰胺凝胶贮存液 5.5mL 混合即可配成总体积为 11mL 的 50％变性剂浓度的胶液。

ⅴ.梯度混合器中胶液的配制:在高、低浓度胶液中分别加入 11μL 四甲基乙二胺和 50μL 过硫酸铵溶液(10％)。

②制备玻璃三明治

ⅰ.准备一大一小两块玻璃板、两个间隔条(spacer)、一个样品梳,先后用洗洁精、蒸馏水和 96％酒精洗净,干燥,待用。

ⅱ.制备玻璃三明治(大玻璃、间隔条和小玻璃),用三明治夹子夹住,注意间隔条底部与玻璃板底边齐平。

ⅲ.在三明治底部(尤其在间隔条下)涂上一薄层凡士林。

ⅳ.将三明治移至固定架的橡皮条上固定。

③制胶

ⅰ.清洗梯度混合器,并使之干燥,关掉两个槽之间的活栓,将连接梯度合成器的出口针头置于大小玻璃之间并固定。

ⅱ.将加入了四甲基乙二胺和过硫酸铵溶液的高、低浓度胶液分别加到梯度混合器的右槽和左槽中。

ⅲ.打开恒流泵开关(4.5mL/min),以及两槽之间的活栓。

ⅳ.分离胶灌完后,将针头移至废液瓶,冲洗梯度混合器的两个槽,打开泵(19mL/min),排出其中水分,关闭梯度混合器两槽之间的活栓,并擦干。

ⅴ.在 7mL 浓缩胶(0％变性剂浓度的 8％聚丙烯酰胺凝胶)中加入 11μL 四甲基乙二胺

和 $50\mu L$ 过硫酸铵溶液(10%),并加到梯度混合器的右槽中。

ⅵ.打开梯度混合器的泵,用 19mL/min 速度直至浓缩胶运行至离针头约 1cm 时,换用 1mL/min 速度,此后逐渐增大到 3mL/min 速度将浓缩胶灌入两层玻璃之间。

ⅶ.浓缩胶充满后,在其顶部插入样品梳(避免产生气泡),凝固过夜。

④电泳

ⅰ.在电泳槽中添加新配制的电泳缓冲液($0.5\times TAE$),打开电泳仪预热使电泳缓冲液的温度达到 60℃。

ⅱ.取出梳子,用电泳缓冲液冲洗加样槽和胶底部的凡士林,将其固定在电泳槽内。

ⅲ.点样(PCR 产物与加样缓冲液 5:1 混合)。

ⅳ.盖上电泳仪的盖子,电泳,首先在 200V 电压下预电泳 5min~10min,随后在 85V 的固定电压下电泳 16h。

⑤染色:电泳结束后将胶取出置于一个干净的塑料容器中,加入 200mL Cairn's 固定液(8×固定液:96%乙醇 200mL+乙酸 10mL+蒸馏水 40mL),摇 3min 后,将 Cairn's 固定液倒入其他容器中。加入 200mL 银染溶液($AgNO_3$ 0.4g+1×Cairn's 固定液 200mL),在摇床上摇 10min;弃去银染液,用蒸馏水轻洗胶及容器,再加蒸馏水摇洗 2min;弃去蒸馏水,添加显影液($NaBH_4$ 少量+1.5% NaOH 溶液 250mL+甲醛 1mL),直至出现清晰条带为止结束显影;弃去显影液,加入使用过的 Cairn's 固定液,摇 5min;弃去固定液,加入蒸馏水,胶即可用于扫描和拍照。扫描拍照后的胶可在 Cairn's 保存液(96%乙醇 250mL+甘油 100mL+蒸馏水 650mL)中 4℃保存。

(4)图谱分析

DGGE 凝胶采用 BioRad 分析软件包(Molecular Analyst)进行相似性分析。

(5)切胶回收

对 DGGE 电泳后图谱上的优势条带进行割胶回收。对于选定的每个条带,只选择其中间部分进行切割。回收的条带转移到 PCR 管中,加入 $30\mu L$ TE 缓冲液(或者蒸馏水),用枪头挤碎,4℃浸泡过夜。

(6)PCR 扩增

取 $1\mu L$ 切胶回收的 DNA,按照 16S rDNA 的 V3 区或 V6~V8 区 PCR 反应体系和程序再次扩增,用 DGGE 检查回收条带的纯度和分离状况。重复上述步骤,直到有满意的结果为止。

(7)测序

以最后获得的单一条带为模板,用不带 GC 夹的引物对扩增,得到的 PCR 产物送测序公司测序,将测得的 16S rDNA 序列在 NCBI 中进行 Blast 比对,得出相关种属的序列信息。再利用软件从 GenBank 数据库中搜索出相关菌株的 16S rDNA 序列并下载。用 Clustalx 软件对未知菌株的序列与相似菌株的序列进行匹配排列(align),用 Mega 软件的 Neighbor-Joining(NJ)来构建系统发育树,进行 1000 次 Bootstraps 检验。

2.末端限制性片段长度多态性分析

末端限制性片段长度多态性分析流程见图 6-2。

图 6-2 末端限制性片段长度多态性分析流程

（1）提取样品总 DNA

采用 CTAB 法提取消化道样本中菌群总 DNA，具体实验操作详见第一章第四节核酸定量法中的微生物 DNA 提取操作。

（2）纯化 DNA

在 100μL DNA 原液中加入 100μL 的苯酚、氯仿、异戊醇（25：25：1）混合液，16000×g，4℃ 离心 2min，取上清液至新的 1.5mL 离心管中；加入 100μL 的氯仿、异戊醇（24：1）混合液，16000×g，4℃ 离心 2min，取 90μL 上清液至新的 1.5mL 离心管中，加入 3mol/L 乙酸钠（pH=5.2）10μL，指尖轻弹使其混匀；加入 250μL 无水乙醇，涡旋混匀。放入 −80℃ 15min，使 DNA 沉淀完全。18000×g，4℃ 离心 10min，舍弃上清液。加入 500μL 70%乙醇，18000×g，4℃ 离心 10min，舍弃上清液。真空干燥 DNA，加入 30μL TE 缓冲液（pH=8）溶解保存。1%凝胶电泳检测。

（3）扩增 16S rDNA

①扩增引物：细菌 16S rDNA 的 PCR 引物为 27F（5′-AGA GTT TGA TCC TGG CTC AG-3′），下游引物为 1492R（5′-TACGGT TAC CTT GTT ACG ACTT-3′）。其中上游引物 27F 的 5′端用羧基荧光素（6-carboxyfluorescein，FAM）标记。

②PCR 反应体系：50μL 的 PCR 体系包括 Takara Taq DNA 聚合酶（5U/μL）1μL、10× PCR buffer 5.00μL、4×dNTP mixTakara 4μL、10μmol/L 的上游和下游引物各 1.0μL、模板 DNA 50ng，补灭菌蒸馏水至 50μL。

③PCR 扩增程序：95℃ 预变性 5min；94℃ 变性 1min，50℃ 退火 1min，72℃ 延伸 1.5min 33 个循环；最后 72℃ 延伸 10min。PCR 产物经 1.5%琼脂糖凝胶电泳检测后，置 −20℃ 冰箱保存备用。

（4）纯化 PCR 扩增产物

使用试剂盒纯化 PCR 扩增产物，具体操作以试剂盒说明书为准。

（5）酶切

对纯化后的荧光 PCR 产物进行 *Rsa* Ⅰ 限制性内切酶酶切，反应条件为 37℃ 温育反应 12h。酶切反应体系总体积为 20μL，其中限制性内切酶 1μL、酶切 buffer 2μL、PCR 产物 3μL～8μL（在酶切反应时根据 PCR 产物纯化后凝胶电泳中条带的亮度强弱向酶切体系中加入适量的产物），用蒸馏水补齐。

（6）酶切产物脱盐

20μL 酶切反应体系中加入 40μL −20℃ 预冷的异丙醇和 2.5μL 乙酸钠，15000r/min，15℃～20℃ 离心 20min。小心吸除上清，向沉淀物中加入 100μL −20℃ 预冷的 70%乙醇，小心清洗 DNA。15000r/min，15℃～20℃ 离心 20min。小心吸除上清，沉淀置 37℃ 真空干燥 3min，去除残留的乙醇和水分。20μL 甲酰胺室温溶解 2h，待完全溶解，取 15μL，加入 0.3μL 内标（Liz500）上样。

（7）电泳分离与检测

将加入 Liz500 的脱盐产物在 95℃ 条件下变性 5min 后,迅速转移至 －20℃ 冰箱内冷却 3min。将样品加到 96 孔板进行毛细管电泳和检测。电泳主要条件为毛血管进样电压为 3.0kV,进样持续时间为 30s。

3. 扩增子测序技术

16S rDNA 克隆文库技术流程见图 6-3。

提取样品总 DNA → 扩增 16S rDNA → 构建重组质粒 → 转化受体细胞 → PCR 鉴定 → Sanger 测序

图 6-3 16S rDNA 克隆文库技术流程

详见第一章第四节微生物计数中核酸定量操作中的"制备标准品"。

4. 基因微列阵技术

基因微列阵技术流程见图 6-4。

提取样品总 DNA → 扩增 16S rDNA → 设计与合成探针 → 制备基因芯片 → 芯片杂交与结果判读

图 6-4 基因微列阵技术流程

由于该技术涉及的探针的设计与合成、基因芯片的制备一般由公司完成,故本书不对基因微列阵技术进行详细的介绍。

5. 荧光原位杂交技术

荧光原位杂交技术流程见图 6-5。

制备探针 → 处理玻片 → 处理样品 → 杂交前处理 → 杂交 → 杂交后处理 → 结果观察

图 6-5 荧光原位杂交技术流程

（1）制备探针

基于目标微生物,设计和制备探针。探针的保存浓度为 5ng/mL。

（2）处理玻片

玻片先采用热的肥皂水刷洗,浸泡,用自来水洗净后用洗洁精再清洗一次,最后用蒸馏水冲洗干净,烘干。无水乙醇浸泡 24h 后用蒸馏水冲洗,160℃烘干,保证彻底去除 RNA 酶。处理好的玻片置无尘环境保存。在 1000mL 烧杯中用 800mL 水加热溶解 4g 明胶,待其完全溶解后,再加入 0.5g 铬矾,溶解后稀释至 1000mL。将玻片置于 60℃ 明胶溶液中包被 3min 后取出,置烘箱烘干。

（3）样品处理

样品用 4% 多聚甲醛固定 20min。用高速离心机 12000r/min,4℃ 离心去除上清液,加入 0.01mol/L PBS 缓冲液清洗,离心去除上清液,重复 3 次;加入 0.02mol/L PBS 缓冲液,充分振荡,使之重新成为悬浮液。无法立即进行杂交的样品可以在细胞固定后加入体积比为 1:1 的乙醇：PBS,－20℃ 条件下保存待用。

（4）杂交前准备

用微升取样器取大约 3μL 的样品悬浮液,滴加到玻片上,置阴暗处常温风干。风干后分别用 50%、80% 和 100% 乙醇脱水,风干。为了能让细菌有更好的通透性,使探针能够进入细菌内,在风干后的样品上滴加大约 $9\mu L$ 不含探针的杂交液,预杂交 2h。

（5）杂交

取出经过预杂交的样品,用蒸馏水清洗掉杂交液,风干后即可进行杂交。由于杂交对象为细菌体内的 16S rRNA,因此可以省去变性这一步骤。

取 $3\mu L$ 探针和 $9\mu L$ 杂交液,滴加到目标区域,盖上盖玻片,保证盖玻片内没有气泡存在后用封片液封片。探针的量不宜过多,过多不仅造成浪费,而且影响杂交效果,导致高背景染色;杂交液的量也要适当,最好不要超过 $20\mu L$,因为杂交液量过多常常容易导致盖玻片滑动脱落,影响杂交结果。将玻片放置到湿润的暗盒中,在恒温箱中进行杂交。

（6）杂交后处理

从恒温箱中取出玻片之前将盛有清洗液的容器放入 48℃ 的水浴中预热 20min。杂交完成后取出玻片,立即放入预热好的容器中。注意不能让玻片干燥,不然将很难洗去非特异性结合的信号,增加背景染色。清洗液的量应当淹没玻片,并作适当摇晃,使盖玻片滑落。清洗 20min～30min 后取出,用清水洗去剩余清洗液,用吸水纸吸干后即可进行观察。

（7）结果观察

完成清洗的玻片需要在显示系统上进行观察,观察时需要选定适宜的激发光波长和放大倍数。图像的摄取一般使用与荧光显微镜相连的 CCD 照相机,取得照片后再进行分析。

6. 稳定性同位素探针技术

稳定性同位素探针技术流程见图 6-6。

标记稳定性同位素 $\longrightarrow$ DNA 提取和超速离心 $\longrightarrow$ 高通量测序及分析

图 6-6　稳定性同位素探针技术流程

（1）标记稳定性同位素

通过培养基中加入 ^{13}C 标记的底物培养微生物。目前在消化道微生物多样性研究中 ^{13}C 标记的纤维素已被用于研究纤维降解微生物的区系组成。

（2）DNA 提取和超速离心

利用 CTAB 法提取培养物的 DNA,将提取的 DNA 进行超速离心,取 $5\mu g$ DNA 加入 Tris-EDTA(TE,pH 8.0)/氯化铯溶液中,使用 AR200 型数显折光仪(Reichert,Inc.,USA)测定溶液的折光率,通过添加适量 TE 或者 TE/氯化铯溶液使其折光率达到 1.4020。将上述溶液转移至 Quick-Seal 超速离心管(13mm×51mm,5.1mL,Beckman Coulter)中,在离心管质量平衡后,用 Tube Topper 热封(Cordless Quick-Seal Tube Topper,Beckman Coulter)。将封好口的离心管装入贝克曼超速离心机中(Optima L-100XP,Beckman Coulter),在 20℃ 下超速离心 48h,转速为 178000×g。离心完后,将离心管小心取出,用 Beckman 分层装置将 DNA 溶液分 14 层,得到从上到下不同浮力密度的 DNA 溶液。用 AR200 数显折光仪测定每层溶液的折光率,并将其转换为浮力密度(buoyant density,BD)。

$$BD = (RI \times 10.8601) - 13.4974 \tag{6.1}$$

式中:RI——溶液折光率;

BD——溶液浮力密度,g/mL。

吸出 DNA 层(RI 为 1.4000~1.4040 的浮力密度层,这个需要预试验确定离心后不同浮力密度下各层的 DNA 浓度,以及各层中微生物 16S rRNA 基因组成),用异丙醇与糖原沉淀 DNA,之后用 70%乙醇洗涤两次,再用蒸馏水溶解 DNA。纯化后的 DNA 溶液保存于−80℃冰箱,待用。

(3)高通量测序及分析

^{13}C-DNA 的高通量测序及分析步骤同 16S rDNA 扩增子测序技术。

稳定性同位素探针技术流程见图 6-7。

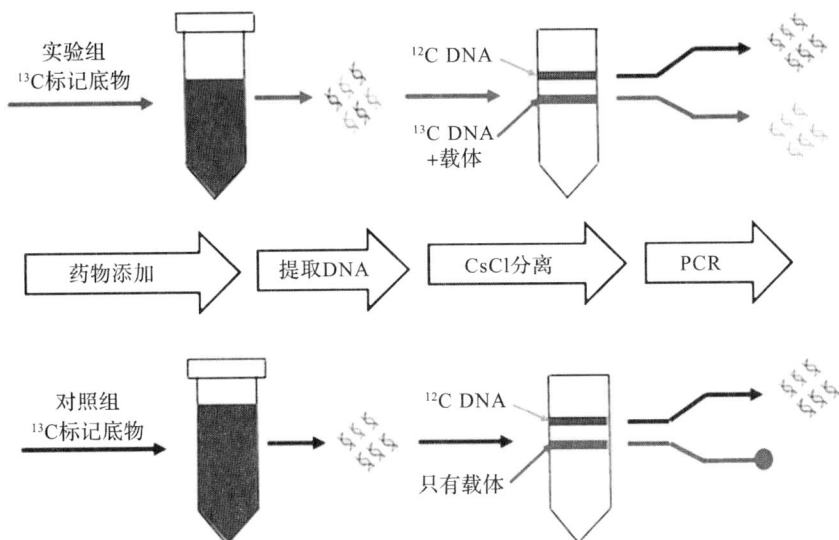

图 6-7 稳定性同位素探针技术流程

参考文献

[1] Huo W, Zhu W, Mao S. Impact of subacute ruminal acidosis on the diversity of liquid and solid-associated bacteria in the rumen of goats. World J Microbiol Biotechnol, 2014,30(2):669-680. doi:10.1007/s11274-013-1489-8.

[2] 刑德峰,任南琪,宋佳秀,等.不同 16S rDNA 靶序列对 DGGE 分析活性污泥群落的影响.环境科学,2006,27(7):1424-1428.

[3] 孙寓姣,王勇,黄霞.荧光原位杂交技术在环境微生物生态学解析中的应用研究.环境污染治理技术与设备,2004,5(11):14-20.

第二节 微生物多样性分析

一、目的与要求

1.了解微生物 α 多样性常见指标的计算方法。

2.了解微生物 β 多样性常见指标的计算方法。

3.理解多样性分析结果的生物学意义。

二、原理

在微生物群落研究中,主要涉及两个重要的多样性指数 α 和 β。α 多样性是指单个样本内部的物种多样性,是衡量一个样本中微生物种类丰富程度的指标。α 多样性主要通过 Chao1、ACE、Shannon、Simpson 和 Good's coverage 五大类常用指数来反映。β 多样性是描述不同样本或环境之间微生物群落组成的差异,是衡量不同样本之间微生物种类和数量差异的指标。β 多样性是样本间多样性,它的本质是一个量化指标,其值的大小反映每个组内各个样本间的群落物种组成差异。通过计算样本间距离可以获得样本间的 β 值,后续通过主坐标轴分析、进化树聚类等分析对此数值关系进行图形展示。样本间距离是指样本之间的相似程度,可以通过数学方法估算,样本间越相似,距离数值就越小。计算微生物群落样本间距离的方法有多种,如 Jaccard、Bray-Curtis、Unifrac 等。

16S rDNA 扩增子测序是微生物群落研究中的代表性方法。16S rDNA 全长约 1540bp,包括 9 个可变区和 10 个保守区。因在功能结构上具有高度保守性,常被用作微生物分类研究的标志物。目前,二代测序不能覆盖 16S 全长,需要对一个或多个可变区进行测序。不同可变区注释物种分类的准确度不同,一般来说 V4 区特异性较好,可识别多数序列到属水平,为了增加测序的准确性通常增加 V3 区域,目前 V3~V4 区的扩增子测序是应用最广泛的扩增子测序区域。对于可变区的选择没有统一的标准,可根据研究目的、生境条件、可变性、保守性、连续性、可比性等因素综合选择合适的可变区。

测序错误使得生物真实的核苷酸序列与测序错误的人工序列在分析中难以区分,降低了结果的准确性,为了解决这一问题,对 16S rDNA 某个区域进行测序后,会根据序列的相似度,将序列相似度大于 97% 的细菌聚类为一个细菌操作分类单元(operational taxonomic unit,OTU)。将序列相似度大于 98% 的古菌序列聚类为一个古菌操作分类单元。但随着测序和分析技术的发展,Robert 指出要得到更准确的结果,对于全长序列的最佳同一性阈值需在约 99%,V4 可变区的最佳同一性阈值为约 100%。而 OTU 这种方法不能检测到物种或菌株之间的细微差异,错过了真实的生物学序列变异,为此近年来已经开发出以扩增子序列变化(amplicon sequence variant,ASV)为载体的新方法。ASV 方法对原始数据进行去噪,无需设定阈值,相当于 100% 聚类,相对于 OTU 方法有更好的特异性和敏感性,并且能够更好地区分生态模式,所以随着测序和分析技术的发展,目前基本都基于 ASV 分析微生物多样性。

1.α 多样性分析

(1)Chao1 指数

由于测序数量限制,一般不会把一个样本中所有的物种都测出来,因此需

6-3 微生物群落的 α 多样性

要"预估"每个样本中的所有物种种类,才能对样本间的 α 多样性进行准确的比较。Chao1 指数就是其中一个用于估算样本物种总量的计量值,这个指标是 1984 年被 Chao 提出来的。Chao1 指数的意义是,在对群落样本进行抽样的时候,如果还有没被发现的新物种,那么抽

样中会一直出现单一序列(singleton，单列)，直到不再观察到 singleton 时，可以认为此时的物种数目观察值为样本的理论最高值。Chao1 指数对单个物种的变化更为敏感，它的数值越大，表示物种种类越多。

（2）香农(Shannon)指数

Chao1 和 ACE 指数主要用于计算物种的丰富度，更在乎样本是否有这个物种。而Shannon 指数则是预测下一个采集的物种是什么，是对采集物种的不确定性进行分析，它不只关心物种丰富度，而且同时关心物种的均匀度，所以是对群落结构的更综合性的反映。Shannon 指数越高，不确定性越大，也就意味着物种多样性越高。

（3）辛普森(Simpson)指数

Simpson 指数也综合考虑了样本中物种的丰富度与均匀度。其具体的定义是在足够大的样本中，有放回地先后抽取两个样本，样本中两个不同种个体相遇的概率。从这个定义不难看出 Simpson 指数的取值范围为 0～1，当群里只有一种物种的时候，Simpson 指数最小，为 0，当物种种类无限多，并且每个物种数目都一致的时候，Simpson 指数为 1，是最大值。

（4）Good's coverage 指数

Good's coverage 指数是所有非 singleton 在总样本中的比值，通过 1 减去 singleton 与样本中所有观察到的物种(observed species)总数的比值来计算。随着测序深度的增加，理论上，如果不再出现 singleton，表示已经测到样本中所有物种。所以通过检查 singleton 在样本中的比值，能够简单发现测序是否饱和，因此 Good's coverage 指数同时也是一个间接判断测序数据是否足够的指标。

随着生物分析技术的发展，对测序下机数据的质控越来越严格，目前认为 singleton 很可能由于测序错误造成的，所以基本将下机后达到质量要求的数据中的 singleton 都过滤掉了，这就使得 Chao1 指数等指标无效了，但这种过滤操作并不影响丰富度、Shannon 指数和均匀度等指标。

2.β 多样性

计算微生物群落样本间距离的方法主要分为两大类：一是计算距离时考虑微生物 ASV 间是否关联；另一类是计算距离时考虑微生物 ASV 间是否加权。在计算 β 值时，基于独立 ASV 的计算方式认为 ASV 之间不存在进化上的联系，每个 ASV 间的关系平等。而基于系统发生树计算的方法，会根据 16S 序列信息对 ASV 进行进化树的分类，因此不同 ASV 之间的距离实际上有"远近"之分。

6-4 微生物群落的 β 多样性

利用非加权的计算方法，主要考虑的是物种的有无，即如果两个群落的物种类型一致，表示两个群落的 β 多样性最小。而加权方法则同时考虑物种有无和物种丰度两个问题。如图 6-8，A 群落由 3 个方形物种和 2 个圆形物种组成，B 群落由 2 个方形物种和 3 个圆形物种组成，则通过非加权方法计算，因为 A 群落与 B 群落的物种组成完全一致，都是由方形和圆形物种组成，因此它们之间的 β 多样性最小，为 0。但通过加权方法计算，虽然 A 群落与 B 群落的物种组成完全一致，但方形和圆形物种的数目却不同，因此两个群落的 β 多样性并非一致。

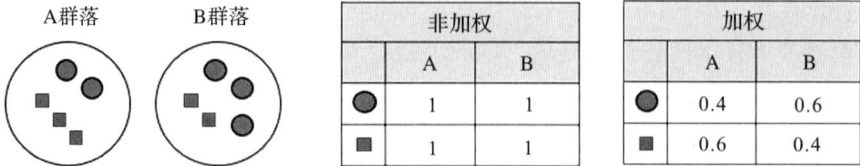

图 6-8　微生物群落样本间距离非加权计算方法示例

在宏基因组和 16S rRNA 基因测序的分析中,使用最多的距离算法主要有 Jaccard、Bray-Curtis、Unifrac,其中 Bray-Curtis 是基于独立 ASV 的加权计算方法,Jaccard 是基于独立 ASV 的非加权计算方法,Unifrac 是基于系统发生树的计算方法,它又可以进一步分为加权(Weighted Unifrac)和非加权(Unweighted Unifrac)两种方法。

Bray-Curtis 距离和 Unifrac 距离的主要区别在于计算 β 值的时候是否考虑 ASV 的进化关系,这两种距离的数值都是在 0~1 之间,但因为是否考虑 ASV 的进化关系,就使得两者计算的数值表述的生物学意义不同,在 Bray-Curtis 算法中,0 表示两个微生物群落的组成和丰度完全一致,而在 Unifrac 算法中,0 则更侧重于表示两个群落的进化分类完全一致。

因为这两个距离的算法不同,所以应用的场景也不一样。在实际微生物研究中,如果样本间物种的近源程度较高,如温和处理样本与对照样本或生境相似的不同样本等,利用 Bray-Curtis 这种把 ASV 都同等对待的方法,更有利于发现样本间的差异,而 Unifrac 则更适合用于展示此类样本的重复性。

Unweighted Unifrac 只考虑了物种有无的变化,因此结果中 0 表示两个微生物群落间 ASV 种类一致。而 Weighted Unifrac 则同时考虑物种有无和物种丰度的变化,结果中的 0 表示群落间 ASV 种类和数量都一致。

在环境样本的检测中,由于影响因素复杂,群落间物种的组成差异更为剧烈,因此往往采用非加权方法进行分析。但如果要研究对照与实验处理组之间的关系,如研究短期青霉素处理后,肠道的菌群变化,由于处理后群落的组成一般不会发生显著改变,但群落的丰度可能发生显著变化,因此更适合用加权方法计算。

每种计算方法各有特点,在应用时一定要考虑应用场景,但对于没有经验或没有把握的情况下,建议对测序获得的数据,进行独立与系统发生树法,加权与非加权法的系统运算,最后从分析结果中挑选出最能解释生物学问题的算法。

三、操作流程

1. α 多样性

(1)Chao1 指数

Chao1 指数的计算公式为:

$$Chao1 = S_{obs} + F_1^2 / (2F_2) \tag{6.2}$$

式中:S_{obs}——观察到的物种数(observed species),也就是测序分析得到的物种数;

　　　F_1——样本中数量只为 1 的物种(singleton)数目;

　　　F_2——样本中数量只为 2 的物种(doubleton)数目。

计算示例见图 6-9。

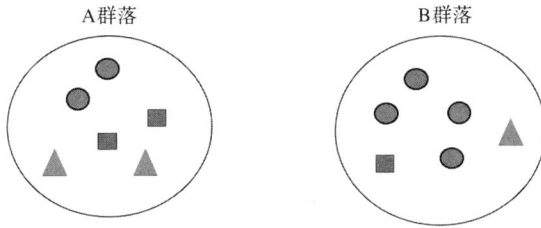

图 6-9　Chao1 指数计算示例

A 群落:物种 1(圆形):2 个

物种 2(方形):2 个

物种 3(三角):2 个

观察到的物种数(S_{obs})为 3

仅出现一次的物种数(F_1)为 0

仅出现两次的物种数(F_2)为 3

Chao1(A)＝3＋0^2/(2×3)＝3

B 群落:物种 1(圆形):4 个

物种 2(方形):1 个

物种 3(三角):1 个

观察到的物种数(S_{obs})为 3

仅出现一次的物种数(F_1)为 2

仅出现两次的物种数(F_2)为 0

Chao1(B)＝3

(2)Shannon 指数

Shannon 指数的计算公式为:

$$H = -\sum P_i(\ln P_i) \tag{6.3}$$

式中:P_i——样品中属于第 i 个物种的比例,如样品总个体数是 N,第 i 个物种的个体数为 n_i,则 $P_i = n_i/N$。

A 群落:物种 1(圆形):2 个

物种 2(方形):2 个

物种 3(三角):2 个

P_1、P_2 和 P_3 均为 2/6≈0.33

H(A)＝－[0.33(ln0.33)＋0.33(ln0.33)＋0.33(ln0.33)]＝1.10

B 群落:物种 1(圆形):4 个

物种 2(方形):1 个

物种 3(三角):1 个

P_1 为 4/6≈0.67

P_2 和 P_3 均为 1/6≈0.17

H(B)＝－[0.67(ln0.67)＋0.17(ln0.17)＋0.17(ln0.17)]＝0.87

(3)Simpson 指数

Simpson 指数的计算公式为:

$$H' = 1/\sum_{i=1}^{R} P_i^2 \qquad (6.4)$$

式中:P_i——样品中属于第 i 个物种的比例,$i=1,2,\cdots,R$,如样品总个体数是 N,第 i 个物种的个体数为 n_i,则 $P_i = n_i/N$。

A 群落:物种 1(圆形):2 个

物种 2(方形):2 个

物种 3(三角):2 个

P_1、P_2 和 P_3 均为 $2/6 \approx 0.33$

$H'(A) = 1 - (0.33^2 + 0.33^2 + 0.33^2) = 0.6733$

B 群落:物种 1(圆形):4 个

物种 2(方形):1 个

物种 3(三角):1 个

P_1 为 $4/6 \approx 0.67$

P_2 和 P_3 均为 $1/6 \approx 0.17$

$H'(B) = 1 - (0.67^2 + 0.17^2 + 0.17^2) = 0.4933$

(4)Good's coverage 指数

Good's coverage 指数的计算公式为:

$$Coverage = 1 - n/N \qquad (6.5)$$

式中:N——样本中观察到的物种的总数;

n——singleton 的数目。

A 群落:物种 1(圆形):2 个

物种 2(方形):2 个

物种 3(三角):2 个

$Coverage(A) = 1 - 0/3 = 1$

B 群落:物种 1(圆形):4 个

物种 2(方形):1 个

物种 3(三角):1 个

$Coverage(B) = 1 - 2/3 = 0.33$

2. β 多样性

计算示例见图 6-10。

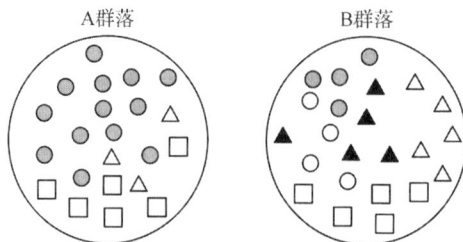

图 6-10 β 多样性计算示例

　　图中 A 和 B 两个群落,每个彩色圆点代表一种微生物,圆点的数量代表该微生物的丰度。

　　(1)Bray-Curtis 距离

　　计算公式为:

$$BC_{ij}=1-\frac{2C_{ij}}{S_i+S_j} \tag{6.6}$$

式中:C_{ij}——两个样本之间共有物种的较小丰度之和;

　　　　S_i——样本 i 的物种丰度总和;

　　　　S_j——样本 j 的物种丰度总和。

　　A 群落:物种 1(黑圆):13 个

　　　　　　物种 2(白三角):3 个

　　　　　　物种 3(方形):6 个

　　B 群落:物种 1(黑圆):5 个

　　　　　　物种 2(白三角):5 个

　　　　　　物种 3(方形):5 个

　　　　　　物种 4(黑三角):5 个

　　　　　　物种 5(空心圆):4 个

　　C_{ij}=5(黑圆)+3(白三角)+5(方形)=13

　　S_i(A 群落)=13+3+6=22

　　S_j(B 群落)=5+5+5+5+4=24

　　BC=1-2×13/(22+24)=0.4348

　　(2)Jaccard 距离

　　计算公式为:

$$Jaccard_{AB}=1-\left|\frac{A\cap B}{A\cup B}\right|=1-\frac{|A\cap B|}{|A|+|B|-|A\cap B|} \tag{6.7}$$

式中:$|A\cap B|$——两个样本之间共有物种的数量;

　　　　$|A\cup B|$——两个样本中所有物种的数量。

　　A 群落:物种 1(黑圆):13 个

　　　　　　物种 2(白三角):3 个

　　　　　　物种 3(方形):6 个

　　B 群落:物种 1(黑圆):5 个

　　　　　　物种 2(白三角):5 个

　　　　　　物种 3(方形):5 个

　　　　　　物种 4(黑三角):5 个

　　　　　　物种 5(空心圆):4 个

　　$|A\cap B|$=5(黑圆)+3(白三角)+5(方形)=13

　　S_i(A 群落)=13+3+6=22

　　S_j(B 群落)=5+5+5+5+4=24

$$\text{Jaccard} = 1 - \frac{\left| 黑圆,白三角,方形 \right|}{\left| 黑圆,白三角,方形,黑三角,空心圆 \right|} = 1 - 3/5 = 0.4$$

（3）Unweighted UniFrac 距离

①构建包含所有样本中所有物种的系统发育树；

②计算每个分支的长度；

③对于每对样本，计算它们在系统发育树上不共享的分支长度之和；

④将不共享的分支长度之和除以所有分支长度之和，即可得到 Unweighted UniFrac 距离。

（4）Weighted UniFrac 距离

①构建包含所有样本中所有物种的系统发育树；

②计算每个分支的长度；

③对于每个分支，计算每个样本中来自该分支的序列的比例；

④对于每个分支，计算两个样本之间序列比例的差的绝对值；

⑤将每个分支的长度乘以④中计算得到的绝对值，并将所有分支的结果相加；

⑥将⑤中计算得到的总和除以所有分支长度之和，即可得到 Weighted UniFrac 距离。

第三节 微生物群落间差异分析

一、目的与要求

1. 了解微生物群落间差异分析的常见方法。

2. 掌握不同数据类型分析所需的统计方法。

3. 正确解读微生物群落间差异分析结果。

二、原理

差异分析（differential abundance analysis，DAA）是微生物组数据分析的一个核心统计任务。基于 16S rDNA 测序的差异分析无外乎就是物种差异、α 多样性差异，以及 β 多样性差异分析，或基于 PICRUSt 等软件预测完功能后，再做一些功能差异分析。对于 α 多样性这类符合正态分布，而且方差齐性的有重复的数据，可以采用方差分析检验不同处理组间是否存在差异。而对于微生物相对丰度这种不符合正态分布的数据需要 Wilcoxon 秩和检验或 Kruskal-Wallis H 检验。Wilcoxon 是两样本的检验，Kruskal-Wallis 针对多组独立样本，且进行的是 H 检验。需要注意的是，多组样本差异显著时，应进行多样本的两两比较的秩和检验。

上面说到的输出 P 值的检验方法还是只能回答处理组是否有显著差异，也还是回答有和无，如果想同时知道这些差异的程度，那需要 Anosim、Adonis 及 MRPP 等检验方法。

6-5 微生物群落间差异分析

1. Anosim(analysis of similarities)检验

Anosim 是一种非参数检验方法,首先通过变量计算样本间关系或者说相似性,然后计算关系排名,最后通过排名进行置换检验判断组间差异是否显著不同于组内差异。这个检验有两个重要的参数,一个是 P 值,可以判断这种组间与组内的比较是否显著;另一个是 R 值,可以得出组间与组内比较的差异程度。R 值实际范围是($-1,1$),但一般介于 0,1 之间,$R>0.75$ 表示大差异;$R>0.5$ 表示中等差异;$R>0.25$ 表示小差异。R 等于 0 或在 0 附近说明组间没有差异。$R<0$ 说明组内差异显著大于组间差异。

2. Adonis 检验

Adonis 与 Anosim 的用途差不多,也能够通过 R 值给出不同分组因素对样品差异的解释度,通过 P 值给出分组显著性。不同点是应用的检验模型不同,Adonis 本质是基于 F 统计量的方差分析。Adonis 与 Anosim 基本上都需要配合主坐标轴分析等多元分析方法一起使用,Anosim 与非度量多维尺度分析更配,Adonis 与主坐标轴分析更配。这些检验方法,不是 β 多样性分析所特有,它们能用于任何情况下的分析,只不过有一些是基于原始丰度数据,有一些是基于距离关系,有一些是基于排名等。要注意它们的分析条件。

3. LEfSe 分析

LEfSe 分析即 LDA Effect Size 分析,是一种用于发现和解释高维度数据生物标识的分析工具,可以进行两个或多个分组的比较,它强调统计意义和生物相关性,能够在组与组之间寻找具有统计学差异的生物标识(biomarker)。一般在微生物多样性分析结果中会出现两个图和一张表,分别是 LDA 值分布柱状图、进化分支图及特征表。柱状图展示了 LDAscore 大于预设值的显著差异物种,即具有统计学差异的 biomarker,默认预设值为 2.0,那么在图中只有 LDA 值的绝对值大于 2 才会显示在图中。柱状图的颜色代表各自的组别,长短代表 LDAscore,也就是不同组间显著差异物种的影响程度。进化分枝图由小圆圈和不同颜色构成,图中由内至外辐射的圆圈代表了由门至属的分类级别,不同分类级别上的每个小圈代表该水平下的一个分类,小圆圈的直径大小代表了相对丰度的大小。无显著差异的物种统一黄色,差异显著的物种(biomarker)跟随组别进行着色,红色节点表示在红色组别中起到重要作用的微生物类群。蓝色节点表示在蓝色组别中起到重要作用的微生物类群。未能在图中显示的 biomarker 对应的物种名会展示在右侧,字母编号与图中对应。

思考题

1.找一篇 16S rDNA 测序的文章,尝试一下你能否通过 α 多样性指数的变化理解文章中不同处理对微生物丰度和多样性的影响?

2.归纳 β 多样性常见计算方法的应用场景及生物学意义。

3.找一篇 16S rDNA 测序的文章,尝试一下你能否通过 β 多样性指数的变化理解文章中不同处理对微生物组成的影响?

4.基于高通量测序技术,如何知道动物消化道中共生着哪些微生物,这些微生物如何从群落结构上响应饲料添加剂的添加或饲养方式的改变,在这些响应的微生物中是否有生物标志物可以预测动物的表型变化?

附录 器皿清洗消毒

一、玻璃器皿

1. 清洗方法

在自来水中滴加适量洗洁精混匀,用三角烧瓶刷子刷洗三角烧瓶,然后用自来水彻底冲洗干净,确保没有洗洁精残留,用纯水冲洗,自然控干或者烘干即可使用。如果有顽固污渍,就需要用专门的清洁剂、酸溶液或碱溶液浸泡后再清洗。有液体/固体培养物的玻璃器皿不管内容物是什么,都需要先灭菌再处理,最后清洗。

2. 清洗干净的标准

内壁附着的水既不聚成水滴,也不成股流下。

二、磁力搅拌子/转子清洗方法

1. 一般培养基或酸碱配料搅拌

LB、YPD 或 MRS 等培养基配制时用过的搅拌子表面不会沾染顽固污渍,只要用自来水清洗干净,自然晾干即可。

2. 染色液的配制搅拌

配制染色液时用过的搅拌子表面会存有染色液,清洗时需要在烧杯或三角烧瓶中加入适量酒精,将转子放在酒精里,直接将三角烧瓶放置于超声波清洗机中清洗,用自来水冲洗、晾干即可。

三、结构特殊的器皿

容量瓶、各式烧瓶等,用刷子无法清洗的器皿需要依据相似相容原理或化学反应清洗。

1. 初步清洗

采用上述玻璃器皿清洗方法进行清洗,用自来水刷洗瓶口处比较容易清洗的部位。

2. 相似相容

"相似相容"是指一种物质更倾向于溶解于与其化学性质相似的溶剂中。在清洗器皿时可以选择与污染物化学性质相似的溶剂来去除污染物。如极性溶质盐更容易溶解在极性溶剂水中。非极性溶质油脂更容易溶解在非极性溶剂乙醚中。

3. 化学反应

如果污染物难以用水或其他常规溶剂清洗干净,可以考虑使用能够与污渍发生化学反应的试剂。如酸性污垢,用碱液浸泡后清洗;碱性污垢,用碱液浸泡后清洗。

四、注意事项

(1)玻璃器皿属于易碎物品,清洗时注意安全。

(2)使用酸碱清洗过程中,注意安全。

(3)清洗过程中,为了避免伤害,注意佩戴手套。